dtv
premium

Thomas Bührke

EINSTEINS JAHRHUNDERTWERK

Die Geschichte einer Formel

Mit s/w-Abbildungen
und farbigem Bildteil

Ausführliche Informationen
über unsere Autoren und Bücher
www.dtv.de

Von Thomas Bührke im dtv:
Genial gescheitert. Schicksale großer Entdecker und Erfinder
(dtv 24928)
Albert Einstein (dtv 31074)

Auch als E-Book erhältlich

Originalausgabe 2015
2. Auflage 2015
© 2015 dtv Verlagsgesellschaft mbH & Co. KG, München
Umschlagkonzept: Balk & Brumshagen
Umschlagfoto: picture-alliance/United Archives/TopFoto
Abbildungen im Innenteil (s/w): Nadine Schnyder
Gesetzt aus der Plantin 10/12,25˙
Satz: Greiner & Reichel, Köln
Druck und Bindung: Druckerei Kösel, Krugzell
Gedruckt auf säurefreiem, chlorfrei gebleichtem Papier
Printed in Germany · ISBN 978-3-423-26052-7

Inhalt

Vorwort: Einstein und sein Jahrhundertwerk

Als Einstein vor einem Jahrhundert nach vielen Irrungen und Wirrungen die Allgemeine Relativitätstheorie vollendet hatte, war er überglücklich. In Briefen schrieb er von dem wertvollsten Fund, den er in seinem Leben gemacht habe, seine kühnsten Träume waren in Erfüllung gegangen. Und das, obwohl er zehn Jahre zuvor, in seinem Wunderjahr 1905, mit der Speziellen Relativitätstheorie die Physik schon einmal revolutioniert hatte.

Die Spezielle Relativitätstheorie löste mit einem Schlag einige grundlegende Probleme der Physik, die seinen Kollegen schon seit langem bekannt waren. Mit der Allgemeinen Relativitätstheorie hatte Einstein jedoch ein völlig neues Konzept der Schwerkraft (Gravitation genannt) entdeckt, das seine Kollegen weitgehend als unnötig empfanden. Schließlich hatte die Newton'sche Theorie der Gravitation 250 Jahre lang perfekt funktioniert. Sie erklärte den Fall des Apfels ebenso wie den Lauf des Mondes um die Erde oder die Bahnen der Planeten um die Sonne. Dennoch machte sich Einstein 1907 auf die Suche nach einer neuen Beschreibung der Gravitation.

Das Ergebnis, das er am 25. November 1915 präsentierte, war eine Theorie »von unvergleichlicher Schönheit«,[1] wie er einem Freund schrieb. Über die Frage der Ästhetik einer Theorie oder Formel haben Forscher und Philosophen ausgiebig diskutiert. Einstein verband damit die Forderung nach Sparsamkeit und Einfachheit: »Vornehmstes Ziel aller Theorie ist es, jene irreduziblen [nicht weiter ableitbaren] Grundelemente so einfach und so wenig zahlreich als möglich zu machen«,[2] schrieb er einmal. Damit berief er sich gewissermaßen auf »Ockhams Rasiermesser«, die nach dem mittelalterlichen Philosophen Wilhelm von Ockham benannte Regel, wonach man zur Erklärung eines Phänomens jene bevorzugen soll, die mit der geringsten Anzahl an Hypothesen auskommt und somit die einfachste ist.

Einfachheit begegnen wir auch im Ausgangspunkt der Allgemeinen Relativitätstheorie. Es ist die Tatsache, dass ein Körper im freien Fall gewichtslos ist. Die Schwerkraft scheint für ihn aufgehoben zu sein. Diese längst bekannte Tatsache offenbarte Einstein eine für ihn erstaunliche Wesensverwandtheit zwischen Schwerkraft und Beschleunigung. Acht Jahre lang fragte er sich, was hinter diesem Phänomen stecken könnte. Das Ergebnis: Die Gravitation ist keine auf unbekannte Art und Weise wirkende Kraft, wie Newton meinte, sondern eine Eigenschaft von Raum und Zeit: Die Materie krümmt den Raum, und der Raum zwingt die Materie zu bestimmten Bewegungen. Der Mond umkreist die Erde nicht, weil unsichtbare Kraftlinien die beiden Körper aneinanderbinden, sondern weil die Erde den umgebenden Raum eindellt wie eine Eisenkugel ein gespanntes Gummituch und der Mond sich in dieser Mulde um die Erde bewegt.

Dies ist der faszinierendste Aspekt der Allgemeinen Relativitätstheorie: Die Gravitation ist eine Eigenschaft von Raum und Zeit, genauer gesagt von der Geometrie von Raum und Zeit. Darin ist sie einzigartig: Alle anderen Naturkräfte wirken in der Zeit und im Raum. Die Gravitation *ist* Raum und Zeit. Max von Laue schrieb dazu, die gekrümmte Raumzeit »ist keineswegs eine mathematische Erfindung, sondern eine allen physikalischen Vorgängen zugrunde liegende Realität. Diese Erkenntnis ist Albert Einsteins größte Leistung.«[3]

Fast so erstaunlich wie das Ergebnis war auch der Weg dorthin. Während die andere große physikalische Theorie des 20. Jahrhunderts, die Quantenmechanik, das Werk von vielen ist, hat Einstein seine Gravitationstheorie so gut wie im Alleingang entwickelt. Lediglich einmal benötigte er die Hilfe seines Freundes Marcel Grossmann, als er im Dickicht der Mathematik nicht mehr ein und aus wusste. Zum Glück erkannte Grossmann, was Einstein benötigte: die Mathematik gekrümmter Räume.

Interessanterweise beschäftigten sich schon im 19. Jahrhundert vorwiegend Mathematiker mit der Frage, ob in dem uns umgebenden Raum wirklich die euklidische Geometrie gilt oder nicht. Wie das Leben in einer Welt mit einem gekrümmten Raum aussehen könnte, versuchten sie unter anderem in Form von Erzählungen darzustellen. Bemerkenswert sind aber auch die wenig bekannten Untersuchungen der Astronomen Johann Carl Friedrich Zöllner (1872) und Karl Schwarzschild (1900), die schon vor Einstein der Frage nachgingen, ob das Universum ein in sich geschlossener, sphärischer Raum, also ein »Kugeluniversum«, sein könne.

Nach der Veröffentlichung der Allgemeinen Relativitätstheorie verhielten sich die meisten Kollegen zurückhaltend bis ablehnend. Einstein beklagte die Jämmerlichkeit der Menschen und setzte nun alles daran, einige Vorhersagen, in denen seine Theorie von der Newton'schen abwich, mit astronomischen Beobachtungen zu bestätigen.

Es ist ein bemerkenswerter Aspekt der facettenreichen Geschichte der Allgemeinen Relativitätstheorie, dass ausgerechnet britische Astronomen im Jahre 1919 während einer totalen Sonnenfinsternis Einsteins Vorhersage der Lichtablenkung im Schwerefeld der Sonne bestätigten – ein Jahr nach Ende des Ersten Weltkrieges, in dem sich britische und deutsche Soldaten unerbittlich bekämpft hatten. Der britische Astronom Sir Arthur Eddington sagte, es sei für die wissenschaftlichen Beziehungen zwischen England und Deutschland das Beste gewesen, was sich ereignen konnte. Der englische Physiker und Schriftsteller C. P. Snow bezeichnete Einstein als Fürsprecher für die Hoffnungen der Menschen. »Es scheint«, so schrieb er, »dass die Menschen – vielleicht als eine Art Befreiung von den Schrecken des Krieges – ein menschliches Wesen brauchten, das sie verehren konnten.«[4]

Die Bestätigung der Lichtablenkung verhalf der Allgemeinen Relativitätstheorie zum Durchbruch. Tageszeitungen in aller Welt berichteten euphorisch über den Sturz Newtons und die Revolution in der Physik. Dabei ist der damalige Rummel rational kaum nachvollziehbar. Wer verstand schon, was es mit dem gekrümmten Raum auf sich hatte? Es spielte offenbar gar keine Rolle, ob man die Worte des Meisters verstand, eher im Gegenteil. Gerade das Unvorstellbare und Rätselhafte verstärkte die Bewunderung für den genialen Denker. Einstein hat diese Aufregung um ihn und seine Theorie ebenso gesehen: »Ich bin sicher, dass es das Mysterium des Nicht-Verstehens ist, was sie [die Massen] so anzieht.«[5]

Trotz dieser Aufregung im Jahr 1919 fristete die Allgemeine Relativitätstheorie jahrzehntelang ein karges Dasein. Die Quantenphysik hingegen machte größere Fortschritte, weil sie in der aufstrebenden Erkundung der Elementarteilchen oder bei der Charakterisierung und Beschreibung von Materialien unerlässlich war und immer weiter entwickelt wurde. Das änderte sich erst ab den 1960er Jahren, als Astrophysik und Kosmologie immer neue Erfolge feierten: die Bestätigung der Urknalltheorie, die Entdeckung von Neutronensternen, Pulsaren, Schwarzen Löchern, Gravitationslinsen und der indirekte Nachweis von Gravitationswellen – dies alles lässt sich ohne Allgemeine Relativitätstheorie nicht erklären. Einige ihrer Konsequenzen waren so revolutionär, dass selbst Einstein vor ihnen zurückschreckte. Heute findet seine Gravitationstheorie sogar Eingang in den Alltag, nämlich bei den auf GPS basierenden Navigationsgeräten.

Ohne Übertreibung kann man sagen, Einstein hat einen völlig neuen Kosmos erschlossen – einzig und allein mit Papier und Bleistift. Doch selbst ihr Schöpfer ahnte, dass sie nur ein Vorstadium zu einer noch umfassenderen Theorie ist, die alle Phänomene in der Natur erklärt. Noch heute suchen seine Epigonen nach dieser Ur-Theorie, denn es ist bekannt, dass sowohl Relativitätstheorie als auch Quantentheorie in bestimmten Bereichen versagen, nämlich bei Schwarzen Löchern und dem Urknall: Keine der beiden Theorien ist in der Lage, diese »Singularitäten« zu erklären, in denen der Raum theoretisch unendlich stark gekrümmt und die Dichte unendlich groß ist. Hier versagt die heutige Physik. Deshalb sind seit Jahrzehnten Physiker und Mathematiker rund um die Welt auf der Suche nach einer Theorie der Quantengravitation. Sie ist gewissermaßen der Heilige Gral der Physik. Sie soll den

Schleier des Unerklärbaren lüften. Wer weiß, was sie uns an neuen Erkenntnissen bringen wird.

Diese Vielfalt von historischen, physikalischen und kosmologischen Aspekten habe ich versucht, in diesem Buch zu beleuchten. Der Faszination gekrümmter Räume konnten sich auch Literaten und Maler nicht entziehen, wie zwei kulturelle Ausflüge belegen. Dabei ist anschauliches und verständliches Erklären in allen Fällen das Leitmotiv dieses Buches.

Jedem astrophysikalischen Phänomen ist ein eigenes Kapitel gewidmet, in dem von den Anfängen der Einstein'schen Theorie ausgehend die Entwicklung bis in die aktuelle Forschung verfolgt wird. Am Ende dieser Chroniken stehen zum Beispiel Dunkle Materie und Dunkle Energie, verschmelzende Neutronensterne und Schwarze Löcher.

Drei Experten, denen ich an dieser Stelle für ihre freundliche Unterstützung danken möchte, schildern in Interviews den Stand der Erforschung von Gravitationswellen, der Quantengravitation und der Dunklen Energie.

Die Allgemeine Relativitätstheorie ist heute aktueller denn je. Sie ist ein Jahrhundertwerk.

1: Eine kurze Geschichte von Raum und Zeit
Die Spezielle Relativitätstheorie

Auf einen Blick
- Die Lichtgeschwindigkeit ist konstant und kann nicht übertroffen werden.
- Zeit und Länge sind dynamische Größen, die vom Bewegungszustand des Betrachters abhängen.
- Die Abweichungen von der Newton'schen Physik machen sich erst bei Geschwindigkeiten nahe der Lichtgeschwindigkeit bemerkbar.
- Energie E und Materie m sind artverwandt und lassen sich ineinander umwandeln. Sie hängen über die Formel $E = mc^2$ miteinander zusammen.
- Der Äther existiert nicht.

Die Allgemeine Relativitätstheorie krönte Einsteins wissenschaftliche Karriere. Sie steht jedoch insofern nicht allein da, als sie auf seiner 1905 veröffentlichten Speziellen Relativitätstheorie aufbaut. Es ist deshalb unerlässlich, die wichtigsten Erkenntnisse dieses nicht minder revolutionären Werkes zu verstehen. Der Kern beider Theorien ist ein fundamental neues Verständnis von Raum und Zeit. Um diesen Umsturz nachzuvollziehen, rufen wir uns kurz den Stand der entscheidenden physikalischen Gesetze ins Gedächtnis, die Ende des 19. Jahrhunderts als unumstößlich galten.

Alles ist relativ – wirklich?

Den Begriff der Relativität hat nicht Einstein eingeführt. Er bildete bereits die Grundlage der klassischen Physik von Galilei und Newton und beschreibt, wie die Gesetze der Physik Beobachtern erscheinen, die sich *relativ* zueinander bewegen. Galileo Galilei formulierte schon 1632 in seinem ›Dialog über die beiden hauptsächlichen zwei Weltsysteme‹ das Relativitätsprinzip. Demnach laufen in gleichförmig bewegten Systemen alle Vorgänge unverändert ab. Gleichförmig meint mit konstanter Geschwindigkeit.

Jeder kennt die Situation: Man sitzt in einem Zug, der im Bahnhof hält. Auf dem Nachbargleis steht ebenfalls ein Zug. Plötzlich, so meinen wir, fahren wir langsam los, denn die anderen Waggons bewegen sich aus unserem Blickfeld hinaus. Schließlich sind sie gänzlich verschwunden, doch zu unserem Erstaunen haben nicht wir den Bahnhof verlassen, sondern der Zug gegenüber. Im Nachbarzug aber hatten einige Reisende vermutlich genau das Gegenteilige empfunden und gemeint, sie selbst würden stehen bleiben und wir uns bewegen. Dieses Phänomen lässt sich nur dann beobachten, wenn die Beschleunigung des Zuges zu gering ist, um von uns wahrgenommen zu werden, das heißt wenn sich der Zug mit nahezu konstanter Geschwindigkeit bewegt. Dann können wir nicht zwischen Ruhe und Bewegung unterscheiden. Fahren wir in einem ICE mit 200 km/h und lassen einen Kugelschreiber los, so wird er senkrecht nach unten fallen – genau so, als würden wir unbewegt am Bahnsteig stehen.

Vom Standpunkt eines Physikers aus sind beide Personen – oder wie man sagt: Bezugssysteme – gleichberechtigt. Alle Vorgänge laufen im gleichförmig bewegten System exakt so ab wie in einem ruhenden. Beide Systeme sind ununterscheidbar, weswegen der Begriff Ruhe aus physikalischer Sicht relativ ist, wie uns das Beispiel der Personen in den beiden Zügen im Bahnhof zeigt. Solche gleichförmig bewegten Systeme nennen Physiker Inertialsysteme.

Geschwindigkeiten sind immer relativ und hängen davon ab, von wo aus sie gemessen werden. Nehmen wir an, auf einer Autobahn versuchen zwei Autos, die bezüglich eines an der Straße stehenden Radars der Polizei mit jeweils 120 km/h fahren, einander zu überholen. Auf der Gegenspur kommt ihnen ein PKW mit 150 km/h bezüglich des Radars entgegen. Die beiden Autofahrer bewegen sich nun relativ zueinander gar nicht, haben also die Relativgeschwindigkeit 0 km/h. Der von ihnen auf der anderen Seite entgegenkommende PKW rast indes mit 270 km/h auf sie zu. Alle Bezugssysteme, sowohl das der Autos als auch das am Straßenrand stehende Radar, sind aus physikalischer Sicht gleichberechtigt. Begibt man sich von einem System in das andere, so müssen die Geschwindigkeiten abhängig von der Bewegungsrichtung addiert oder subtrahiert werden.

Isaac Newton übernahm in seinem 1687 erschienenen, fundamentalen Werk ›Philosophiae Naturalis Principia Mathematica‹ das Relativitätsprinzip und kombinierte es mit dem Trägheitssatz. Danach bleibt jeder Körper im Zustand der Ruhe oder der gleichförmigen, geradlinigen Bewegung, solange keine äußeren Kräfte auf ihn einwirken. Ein gutes Beispiel hierfür sind heute interplanetare Raumsonden. Ein Raketentriebwerk beschleunigt sie, bis sie schnell genug sind, um das Schwerefeld der Erde zu verlassen. Dann wird das Triebwerk abgeschaltet, und die Sonde fliegt näherungsweise auf einer geraden Bahn weiter – sieht man einmal von den Schwerkrafteinflüssen der anderen Himmelskörper ab.

Bleibt die Frage: Wie kann ich überhaupt feststellen, ob eine Bahn geradlinig verläuft oder nicht? Im All gibt es keine festen Markierungen, die man als Bezugspunkte nutzen könnte. Newton sah damals keinen anderen Ausweg, als einen absoluten Raum zu definieren. Er schrieb:»Der absolute Raum bleibt vermöge seiner Natur und ohne Beziehung auf einen äußeren Gegenstand stets gleich und unbeweglich.« Damit hatte er eine Art imaginäres Koordinatenkreuz geschaffen, anhand dessen sich absolute Ruhe und absolute Bewegung festmachen ließen. Er definierte sogar den Nullpunkt, indem er annahm, das Universum besitze ein ruhendes Zentrum. Dies sah er in dem Schwerpunkt des Sonnensystems, der etwas außerhalb des Sonnenzentrums liegt.

Um entscheiden zu können, ob eine geradlinige Bewegung auch mit konstanter Geschwindigkeit erfolgt, bedurfte es noch eines Zeitmaßes, denn Geschwindigkeit ist definiert als zurückgelegte Entfernung pro Zeitintervall. Hierzu legte Newton fest:»Die absolute, wahre und mathematische Zeit verfließt an sich und vermöge ihrer Natur gleichförmig und ohne Beziehung auf irgendeinen äußeren Gegenstand.« Diese Festlegung ist deshalb so wichtig, weil die Zeitmessung bei der Definition nahezu aller physikalischen Größen der klassischen Physik, wie Geschwindigkeit, Beschleunigung, Kraft, Impuls oder Energie, eine entscheidende Rolle spielt.

Der Raum bildet somit eine Art kosmische Bühne, auf der sich das Weltenspiel entwickelt. Die Zeit fließt gleichförmig wie ein Fluss, auf dem alle Körper mit gleicher Geschwindigkeit dahintreiben. Das Konzept des absoluten Raumes und der absoluten Zeit wurde zwar durchaus nicht von allen Kollegen akzeptiert, wie im nächsten Kapitel weiter ausgeführt wird, aber Newtons Mechanik vermochte alle Vorgänge sowohl auf der Erde als auch im Weltall so gut zu beschreiben, dass lange Zeit niemand an sie rührte.

Der Lichtsurfer betritt die Bühne

Neben dem Newton'schen Werk beherrschte die Elektrodynamik des schottischen Physikers James Clerk Maxwell die Physik des ausgehenden 19. Jahrhunderts. Um 1855 hatte er eine Theorie entwickelt, mit der er die zahlreichen experimentellen Ergebnisse aus dem Bereich der elektrischen und magnetischen Kräfte in einer einzigen Theorie zusammenfasste. Hierin beschrieb er Licht als eine Form von elektromagnetischen Wellen. Ähnlich, wie sich Wasserwellen auf einem See ausbreiten, sollte sich Licht im Raum bewegen, wobei es im Vakuum die maximale Geschwindigkeit von 300 000 km/s erreicht. In der Analogie zur Wasserwelle sollte sich auch eine elektromagnetische Welle in einem Medium ausbreiten. Die Physiker nannten es Äther.

Damit schien das theoretische Gebäude der Physik errichtet. Als Max Planck 1878 seinem Physikprofessor Philipp von Jolly seinen Entschluss mitteilte, theoretische Physik zu studieren, riet dieser ihm: »Theoretische Physik, das ist ja ein ganz schönes Fach. Aber grundsätzlich Neues werden Sie darin kaum mehr leisten können … Man kann wohl hier und da in dem einen oder anderen Winkel ein Stäubchen noch auskehren, aber was prinzipiell Neues, das werden Sie nicht finden.«[1]

Doch das Neue näherte sich bereits am Horizont. Man musste nur genau hinsehen. Überraschenderweise schien nämlich auf Licht die Newton'sche Physik nicht zuzutreffen. Die Gleichungen, mit denen man seine Ausbreitung beschrieb, nahmen unterschiedliche Formen an, wenn man sich in unterschiedlich schnelle, gleichförmig bewegte Bezugssysteme begab. Licht verhielt sich also nicht so wie Autos auf der Straße, bei denen man die Geschwindigkeiten einfach addieren muss.

Das zeigte sich eindeutig in einem Experiment des Physikers Albert Michelson. Ziel war es, die Lichtgeschwindigkeit in verschiedenen Bewegungsrichtungen relativ zum Äther zu messen. Als Bezugssystem diente Michelson sein Laboratorium, das mit der Erde um die Sonne herumwirbelte und somit auch durch den Äther flog. Zwar war weder bekannt, mit welcher Geschwindigkeit noch in welcher Richtung sich die Erde relativ zum Äther bewegt. Auf jeden Fall aber mussten Richtung und Geschwindigkeit an verschiedenen Punkten der Erdbahn, beispielsweise bei Frühlings- und Sommeranfang, unterschiedlich sein.

Michelson führte seine Messung nun nicht an zwei Tagen im Jahr durch, sondern er spaltete einen Lichtstrahl in zwei Teile auf, die sich anschließend senkrecht zueinander durch die Apparatur bewegten. Danach führte er sie wieder zusammen und maß im gemeinsamen Zielpunkt die Differenz der Geschwindigkeiten beider Lichtstrahlen. Diese sollte wegen der unterschiedlichen Bewegungsrichtung relativ zum Äther entstehen.

Ein erster Versuch im Jahre 1881, den Michelson bei einem Studienaufenthalt in Potsdam durchführte, erbrachte keinerlei Unterschied der Lichtgeschwindigkeit auf den beiden Lichtwegen. Daraufhin verfeinerte er seine Apparatur und wiederholte das Experiment sechs Jahre später in den USA mit seinem Kollegen Edward W. Morley. Wieder war das Ergebnis negativ. Das Licht schien stets dieselbe Geschwindig-

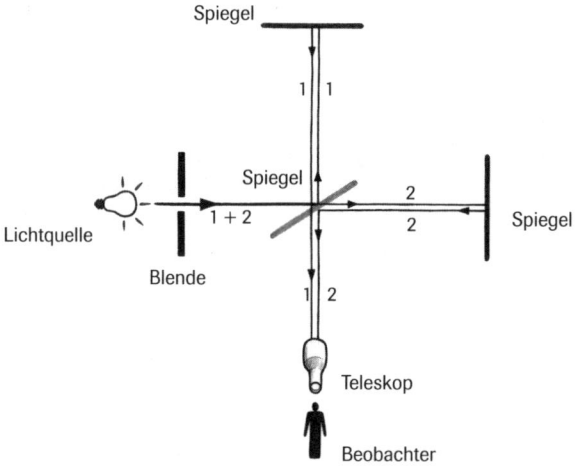

Spiegel

Lichtquelle

Blende

Spiegel

1 + 2

Spiegel

Spiegel

Teleskop

Beobachter

Das Experiment von Michelson und Morley zur Messung der Lichtgeschwindigkeit. Ein Lichtstrahl wird an einem halbdurchlässigen Spiegel in zwei senkrecht zueinander laufende Teilstrahlen 1 und 2 aufgespalten. Da sich diese in unterschiedlichen Richtungen zum vermuteten Äther bewegen, hätte der Beobachter Laufzeitunterschiede messen müssen.

keit aufzuweisen, egal wie man sich relativ zum Äther bewegte – ein krasser Widerspruch zur Newton'schen Physik.

Die meisten Physiker ignorierten diesen Widerspruch, einige suchten nach Lösungen, ohne das Gebäude ganz einzureißen zu müssen. So vermutete Hendrik Antoon Lorentz von der Universität Leiden, dass sich Michelsons Messapparatur in Bewegungsrichtung verkürze. Dann würde ein Lichtstrahl auf dieser Strecke weniger Zeit benötigen als auf der senkrecht dazu verlaufenden Strecke. Lorentz konnte sogar eine Formel für den Schrumpfungsgrad angeben. Sie war so gewählt, dass die beiden senkrecht zueinander laufenden Lichtstrahlen ihren jeweiligen Weg in derselben Zeit zurücklegen und gemeinsam im Detektor ankommen. Demnach hätte man mit keinem Experiment jemals eine Relativbewegung des Lichts gegen den Äther messen können. Außerdem wäre es auch nicht möglich gewesen, diese Verkürzung der Apparatur zu messen, da jeder angelegte Messstab im selben Maße wie sie schrumpfen würde.

Es bedurfte jedoch des Genies von Albert Einstein, um das Experiment von Michelson und Morley richtig zu deuten. Der Widerspruch zwischen Maxwells und Newtons Grundaxiomen war ihm mit 16 Jahren aufgefallen, wie er sich später erinnerte: »Wenn ich einem Lichtstrahl nacheile mit Geschwindigkeit c (Lichtgeschwindigkeit im Vakuum), so sollte ich einen solchen Lichtstrahl als ruhendes, räumlich oszillierendes elektromagnetisches Feld wahrnehmen. So was kann es aber nicht geben, weder aufgrund der Erfahrung noch gemäß den Maxwell'schen Gleichungen. Intuitiv schien es mir von vornherein klar, dass von einem solchen Beobachter aus beurteilt alles sich nach denselben Gesetzen abspielen müsse wie für einen relativ zur Erde ruhenden Beobachter. Denn wie sollte der erste Beobachter wissen bzw. konstatieren können, dass er sich im Zustand rascher gleichförmiger Bewegung befindet? Man sieht, dass in diesem Paradoxon der Keim zur Speziellen Relativitätstheorie schon enthalten ist.«[2]

Einstein brauchte weitere zehn Jahre, um diesen Widerspruch zu lösen. In seiner 1905 veröffentlichten Arbeit ›Zur Elektrodynamik bewegter Körper‹ behauptet er, das einfache Galilei-Newton-Gesetz der Geschwindigkeitsaddition sei falsch. Licht bewegt sich stets mit derselben Geschwindigkeit, egal, von welchem Bezugssystem aus ich sie messe. Die Lichtgeschwindigkeit ist nicht relativ, sondern konstant und beträgt (im Vakuum) immer 300 000 km/s. Sie ist eine Naturkonstante. Deswegen ist es auch nicht möglich, neben einer Lichtwelle mit gleicher Geschwindigkeit entlangzufliegen, wie es sich der junge Einstein noch vorgestellt hatte.

Mit mutigem Hieb hatte Einstein den Gordischen Knoten durchschlagen, in dem Newton, Maxwell und Michelson/Morley gefangen waren. Allerdings mit der provozierenden Konsequenz, dass Newton Unrecht hatte und Maxwell auf dem richtigen Weg gewesen war.

Die Konstanz der Lichtgeschwindigkeit hat enorme Auswirkungen, zum Beispiel auf den Lauf der Zeit.

Wenn die Zeit zu kriechen beginnt

Die Konstanz der Lichtgeschwindigkeit steht im krassen Widerspruch zu unserer Alltagserfahrung, wie ein Gedanken-experiment mit einer »Lichtuhr« beweist.

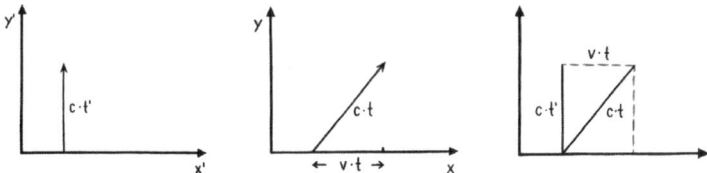

Bewegung eines Lichtstrahls in einem relativ zu einem Beobachter ruhenden (links) und einem bewegten System (Mitte). Unter der Voraussetzung konstanter Lichtgeschwindigkeit lässt sich mit dem Satz des Pythagoras (rechts) der Umrechnungsfaktor der Zeitdilatation herleiten.

Man denke sich zwei parallel angebrachte Spiegel, zwischen denen ein Lichtpuls hin und her reflektiert wird. Jede Reflexion diene als Taktgeber für eine Uhr. Solange diese Lichtuhr in Ruhe ist, schwingt ihr »Pendel« wie jedes andere auch. Doch die Situation ändert sich, wenn man die Uhr senkrecht zum Lichtstrahl in gleichförmige Bewegung versetzt.

Von außen betrachtet läuft der Lichtstrahl nun auf einer Zickzacklinie, und der zurückgelegte Weg wird länger. Entscheidend ist nun, dass die Lichtgeschwindigkeit konstant ist. Deshalb dauert jeder Taktschlag von außen gesehen ein wenig länger als im ruhenden Fall. Die Zeit verläuft also von einem ruhenden Beobachter aus gesehen im bewegten System langsamer. Einstein folgerte: Je schneller man sich bewegt, desto langsamer vergeht von außen betrachtet die Zeit. Für einen Reisenden in dem bewegten System vergeht die Zeit jedoch so langsam wie immer.

Anhand der Lichtuhr kann man auch sehr leicht die Formel für die Zeitdilatation, also die Verlangsamung der Zeit, herleiten.

Für einen Beobachter im bewegten System legt der Lichtstrahl den Weg y' zwischen den Spiegeln senkrecht von unten nach oben mit der Lichtgeschwindigkeit c in der Zeit t' zurück: y' = c·t' (Grafik links). Für den außen stehenden, ruhenden Beobachter schreitet aber während der Laufzeit t' der Endpunkt der Reflexion, der obere Spiegel, mit der Geschwindigkeit v des bewegten Systems in x-Richtung, also um die Strecke x = v·t fort. Dadurch verläuft der Lichtstrahl vom unteren zum oberen Spiegel vom ruhenden Beobachter aus gesehen nun schräg (Grafik Mitte). Seine Laufstrecke beträgt s = c·t. Diesen Weg s durchläuft das Licht ebenfalls mit der Lichtgeschwindigkeit c, da c nicht vom Bewegungszustand abhängt. Die Addition (Grafik rechts) der Strecken y' und x ergibt s und bildet ein rechtwinkliges Dreieck, so dass sich der Satz des Pythagoras anwenden lässt: (c·t)' = (c·t')' + (v·t)'.

Löst man diese Gleichung nach der Zeit t auf, so erhält man das Ergebnis: $t = t'\sqrt{1 - (v/c)^2}$. Vom ruhenden Beobachter aus gesehen verlangsamt sich also der Zeitablauf im bewegten System um den Faktor $1/\sqrt{1 - (v/c)^2}$. Physiker sprechen von der Zeitdilatation. Diesen Faktor hatte schon Lorentz gefunden, als er die Verkürzung einer Messapparatur in Bewegungsrichtung relativ zum Äther annahm. Physiker nennen dies Lorentz-Transformation.

Dieser Umrechnungsfaktor zeigt deutlich, warum im Alltag alle Uhren ununterscheidbar gleich schnell gehen. Die Geschwindigkeiten sind im Vergleich zur Lichtgeschwindigkeit verschwindend klein, und damit ist der Bruch $(v/c)^2$ fast genau null. Erst im Bereich der Lichtgeschwindigkeit tritt ein merklicher Effekt auf (siehe Tabelle). Physikalisch bedeutet dies: Die Newton'sche Physik ist als Grenzfall für sehr kleine Geschwindigkeiten in der Speziellen Relativitätstheorie enthalten.

Umrechnungsfaktoren für die Zeitdilatation bei verschiedenen Relativgeschwindigkeiten.

Objekt	v (km/s)	$\sqrt{1 - \left(\frac{v}{c}\right)^2}$	Dauer eines Jahres
Auto	0,03	≈ 1	≈ 1
Flugzeug	0,5	0,9999999999986	1 Jahr + 0,00003 s
Raumsonde	40	0,999999991	1 Jahr + 0,3 s
10 % von c	30 000	0,995	1 Jahr + 44 h
50 % von c	150 000	0,866	1 Jahr + 56,5 d
90 % von c	270 000	0,436	2,3 Jahre
95 % von c	285 000	0,312	3,2 Jahre
99 % von c	297 000	0,141	7,1 Jahre
99,9 % von c	299 700	0,045	22,2 Jahre

Die Zeitdilatation wurde vielfach und auf unterschiedliche Weise experimentell bestätigt. In Teilchenbeschleunigern kann man heute messen, wie die schnelle Fahrt jung hält. Sogenannte Myonen, instabile Teilchen, die normalerweise mit einer Halbwertszeit von 1,5 Mikrosekunden (Millionstel Sekunden) zerfallen, »leben« dort bei 99,9997 Prozent der Lichtgeschwindigkeit rund 400-mal so lange. Experimentelle Ergebnisse stimmen mit der Vorhersage bis auf ein Milliardstel genau überein. Damit ist die relativistische Zeitdilatation einer der am genauesten überprüften Aspekte der Speziellen Relativitätstheorie.

Eine beeindruckende Bestätigung der Einstein'schen »Lebensverlängerung« demonstrierten 1941 die beiden Physiker Bruno Rossi und David Hall von der Universität Chicago mit einem trickreichen Experiment. In der Hochatmosphäre stoßen schnelle Teilchen, die aus dem Weltraum kommen, mit Kernen von Atomen zusammen. Dabei werden Myonen frei, die mit nahezu Lichtgeschwindigkeit in Richtung Erde weiterfliegen. Da diese Teilchen etwa 33 Mikrosekunden bis zum Boden benötigen, sollten die allermeisten von ihnen auf dem Weg bis dorthin zerfallen sein. Nur sehr wenige Myonen dürften eigentlich auf der Erde ankommen.

Rossi und Hall maßen nun auf dem Gipfel des Mt. Washington in 1910 Meter Höhe die Zahl der ankommenden Myonen und verglichen diese mit der Anzahl auf Meereshöhe. Auf dem Berg registrierten sie 563 Myonen und auf Meereshöhe 408 Myonen pro Stunde. Wegen der kurzen Lebensdauer hätten es aber nur 31 sein dürfen. Ursache für diese Diskrepanz ist die Zeitdilatation. Im System der fast mit Lichtgeschwindigkeit eilenden Myonen vergeht die Zeit wesentlich langsamer als auf der Erde. Die Teilchen existieren deshalb länger und »überleben« weitgehend den Weg bis zum Erdboden.

Entscheidend ist bei all diesen Überlegungen, dass die Verlangsamung der Zeit nicht etwa durch eine mechanische Beeinflussung der Uhren zustande kommt. Die Zeit an sich vergeht unterschiedlich schnell. Und das wirkt sich auf alle Vorgänge aus, auch auf biologische. Nur lässt sich der Effekt am Menschen nicht nachweisen, weil es keine Raumschiffe gibt, die auch nur annähernd Lichtgeschwindigkeit erreichen. Die Apollo-Astronauten beispielsweise sind auf ihren acht Tage währenden Flügen zum Mond etwa um 250 Mikrosekunden (Millionstel Sekunden) weniger gealtert als ihre Kollegen am Boden – zumindest rein rechnerisch. Die Abhängigkeit der Zeitdilatation von der Geschwindigkeit demonstriert die Tabelle, in der angenommen wurde, dass ein Jahr exakt 365 Tage, entsprechend 31,536 Millionen Sekunden dauert.

Die einfache Formel, mit der sich die Zeitdilatation berechnet, führt zudem zu einem erstaunlichen Ergebnis: Kein Körper kann die Lichtgeschwindigkeit erreichen oder sie gar überschreiten. Hyperantriebe, mit denen Spock & Co. schneller als das Licht die Galaxis durcheilen, sind somit reine Science Fiction.

Einsteins Erkenntnis über die Konstanz der Lichtgeschwindigkeit hatte eine weitere bemerkenswerte Konsequenz: Beschleunigte Körper müssen eine Massenzunahme erfahren. Nach Newton wird ein Körper bei konstanter Beschleunigung immer schneller. Nehmen wir ein Raumschiff, das mit der Erdbeschleunigung von etwa 10 m/s^2 ins All fliegt: Es wird in jeder Sekunde um 10 m/s schneller. Ein solches Raumschiff würde gemäß Newton nach etwa einem Jahr die Lichtgeschwindigkeit erreichen und sie dann überschreiten. Das aber ist nach Einstein nicht möglich. Seine Erklärung für diese »Bremse«: Die träge Masse wird mit zunehmender Geschwindigkeit immer größer. Bei Erreichen der Lichtgeschwindigkeit würde sie unendlich groß.

Diese relativistische Massenzunahme macht sich zum Beispiel in alten Röhrenfernsehern bemerkbar. In ihren Kathodenstrahlröhren werden Elektronen in einem Spannungsfeld von 20 000 Volt bis auf etwa ein Drittel der Lichtgeschwindigkeit beschleunigt. Ihr Gewicht nimmt dabei um sechs Prozent zu. Beim Aufprall auf den Leuchtschirm erzeugen sie Lichtpunkte, die zusammen das Bild ergeben. Würde man bei der Konstruktion der Bildröhre die Spezielle Relativitätstheorie nicht berücksichtigen, so würden die Elektronen bis zu etwa einem Millimeter von ihrer Sollbahn abweichen. Die Bilder wären unscharf.

Das Zwillingsparadoxon

Die Zeitdilatation ist lange Jahre auf Kritik gestoßen. Immer wieder versuchten Physiker, sie zu widerlegen. Der berühmteste und wirklich verblüffendste Versuch dieser Art ist das Zwillingsparadoxon. Stellen wir uns eine Zukunftsvision vor. Im Jahre 2100 begibt sich der Astronaut Neil Armstrong jr. auf eine Reise zum 25 Lichtjahre entfernten Stern Wega, während sein Zwillingsbruder auf der Erde bleibt. Wir nehmen an, die Rakete würde nahezu ohne Zeitverlust auf 98 Prozent der Lichtgeschwindigkeit beschleunigen und mit dieser Geschwindigkeit die Reise fortsetzen. Bei der Wega angekommen, dreht Neil ohne Aufenthalt um und kehrt mit derselben Geschwindigkeit wie auf dem Hinweg zurück. Auf der Erde stellt er fest, dass er um zehn Jahre gealtert ist, sein Bruder hingegen um fünfzig Jahre.

Zu einem Paradoxon, also einer in sich widersprüchlichen Beschreibung, wird dieses Beispiel durch den Grundsatz, dass alle Bezugssysteme gleichberechtigt sind. Das heißt, die Behauptung des Bruders, er habe sich auf der Erde in Ruhe befunden und Neil hätte sich schnell bewegt, lässt sich ebenso umkehren in die Behauptung, Neil sei unbewegt geblieben und der Bruder habe sich mit der Erde von ihm entfernt. Bei ihrem Wiedersehen müsste nun Neil schneller gealtert sein als sein Bruder. Wer hat recht?

Es gibt einen entscheidenden Unterschied zwischen den beiden Situationen: Während sich der Bruder die ganze Zeit über in einem Inertialsystem befand, war dies bei Neil nicht der Fall. Sein Raumschiff musste mehrmals stark beschleunigen, einmal nach dem Start, ein zweites Mal bei der Umkehr an der Wega und ein drittes Mal bei der Rückkehr. In diesen Phasen bildete das Raumschiff kein Intertialsystem, so dass auf dieses die Spezielle Relativitätstheorie nicht angewandt werden darf. Eine genaue Analyse in einem Raum-Zeit-Diagramm klärt schließlich das Zwillingsparadoxon: Tatsächlich altert Neil langsamer als sein auf der Erde zurückbleibender Bruder.

Was heißt schon gleichzeitig?

Die Zeit kann unterschiedlich schnell vergehen, damit wird der Blick auf die Uhr zu einer relativen Angelegenheit. Selbst die Frage, ob zwei Ereignisse gleichzeitig stattfinden, lässt sich nicht mehr eindeutig beantworten. Hierzu wieder ein Gedankenexperiment.

Ein Beobachter steht in der Nähe eines Bahndamms, an dem ein Zug vorbeifährt. In dem Moment, in dem das vordere und hintere Zugende vom Beobachter gleich weit entfernt sind, schlägt direkt in die Lokomotive und den letzten Wagen jeweils ein Blitz ein. Weil das Licht von beiden Einschlagstellen her die gleiche Wegstrecke bis zum ruhenden Beobachter zurücklegen muss, sieht dieser beide Blitze gleichzeitig.

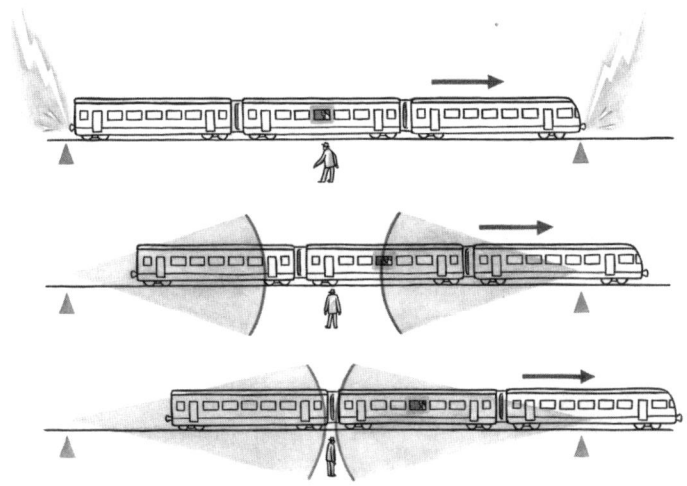

Zwei Blitze schlagen an den beiden Enden eines Zuges ein. Ein am Bahndamm stehender Beobachter nimmt sie gleichzeitig wahr, der in der Mitte des Zuges sitzende Schaffner jedoch wegen der Konstanz der Lichtgeschwindigkeit nicht. Der Begriff der Gleichzeitigkeit wird dadurch relativ.

Genau in der Mitte des Zuges befindet sich der Schaffner, dem es ebenfalls möglich ist, die Blitze zu sehen. Was beobachtet er? Der Schaffner fährt mitsamt dem Zug nach vorne weiter. Er bewegt sich also dem Lichtstrahl jenes Blitzes entgegen, der in die Lokomotive eingeschlagen hat. Gleichzeitig entfernt er sich von dem Zugende. Das Licht des vorderen Blitzes wird den Schaffner daher eher erreichen als das vom Zugende, das heißt, er wird den vorderen Blitz eher sehen als den hinteren. Nun nehmen wir an, dass der Schaffner bestens mit dem Phänomen der Konstanz der Lichtgeschwindigkeit vertraut ist. Dann wird er argumentieren, er befände sich schließlich genau in der Mitte des Zuges und beide Lichtstrahlen hätten ihn mit derselben Geschwindigkeit erreicht. Daher dürfe er mit Fug und Recht behaupten, die Blitze hätten nicht gleichzeitig eingeschlagen, sondern nacheinander. Wer hat nun recht, der Schaffner oder der Beobachter am Bahndamm?

Beide haben recht, denn die Relativitätstheorie macht zwischen ihren Standpunkten keinen Unterschied. Der Schaffner könnte sogar behaupten, er befände sich in Ruhe und die Person am Bahndamm hätte sich im Vergleich zu ihm bewegt. Das heißt: Die Blitze sind gleichzeitig *und* nacheinander eingeschlagen.

Die Begriffe Vergangenheit, Gegenwart und Zukunft wurden damit in der Speziellen Relativitätstheorie neu definiert. Einstein selbst bezeichnete sie später als »hartnäckige Illusionen«. Allerdings kann nie das Kausalitätsprinzip verletzt werden, wonach stets die Ursache der Wirkung vorausgeht. Der Grund hierfür ist, dass sich jede nur denkbare Ursache maximal mit Lichtgeschwindigkeit ausbreiten und an einem anderen Ort wirken kann. Also: Erst kommt der Elfmeterschuss, dann fällt das Tor, nie umgekehrt. Das ist auch bei Einstein so.

Aus lang wird kurz

Die Konstanz der Lichtgeschwindigkeit hat noch eine weitere, seltsame Konsequenz: Wenn man sich sehr schnell mit nahezu Lichtgeschwindigkeit bewegt, erscheinen einem alle Körper in Bewegungsrichtung verkürzt. Allerdings werden diese Körper nicht wirklich zusammengedrückt und gestaucht. Physikalisch verändern sie sich nicht. Die Kontraktion betrifft auch nicht nur Körper, sondern allgemein räumliche Abstände. Da aber alle gleichförmig bewegten Beobachter gleichberechtigt sind, gibt es keine richtige oder falsche Längenmessung. Nur in unserem Alltag ist ein Meter immer gleich lang, weil wir uns nie sehr schnell gegenüber Objekten bewegen, deren Ausmaße wir messen.

Übrigens lässt sich das Myonenexperiment von Rossi und Hall auch im Rahmen dieser sogenannten Längenkontraktion deuten. Aus der Sicht der mit fast Lichtgeschwindigkeit fliegenden Teilchen erscheint die vor ihnen liegende Wegstrecke zum Erdboden extrem verkürzt. Deshalb können so viele von ihnen sie überbrücken, ohne vorher zu zerfallen.

Jahrzehntelang dachten die Physiker, alle Objekte würden bei schneller Fahrt in Bewegungsrichtung verkürzt erscheinen. Doch Ende der 1950er Jahre bemerkten Theoretiker, dass man hierbei etwas Wichtiges vergessen hatte: Das Licht benötigt von unterschiedlich weit entfernten Stellen eines Körpers unterschiedlich lange Zeiten, bis es beim sich bewegenden Beobachter eintrifft. Dies hat zur Folge, dass bei sehr hohen Geschwindigkeiten Objekte nicht nur gestaucht, sondern auch verzerrt erscheinen, so als würde man sie durch ein Fischauge-Objektiv aufnehmen. Mit Computersimulationen lässt sich heute darstellen, was Einstein damals sicher auch gern gesehen hätte (s. Bild 1 im farbigen Mittelteil).

Im Zuge der Reform von Raum und Zeit wurde übrigens auch der Äther, von dessen Natur und Konsistenz die Physiker ohnehin keine einheitliche Vorstellung gewinnen konnten, überflüssig. Einstein schaffte ihn einfach ab.

$E = mc^2$: Materie ist »kondensierte« Energie

Ist ein Glas mit heißem Wasser schwerer als eines mit derselben Menge kalten Wassers? Die Antwort ist ja – und ihre Erklärung hat erstaunlicherweise etwas mit der Energieerzeugung im Innern der Sterne und mit der enormen Sprengkraft von Atombomben zu tun.

Am 27. September 1905 reichte Einstein eine nur drei Seiten umfassende Arbeit zur Veröffentlichung ein. Dieser Nachtrag zur Speziellen Relativitätstheorie hatte die wohl berühmteste Formel der Weltgeschichte zum Ergebnis: $E = mc^2$. Sie besagt, dass Energie E und träge Masse m ineinander umwandelbar sind. Das Quadrat der Lichtgeschwindigkeit c^2 ist ein sehr großer Faktor – aus wenig Masse kann also sehr viel Energie werden.

Heute gehört beispielsweise die Erzeugung von Energie aus Kernspaltung zum Alltag. In Kernkraftwerken werden in einer kontrollierten Kettenreaktion Uran-Atomkerne gespalten. Hierbei wird ein Tausendstel der Kernmaterie in Energie umgesetzt. Bei Atombomben läuft die Kettenreaktion in Bruchteilen einer Sekunde unkontrolliert ab, wobei enorme Energiemengen frei werden. Bei der Explosion der Atombombe von Hiroshima lieferte nur etwa ein Kilogramm Plutonium die Sprengkraft von 12 500 Tonnen TNT.

Ebenfalls nach dem Prinzip Materie-Energie-Umwandlung funktioniert die Kernfusion. Sie basiert auf dem Verschmelzen leichter Atomkerne. Alle Sterne – einschließlich unserer Sonne – erzeugen auf diese Weise ihre Energie. In mehreren Schritten verschmelzen insgesamt vier Wasserstoffkerne (Protonen) zu einem Heliumkern. Dieser ist jedoch leichter als die Summe der vier Protonen, weil er aus zwei Protonen und zwei Neutronen besteht. Die Massendifferenz von ungefähr einem Prozent wird bei jedem Reaktionsschritt in Form von Strahlungsenergie abgegeben. In jeder Sekunde verwandelt der »Kernfusionsreaktor Sonne« etwa vier Millionen Tonnen Materie in Energie. Diese Menge würde ausreichen, um eine Million Jahre lang den gesamten heutigen Energiebedarf der Menschheit zu decken.

Technisch hat die Kernfusion ihre Anwendung im Bau von Wasserstoffbomben gefunden. Die kontrollierte Fusion in einem Energie liefernden Reaktor ist noch nicht möglich. Sie ist das Ziel eines internationalen Projekts namens ITER. Dieser im Bau befindliche Fusionsreaktor soll zukünftig erstmals mehr Energie liefern, als in ihn hineingesteckt wird.

Da die Wesensverwandtheit von Energie und Masse für jede Art von Energie gilt, ist auch das Glas mit heißem Wasser schwerer als das mit kaltem. So wird ein Liter Wasser bei Erwärmung um zwanzig Grad um ein Milliardstel Gramm schwerer. Messen kann man das nicht. Aber wir können es Einstein glauben.

Zögerliche Anerkennung

Einstein war zu seinen bahnbrechenden Erkenntnissen gekommen, indem er mutig altbekannte Gesetze in Frage stellte und neue schuf. Ungezügelte Neugier und Hartnäckigkeit waren dabei unerlässliche Triebfedern. Seinem Kollegen James Franck hat er später einmal gesagt:»Der normale Erwachsene denkt über Raum-Zeit-Probleme kaum nach. Das hat er nach seiner Meinung bereits als Kind getan. Ich hingegen habe mich geistig derart langsam entwickelt, dass ich erst als Erwachsener anfing, mich über Raum und Zeit zu wundern.«[3]

Die Spezielle Relativitätstheorie machte unter Physikern schnell die Runde, doch nur einige Koryphäen wie Max Planck oder Arnold Sommerfeld erkannten sofort die»Kopernikanische Leistung«, wie Planck sagte. Planck war es auch, der im September 1906 auf der Tagung der Deutschen Gesellschaft der Naturforscher und Ärzte in Stuttgart über Einsteins Arbeit berichtete und hierbei erstmals das Wort Relativ*theorie* verwendete, woraus sich dann bald der Begriff»Relativitätstheorie« entwickelte. Einstein selbst hielt noch einige Jahre an der etwas vorsichtigeren Formulierung des Relativitäts*prinzips* fest, übernahm aber schließlich selbst Plancks Formulierung.

Zu dieser Zeit spazierte Einstein noch Morgen für Morgen ins Berner Patentamt, wo er damals als Experte II. Klasse sein Geld verdiente. Weder lud man ihn auf Tagungen ein noch besuchte ihn jemand. Eine Ausnahme bildete Max Laue, der 1907 nach Bern reiste. Später beschrieb er die seltsame Begegnung so:»Im allgemeinen Empfangsraum sagte mir ein Beamter, ich solle wieder auf den Korridor gehen, Einstein würde mir dort entgegenkommen. Ich tat das auch, aber der junge Mann, der mir entgegenkam, machte mir einen so unerwarteten Eindruck, dass ich nicht glaubte, er könne der Vater der Relativitätstheorie sein. So ließ ich ihn an mir vorübergehen, und erst als er aus dem Empfangszimmer zurückkam, machten wir Bekanntschaft miteinander.« Dann gingen sie in Bern spazieren und rauchten Zigarre:»Ich erinnere mich, dass der Stumpen, den er mir anbot, so wenig schmeckte, dass ich ihn ›versehentlich‹ von der Aarebrücke in die Aare hinunterfallen ließ … Immerhin habe ich bei jenem Versuch einiges für das Verständnis der Relativitätstheorie davongetragen.«[4]

Erst 1908 tauschte Einstein das Patentamt gegen die Universität ein. Im Februar dieses Jahres erhielt er eine Stelle als Privatdozent an der Universität Bern, ein Jahr darauf wurde er Professor für Theoretische Physik an der Universität Zürich.

Die Spezielle Relativitätstheorie galt von Anfang an ausschließlich für gleichförmig, also mit konstanter Geschwindigkeit, bewegte Systeme. Schon 1907 fragte sich Einstein in einem Artikel im ›Jahrbuch der Radioaktivität und Elektronik‹, ob es denkbar sei, »dass das Prinzip der Relativität auch für Systeme gilt, welche relativ zueinander beschleunigt sind«.[5] Acht Jahre lang sollte er diese Frage verfolgen. Am Ende stand eine neue Theorie der Schwerkraft, die Allgemeine Relativitätstheorie.

2: Der gekrümmte Raum vor Einstein
Geschichte der nicht-euklidischen Geometrie und ihre
Auswirkungen

Auf einen Blick
- Bedeutende Mathematiker versuchten vergeblich, das Parallelen-Postulat von Euklid zu beweisen.
- Mathematiker wie Carl Friedrich Gauß, Nikolai Iwanowitsch Lobatschewski und Johann Bolyai entwickelten im 19. Jahrhundert die nicht-euklidische Geometrie gekrümmter Räume.
- Bernhard Riemanns Arbeit aus dem Jahre 1854 über die Mathematik in gekrümmten Räumen mit beliebig vielen Dimensionen bildete die Grundlage für die Allgemeine Relativitätstheorie.
- Die Astronomen Johann Carl Friedrich Zöllner (1872) und Karl Schwarzschild (1900) diskutierten ein in sich geschlossenes, sphärisches »Kugeluniversum«.

Im 19. Jahrhundert entwickelten Mathematiker eine neue Art der Geometrie, mit der sich gekrümmte Räume beschreiben ließen. In diesen Räumen beträgt zum Beispiel die Winkelsumme in einem Dreieck nicht mehr 180 Grad, wie wir es nach der Geometrie Euklids in der Schule gelernt haben. Schon Jahrzehnte vor Einstein machten sich Wissenschaftler Gedanken darüber, ob das Universum gekrümmt und wie die Oberfläche einer Kugel in sich geschlossen sein könne.

In unserem Alltag spielt die Raumkrümmung keine Rolle, wir bemerken sie nicht. Für uns ist der Raum euklidisch. Ein gekrümmter Raum ist deswegen auch nur schwer vorstellbar oder, wie Hermann von Helmholtz schon 1870 sagte: »Anschauungen, die man hat, sich wegdenken ist leicht; aber Anschauungen, für die man nie ein Analogon gehabt hat, sich sinnlich vorstellen ist sehr schwer. Wenn wir deshalb zum gekrümmten Raume von drei Dimensionen übergehen, so sind wir in unserem Vorstellungsvermögen gehemmt durch den Bau unserer Organe und die damit gewonnenen

Erfahrungen, welche nur zu dem Raume passen, in dem wir leben.«[1]

Um das Problem der Unvorstellbarkeit eines gekrümmten dreidimensionalen Raumes zu umgehen, reduziert man das Geschehen um eine Dimension: Der Raum wird zur Fläche. Gekrümmte Flächen kennen wir, denn wir stehen außerhalb von ihnen und können ihre Verbiegung unmittelbar sehen.

Vorbereitet wurde dieses neue Konzept des Raumes im 19. Jahrhundert, als Mathematiker die nicht-euklidische Geometrie entwickelten. Sie schufen damit das Handwerkszeug zur Berechnung gekrümmter Flächen und auch mehrdimensionaler Räume.

Von Euklid zu Riemann

Die Entwicklung der nicht-euklidischen Geometrie beginnt mit Euklid selbst beziehungsweise seinem etwa 300 v. Chr. entstandenen Werk ›Die Elemente‹. Hier finden wir das Parallelenpostulat in etwa dem folgenden Wortlaut: »Zu einer Geraden gibt es durch einen außerhalb der Geraden liegenden Punkt genau eine Parallele. Wobei zwei Geraden parallel sind, wenn sie in einer Ebene liegen und sich nicht schneiden.«[2]

Euklid zählte diese Aussage zu den nicht beweisbaren Postulaten, auf denen seine Geometrie beruht. Den Mathematikern blieb dies jedoch über 2000 Jahre hinweg ein Dorn im Auge. Immer wieder suchten sie nach einem Beweis für das Parallelenpostulat – ohne Erfolg. Im Jahre 1763 stellte der deutsche Theologe und Mathematiker Georg Simon Klügel in seiner Doktorarbeit 28 Pseudobeweise zusammen, von denen sich indes keiner als stichhaltig erwies.

Diese Versuche führten aber zu interessanten Teilergebnissen. Viele bezogen sich auf die Winkelsumme im Dreieck. Zum Beispiel: Wenn im Dreieck die Winkelsumme 180 Grad beträgt, gilt das Parallelenpostulat. Oder: Wenn in allen Dreiecken die Winkelsumme gleich ist, dann ist sie gleich

180 Grad. In Frankreich wähnte sich 1823 Adrien-Marie Legendre der Lösung des Problems schon ganz nah, als er zeigen konnte, dass die Winkelsumme im Dreieck höchstens 180 Grad beträgt. Aber auch er scheiterte am Beweis des Parallelenpostulats.

Es waren drei Mathematiker, die die Unmöglichkeit dieses Unterfangens erkannten und das Problem von einer anderen Seite angingen. Sie fragten: Kann man eine neue Geometrie so konstruieren, dass das Parallelenpostulat *nicht* gilt? Gibt es eine Geometrie, in der die Winkelsumme nicht genau 180 Grad beträgt?

Auf diesen Weg begab sich im letzten Jahrzehnt des 18. Jahrhunderts auch der Mathematikerfürst Carl Friedrich Gauß. Er beschäftigte sich mit der Geometrie auf gekrümmten Flächen und führte dabei das später nach ihm benannte Krümmungsmaß ein. Es kennzeichnet die Abweichung einer gebogenen Fläche in einem Punkt von einer Ebene. Gauß hatte die Möglichkeit nicht-euklidischer Geometrien erkannt, veröffentlichte seine Ergebnisse jedoch nie, weil er, nach seinen Worten,»das Geschrei der Böotier«[3] scheute. Gauß bezog sich dabei auf eine aus der Antike überlieferte Beschimpfung des griechischen Volksstamms der Böotier, die als ländlich und ungebildet galten.

Gauß erlebte bei seinen»Meditationen«, wie er seine Beweisversuche selbst nannte, immer wieder Rückschläge. So schrieb er 1804 an seinen Freund, den Mathematiker Wolfgang Bolyai, der sich selbst schon vergeblich am Parallelenpostulat abgearbeitet hatte, er habe noch immer die Hoffnung,»dass jene Klippen einst, und noch vor meinem Ende, eine Durchfahrt erlauben werden«.[4] Letztendlich blieb es aber zwei anderen Pionieren vorbehalten, das Fundament für eine nicht-euklidische Geometrie zu legen.

Da war zunächst Wolfgang Bolyais Sohn Johann, geboren 1802 in Klausenburg, dem heutigen Kolozsvárin in Ungarn. Der Vater riet ihm aus eigener leidvoller Erfahrung dringend ab:»Du darfst die Parallelen auf jenem Wege nicht versuchen; ich kenne diesen Weg bis an sein Ende – auch ich habe diese bodenlose Nacht durchmessen, jedes Licht, jede Freude meines Lebens ist in ihr ausgelöscht worden – ich beschwöre Dich bei Gott, lass die Lehre von den Parallelen in Frieden!«[5]

Der Sohn war jedoch nicht nur hartnäckig, sondern auch erfolgreich. Er hatte seine Ergebnisse wohl schon Mitte der 1820er Jahre vorliegen, wartete jedoch mit deren Veröffentlichung bis zum Jahre 1831. Als der Vater seinem alten Freund Gauß ein Jahr später die Abhandlung seines Sohnes schickte, antwortet ihm Gauß: »Der ganze Inhalt der Schrift, der Weg, den Dein Sohn eingeschlagen hat, und die Resultate, zu denen er geführt hat, kommen fast durchgehends mit meinen eigenen, zum Teil schon vor 30 bis 35 Jahren angestellten Meditationen überein.«[6]

Doch als Johann Bolyais Arbeit endlich erschien, war ihm bereits Nikolai Iwanowitsch Lobatschewski zuvorgekommen. Der 1792 in Nischni Nowgorod geborene russische Mathematiker hatte 1826 seine nicht-euklidische Geometrie herausgegeben.

Reaktionen auf Bolyais und Lobatschewskis Arbeiten blieben allerdings zunächst aus. Zum einen gab es noch keine große internationale Zeitschrift für Mathematik, in der sie ihre Ergebnisse verbreiten konnten, zum anderen waren die Arbeiten sehr schwer verständlich. Und nicht zuletzt schien es keinen Bedarf für diese abstrakte Mathematik zu geben.

Dennoch setzten sich im Laufe der Jahre die neuen Ideen bei einigen Mathematikern langsam durch. Einen vorläufigen Höhepunkt fanden sie in Bernhard Riemanns Habilitationsschrift aus dem Jahre 1854 ›Über die Hypothesen, welche der Geometrie zugrunde liegen‹. In dieser Arbeit erweiterte Riemann die auf zwei Dimensionen, also gekrümmte Flächen, beschränkten Theorien auf beliebig viele Dimensionen. Im Hauptteil seiner Arbeit definiert Riemann für einen Raum (mathematisch gesprochen: »Mannigfaltigkeit«) mit beliebiger Krümmung eine zweckmäßige Metrik, mit der sich die Abstände zwischen Punkten in diesem Raum berechnen lassen. Damit wird es auch möglich, die kürzeste Verbindung (mathematisch: die »Geodäte«) zwischen zwei Punkten zu ermitteln.

Für zwei Dimensionen entsprach die Riemann'sche Geometrie also derjenigen von Gauß, Bolyai und Lobatschewski. In dieser neuen Geometrie bekam nun auch Euklids Parallelenpostulat eine völlig neue Form. Wir erinnern uns: In einer Ebene gibt es zu einer Geraden durch einen Punkt außerhalb dieser Geraden genau eine Parallele. In der sphärischen Geometrie einer Kugeloberfläche existieren überhaupt keine Parallelen: Auf der Erde schneiden sich alle Großkreise (Längengrade) in den Polen. Bei hyperbolischer Geometrie (ähnlich einer Satteloberfläche) dagegen existieren zu einer Geraden mindestens zwei Parallelen. Parallel bedeutet hier aber lediglich, dass sie in derselben Ebene liegen und keine gemeinsamen Punkte besitzen. Sie müssen hingegen nicht überall den gleichen Abstand aufweisen.

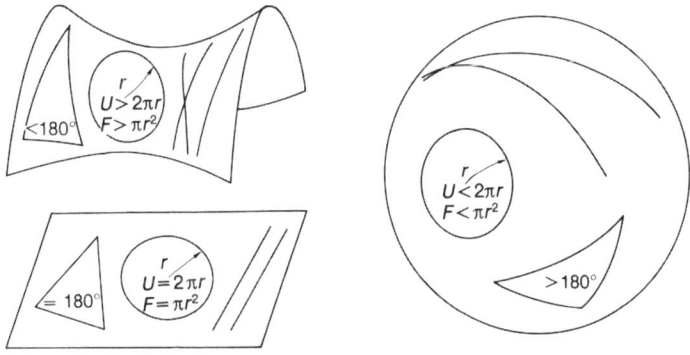

Winkelsummen, Kreisgrößen und Parallelen auf einer ebenen (euklidischen), einer negativ gekrümmten (hyperbolischen) und einer positiv gekrümmten (sphärischen) Oberfläche.

Wichtig an Riemanns nicht-euklidischer Geometrie war die Tatsache, dass sich Eigenschaften wie die Krümmung des Raumes intern bestimmen lassen. Der gekrümmte Raum muss also nicht in einen höherdimensionalen euklidischen Raum eingebettet sein, von dem aus man die Krümmung misst. In unserer Welt befindet sich jede irgendwie gekrümmte Fläche wie etwa die einer Kugel im dreidimensionalen Raum.

Aus mathematischer Sicht bedeutet dies aber nicht, dass unser dreidimensionaler Raum sich in eine vierte Raumdimension hineinkrümmt. Es kann eine vierte Raumdimension geben (oder auch mehr), muss es aber nicht. Die Allgemeine Relativitätstheorie benötigt nur die drei bekannten Raumdimensionen und eine Zeitdimension.

Die Möglichkeit des gekrümmten Raumes

Die Geometrie war seit jeher anwendungsbezogen. So bedeutet das griechische Wort *geometres* sowohl Mathematiker als auch Landvermesser. Die neue nicht-euklidische Geometrie blieb jedoch unanschaulich und schien für praktische Zwecke entbehrlich zu sein. Doch irgendwann setzen sich große Ideen durch, und einige Forscher begannen nach der »Realgeltung« der nicht-euklidischen Geometrie zu fragen: Ist der uns umgebende Raum überhaupt euklidisch, wie er uns erscheint, oder könnte er nicht doch gekrümmt sein?

Nach der Veröffentlichung von Lobatschewskis und Bolyais Arbeiten hob tatsächlich das von Gauß gefürchtete Geschrei der Böotier an. Der am schwersten wiegende Grund hierfür war die Unvereinbarkeit der nicht-euklidischen Geometrie mit der Philosophie Immanuel Kants. Der Philosoph aus Königsberg hatte den euklidischen Raum als eine dem Menschen eigene Anschauungsnotwendigkeit postuliert.

Hiervon unbeeindruckt äußerte Riemann 1854, »dass die euklidische Geometrie des Raumes nur eine Hypothese sei, und man könne ihre Wahrscheinlichkeit, welche innerhalb der Grenzen der Beobachtung allerdings sehr groß ist, untersuchen und hiernach über die Zulässigkeit ihrer Ausdehnung jenseits der Grenzen der Beobachtung, sowohl nach der Seite des Unmessbargroßen, als nach der Seite des Unmessbarkleinen urteilen«.[7] Bemerkenswerterweise sagt er speziell zur Geometrie des Mikrokosmos: »Nun scheinen aber die empirischen Begriffe, in welchen die räumlichen Maßbestimmungen gegründet sind, der Begriff des festen Körpers und des

Lichtstrahls, im Unendlichkleinen ihre Gültigkeit zu verlieren; es ist also sehr wohl denkbar, dass die Maßverhältnisse des Raumes im Unendlichkleinen den Voraussetzungen der Geometrie nicht gemäß sind.«[8]

Gewagt waren auch die Überlegungen des englischen Mathematikers William Clifford, der Riemanns Werk ins Englische übersetzte. In seinem 1885 postum veröffentlichten Werk ›Common Sense of the Exact Sciences‹ schrieb er:»Unser Raum mag tatsächlich derselbe [von gleicher Krümmung] sein, aber der Grad der Krümmung könnte sich mit der Zeit insgesamt ändern … Wir können unseren Raum so auffassen, dass er überall eine nahezu uniforme Krümmung besitzt, dass aber geringfügige Variationen der Krümmung von einem Punkt zum anderen eintreten.«[9]

Es wurde viel darüber spekuliert, ob schon Gauß in Erwägung gezogen hatte, dass der Raum verbogen sein könnte, und in den Jahren um 1820 versucht hatte, dessen Geometrie zu ermitteln. 1824 schrieb er seinem Kollegen Franz Taurinus: »Wäre die nicht-euklidische Geometrie die wahre …, so ließe sie sich aposteriori ausmitteln.«[10] Gauß war zu dieser Zeit damit beauftragt, das Königreich Hannover mit einem Theodoliten zu vermessen. Prinzipiell hätte er dabei nach Abweichungen von der euklidischen Geometrie suchen können, indem er die Winkelsumme in geographischen Dreiecken maß. Insbesondere bei der Vermessung des größten Dreiecks Hoher Hagen – Brocken – Großer Inselsberg mit einer Seitenlänge zwischen 69 und 106 Kilometern könnte er dies getan haben. Er fand zwar eine Abweichung der Winkelsumme von 180 Grad um eine fünftel Bogensekunde (1/18 000stel Grad), aber diese befand sich innerhalb des Messfehlers. Aus heutiger Sicht ist klar, dass die von der Erde erzeugte Raumkrümmung für Gauß nicht messbar war und es bis heute geblieben ist. Die Abweichung beträgt lediglich zwanzig Millionstel eines Millionstel Grades. Es sprechen indes auch einige Gründe dafür, dass Gauß nie nach einer Abweichung von der euklidischen Geometrie gesucht hat.

Möglicherweise dachte aber Bolyai an eine reale nicht-euklidische Geometrie des uns umgebenden Raumes, als er sagte: »Jetzt kann ich nur so viel sagen: dass ich aus nichts eine neue, andere Welt geschaffen habe.« Aber es gab auch gegenteilige Meinungen bedeutender Persönlichkeiten. Der berühmte Physiker und Mathematiker Henri Poincaré äußerte in seinem Werk ›Wissenschaft und Hypothese‹, dass es Konvention sei, mit welcher Geometrie man die Welt beschreibe. Wenn beispielsweise astronomische Beobachtungen zeigen würden, dass sich Lichtstrahlen nicht gerade (im Sinne der euklidischen Geometrie) ausbreiten, so hätte man die Wahl zwischen zwei Schlussfolgerungen: »Wir können der euklidischen Geometrie entsagen oder die Gesetze der Optik abändern und zulassen, dass das Licht sich nicht genau in gerader Linie fortpflanzt. Es ist unnütz hinzuzufügen, dass jedermann diese letzte Lösung als die vorteilhaftere ansehen würde.«[11] Nicht jeder: Einstein zog später die erste Lösung vor.

Newtons Gravitationsparadoxon und die Kugelwelt

Die Frage nach der Geometrie des Raumes und damit des Universums beschäftigte anfänglich nur sehr wenige Wissenschaftler. Das ist auch nicht verwunderlich, da es keinerlei Anzeichen für einen irgendwie gekrümmten Raum gab. Es gab jedoch ein Problem mit der Newton'schen Physik, auf das bereits 1692 der Theologe Richard Bentley aufmerksam geworden war.

In Newtons Theorie nimmt die Schwerkraft quadratisch mit der Entfernung von einem Stern ab, aber sie sinkt nirgends auf den Wert null. Addiert man deshalb an einem Punkt in einem unendlich ausgedehnten Universum die Kräfte aller unendlich vielen Sterne auf, so wird die Kraft unendlich groß – physikalisch eine Unmöglichkeit.

Wenn die Sterne zudem nicht exakt gleichmäßig verteilt sind, so wird die Schwerkraft an einigen Orten stärker sein als im Durchschnitt. Dann bewegen sich einige Sterne dorthin und verschmelzen zu einem größeren Stern. Dieser Himmelskörper wird dann weitere Sterne anziehen und so weiter. Das gesamte Sternsystem wird instabil und verschmilzt zu einem oder mehreren Riesensternen.

Dieses Newton'sche Gravitationsparadoxon blieb zwei Jahrhunderte lang unbeachtet, bis 1872 der für seine Streitbarkeit bekannte Astronom Johann Carl Friedrich Zöllner in bemerkenswerter Weise darauf einging. Newtons ungewöhnliche Ideen blieben vielleicht auch deswegen unbeachtet, weil sie in einem Buch ›Über die Natur der Cometen‹ auftauchten, wo man sie sicher nicht erwarten würde. Zöllner griff das Newton'sche Paradoxon auf und suchte nach möglichen Lösungen. Dabei betrachtete er die im Universum verteilten Sterne wie Moleküle in einem Gas und wandte darauf die damals bekannten Gesetze an. Sein Ergebnis: Das Newton'sche Paradoxon lässt sich lösen, wenn man annimmt, dass entweder der Raum begrenzt ist oder das Universum einen zeitlichen Beginn besitzt, also in einem »Schöpfungsakt« entstanden ist und sich nun in einem Übergangszustand befindet, bevor sich in ferner Zukunft die Sterne im Unendlichen verlieren: »Physisch wäre ein solcher Prozess gleichbedeutend mit einer allmähligen Auflösung der Welt in Nichts oder mit einem Verschwinden der Welt. Unser Verstand fühlt sich aber offenbar weder durch die eine noch die andere Annahme befriedigt«,[12] schrieb er.

»Anders verhält es sich dagegen mit den Eigenschaften, welche wir dem Raume beilegen«, fährt er fort: »Diese Eigenschaften sind wesentlich empirischen Ursprungs.« Die Erfahrung zeigte zwar, dass man keine Krümmung erkennen oder messen kann, dennoch ist nicht ausgeschlossen, dass sie vorhanden ist. Denn sobald das Krümmungsmaß einen noch so kleinen, von null verschiedenen Wert besitzt, wäre der Raum in sich geschlossen wie die Oberfläche einer Kugel. Wir kennen das aus dem Alltag: Die Erde ist eine Kugel, ihr Krümmungsmaß ist aber so klein, dass wir diese Form in unserer unmittelbaren Umgebung nicht wahrnehmen können. Aus Zöllners Sicht würden sich die Widersprüche des unendlich ausgedehnten und unendlich währenden Newton'schen Universums damit auflösen: »Man sieht also, dass über die Wahl der einen oder anderen Annahme nur empirisch entschieden werden kann, und dass die Voraussetzung eines positiven Wertes des räumlichen Krümmungsmaßes in keiner Weise einen Widerspruch mit den Erscheinungen der uns sinnlich zugänglichen Welt involvieren würde, wenn man dieser Grösse nur einen hinlänglich kleinen Wert beilegte.«[13]

Wenn das Universum in sich geschlossen wäre und damit ein endliches Volumen besäße, fände auch das Olbers'sche Paradoxon eine einfache Erklärung. Dieses bereits von Kepler aufgeworfene Problem besagt: In einem unendlich ausgedehnten Universum ohne zeitlichen Anfang müsste auch der Nachthimmel taghell sein. Hierfür stelle man sich den Raum um die Erde herum in immer größer werdende, kugelförmige Schalen unterteilt vor. In diesem »Zwiebelschalen-Universum« nimmt die Anzahl der Sterne in jeder größeren Schale mit wachsender Entfernung von der Erde quadratisch zu. Gleichzeitig nimmt die Helligkeit, mit der uns ein Stern am Himmel erscheint, mit wachsender Entfernung ebenfalls quadratisch ab. Diese beiden Effekte heben sich genau auf, so dass unterm Strich aus jeder Kugelschale jeweils die gleiche Lichtmenge auf der Erde ankommt. In einem unendlich ausgedehnten Weltall gäbe es unendlich viele Schalen, weswegen die Lichtmenge aus allen Himmelsrichtungen unendlich groß wäre.

Ein absurdes Resultat, das seine Ursache in einer Vereinfachung des Gedankenexperiments hat. In der Realität verdecken näher gelegene Sterne dahinterliegende. Man sieht die Sterne deshalb nur bis zu einer bestimmten Entfernung, die dann erreicht ist, wenn der ganze Himmel voll mit Sternen erscheint. Alles Licht der dahinterliegenden Himmelskörper fangen die näher gelegenen ab. Wenn alle Sterne so heiß wären wie die Sonne, so erschiene uns der lückenlos mit Sternen übersäte Nachthimmel gleißend hell.

In dem von Zöllner vorgeschlagenen geschlossenen Raum befinden sich natürlich auch nur endlich viele Sterne, und ganz offensichtlich ist ihre Zahl nicht ausreichend, um den Nachthimmel zu erhellen.

Ohne Frage strapazierte Zöllner mit diesen Ideen die Geduld seiner Kollegen bereits ganz erheblich. Doch er ging in seinem Hadern mit Newton noch weiter. Insbesondere fragte er sich, auf welche Weise die Gravitation zwischen den Körpern übertragen wird. Newton selbst gab darauf keine Antwort. In den Formeln taucht keine Größe auf, die beschreiben würde, wie sich die Schwerkraft ausbreitet und ob dies mit einer bestimmten Geschwindigkeit vor sich geht. Man musste eher annehmen, dass die von einem Körper ausgehende Gravitation sofort, also ohne Zeitverzögerung, überall gleichzeitig im Raum vorhanden ist.

Zöllner vertrat die Meinung, dass dies nicht sein könne. Ihm zufolge müsse sich die Kraft – er spricht vom Potential – mit einer bestimmten, konstanten Geschwindigkeit im Raume ausbreiten. Er vergleicht dies mit Molekülen, die bei »gegenseitiger Einwirkung zweier Körper zwischen diesen ausgetauscht werden«.[14] Eine bemerkenswerte Vision, wenn man sie mit der heutigen quantenphysikalischen Beschreibung der Naturkräfte vergleicht, die auf dem Austausch von Teilchen beruht. Die Ursache für die konstante Ausbreitungsgeschwindigkeit der Kraft sucht Zöllner nun nicht in einem hypothetischen Medium, das den Raum ausfüllt, sondern im Raum selbst: »Man sieht also, dass die Annahme einer räumlichen Fortpflanzung des Potentials gleichzeitig die Annahme einer neuen und zwar dynamischen Eigenschaft des Raumes involviert.«[15] Auch diese Vorstellung klingt ganz modern und wurde im Prinzip von Einstein in der Allgemeinen Relativitätstheorie umgesetzt.

Zöllner war der erste Astronom, der die Möglichkeit eines gekrümmten und dynamischen Raumes ernsthaft in Betracht zog. Er sah darin eine »Perspektive der fruchtbarsten und tiefsten Spekulationen über die Erklärbarkeit der Welt«.[16] Mit diesen Gedanken stand der streitbare Astronom unter seinen Kollegen indes auf verlorenem Posten. Das ist auch nicht weiter verwunderlich, denn die Himmelsforscher benötigten damals die komplizierte und unanschauliche Riemann'sche Mathematik nicht, und alles schien sich bestens im Rahmen der

Newton'schen Physik im euklidischen Raum erklären zu lassen. Fast alles jedenfalls.

Ein Ausnahmeforscher, der sich ebenfalls schon vor Einstein mit der Frage des gekrümmten Raumes auseinandersetzte, war der 1873 in Frankfurt geborene Karl Schwarzschild. Er promovierte 1896 an der Universität München bei Hugo von Seeliger. Dieser hatte selbst einen interessanten Lösungsvorschlag für Newtons Paradoxon: Wenn die Schwerkraft in großer Entfernung von einem Stern sich schneller abschwächen würde als mit dem Quadrat der Distanz, dann würde die Schwerkraft am Orte eines Sterns nicht unendlich groß werden.

Schwarzschild schien diese Idee seines Doktorvaters nicht zu behagen, daher griff er stattdessen im Jahr 1900 die Überlegungen über einen gekrümmten Kosmos auf. In seinem außergewöhnlichen Aufsatz »Ueber das zulässige Krümmungsmaass des Raumes«[17] fragt er, ob es eine Möglichkeit gibt, im Universum vorhandene Dreiecke zu vermessen und darin die Winkelsumme zu bestimmen. Auf diese Weise könnte es ganz im Gauß'schen Sinne prinzipiell möglich sein, eine Raumkrümmung nachzuweisen.

Die größtmöglichen für diesen Zweck geeigneten Dreiecke entstehen durch den Umlauf der Erde um die Sonne. Der Durchmesser der Erdbahn von 300 Millionen Kilometern bildet die eine Kathete eines gleichseitigen Dreiecks. Die anderen beiden Seiten entstehen durch die Verbindungslinien eines viele Lichtjahre entfernten Sterns mit der Erde zu zwei Zeitpunkten, die ein halbes Jahr auseinanderliegen. Die beiden Orte der Erde auf ihrer Bahn und der Stern bilden also die Eckpunkte eines Dreiecks.

Astronomen nutzen solche Dreiecke für die Entfernungsbestimmung. Beobachtet man nämlich einen nahen Stern im Abstand von einem halben Jahr, so sieht man ihn von zwei Punkten aus, die um jene 300 Millionen Kilometer auseinanderliegen. Dadurch erscheint uns die Position dieses Sterns im Vergleich zu sehr weit entfernten Sternen leicht verändert. Nach einem weiteren halben Jahr steht er wieder am ursprünglichen Ort. Verfolgt man diese winzige, mit bloßem Auge nicht wahrnehmbare Bewegung über das ganze Jahr hinweg, so beschreibt der Stern am Himmel eine kleine Ellipsenbahn. Sie spiegelt die Bahn der Erde um die Sonne wider. Astronomen nennen diesen Effekt »Parallaxe«. Man kann ihn sich leicht veranschaulichen. Hierzu halte man einen Finger vor sein Gesicht und betrachte ihn abwechselnd mit dem linken und dem rechten Auge. Dann scheint der Finger vor dem Hintergrund hin und her zu springen. Die Augen entsprechen den beiden Erdpositionen auf der Umlaufbahn und der Finger dem nahen Stern. Je näher der Stern ist, desto größer ist sein perspektivischer Sprung. Da man den Durchmesser der Erdbahn genau kennt, lässt sich aus dem Winkel, um den der Stern am Himmel hin und her pendelt, sehr leicht dessen Entfernung ausrechnen. Er ergibt sich einfach aus dem Erdbahnradius und dem Sinus des Winkels.

Wegen der großen Entfernung der Sterne sind deren parallaktische Winkel sehr klein und nur schwer messbar. Erstmals gelungen war dies 1838 Friedrich Wilhelm Bessel in Königsberg bei dem Stern 61 Cygni, der 11,4 Lichtjahre entfernt ist. Schwarzschild fragte sich nun, wie sich die Parallaxe in gekrümmten Räumen im Vergleich zum flachen euklidischen Raum verändern würde.

In einem hyperbolischen Raum mit negativer Krümmung ist die Winkelsumme in einem Dreieck immer kleiner als 180 Grad. Je stärker die Krümmung, desto kleiner die Winkelsumme und desto größer die Parallaxe bei einer gegebenen Entfernung. In einem hyperbolisch gekrümmten Raum besitzen sogar unendlich weit entfernte Sterne eine Parallaxe. Nun ließ sich zu Schwarzschilds Zeiten nur bei wenigen Sternen die Parallaxe messen, weil die Genauigkeit der Teleskope nicht ausreichte. Schwarzschild nahm an, dass die Messgrenze der Parallaxe 0,05 Bogensekunden beträgt. Hieraus konnte er abschätzen, wie groß der Krümmungsradius des Universums mindestens sein muss, damit die am weitesten entfernten Sterne eine Parallaxe von weniger als 0,05 Bogensekunden aufweisen. Sein Ergebnis betrug vier Millionen Erdbahnradien, entsprechend nur knapp siebzig Lichtjahren. Eine zwar sehr schwache Abschätzung, aber immerhin ein Wert.

In einem sphärisch gekrümmten Raum geht Schwarzschilds Argumentation anders. Im Unterschied zum hyperbolischen Raum ist der sphärische wie eine Kugeloberfläche in sich geschlossen, besitzt also ein endliches Volumen. Dann müssen sich alle Sterne mit einer größeren Parallaxe als beispielsweise 0,05 Bogensekunden in einem begrenzten Volumen befinden, das umso kleiner ist, je stärker der Raum gekrümmt ist. Mit den damaligen Messwerten und plausiblen Annahmen einer maximal möglichen Sterndichte fand Schwarzschild heraus, dass der Krümmungsradius nicht kleiner als etwa 1600 Lichtjahre sein kann.

Aber, so gibt Schwarzschild zu bedenken, in einem sphärisch gekrümmten Universum laufen Lichtstrahlen auf Geodäten in sich zurück und bilden geschlossene Kreise, so wie die Längengrade auf der Erde. Deshalb müssen sich an jeweils gegenüberliegenden Hälften des Himmels Spiegelbilder finden – auch von der Sonne. Das ist aber ganz offensichtlich nicht der Fall. Aus Schwarzschilds Sicht ist das nur möglich, wenn das Sternlicht auf seinem Weg durchs All extrem stark abgeschwächt wird und das Spiegelbild deshalb zu schwach ist, um es wahrnehmen zu können.

Es ist äußerst bemerkenswert, mit welcher Vorurteilsfreiheit Schwarzschild die Möglichkeit eines gekrümmten Raumes ins Auge fasste – und das zu einer Zeit, als Einstein noch nicht einmal an die Allgemeine Relativitätstheorie gedacht hatte. Nachdem Schwarzschild seine Ergebnisse im August 1900 auf der Jahrestagung der Astronomischen Gesellschaft vorgetragen hatte, kam es zu einer lebhaften Diskussion. Sogar Tageszeitungen berichteten darüber.

Für die meisten Astronomen der damaligen Zeit war diese Frage aber dennoch irrelevant. So schrieb von Seeliger noch 1913, als Einstein also bereits zur Beobachtung der Lichtablenkung im Schwerefeld der Sonne aufgerufen hatte, es sei ein »verbreiteter, aber gerade darum sehr verhängnisvoller Irrtum entstanden, wenn man glaubte, durch Messungen entscheiden zu können, welche Geometrie die ›wahre‹ ist, oder gar, welcher Raum der ist, in dem wir leben«. Er war fest davon überzeugt, dass »der Raum an sich überhaupt keine Eigenschaft hat«.[18]

In gewisser Weise erscheint Schwarzschild wie ein Vorläufer Einsteins. Doch es gibt entscheidende Unterschiede: Schwarzschild war noch dem alten Newton'schen Modell verhaftet, in dem der Raum als starre Bühne für das kosmische Geschehen angesehen wird. Über die Ursache einer möglichen Krümmung machte er keine Aussage. In der Allgemeinen Relativitätstheorie erzeugt die Materie die Raumkrümmung, wodurch der Raum selbst zu einem dynamisch sich verändernden »Akteur« wird. Außerdem beinhaltet Einsteins Theorie die Zeit als vierte Koordinate, deren Ablauf von der Materieverteilung abhängt.

Als Einstein seine Allgemeine Relativitätstheorie veröffentlichte, waren die grundsätzlichen Ideen für Schwarzschild also gar nicht mehr so neu und verwirrend wie für die meisten seiner Kollegen. Seine Unvoreingenommenheit, gepaart mit seinen mathematischen Fähigkeiten, hatte dann fast zwangsläufig zur Folge, dass er als Erster eine praktische Lösung von Einsteins Feldgleichung fand und dabei unbemerkt auf das Phänomen der Schwarzen Löcher stieß (s. Kapitel 7). Nur sein früher Tod im Jahre 1916 verhinderte weitere Entdeckungen dieses außergewöhnlichen Astrophysikers im weiten Feld der Allgemeinen Relativitätstheorie.

Die Frage nach der wahren Geometrie des Raumes war also spätestens ab etwa 1870 in den Köpfen einiger weniger Wissenschaftler präsent. Lange war es aber unklar, ob die neue Geometrie, die Riemann erschlossen hatte, nur ein rein mathematisches Konstrukt ist, oder ob sie irgendetwas mit der Realität zu tun hat. Einstein selbst sprach von einer »praktischen Geometrie«, die man von einer »rein axiomatischen Geometrie« unterscheiden müsse. »Die Frage, ob die praktische Geometrie der Welt euklidisch sei oder nicht, hat einen deutlichen Sinn, und ihre Beantwortung kann nur durch die Erfahrung geliefert werden«,[19] erklärte er 1921. Diese Erfahrung hatten die Wissenschaftler und auch die Öffentlichkeit schon 1919 gemacht, nachdem es britischen Astronomen gelungen war, die Ablenkung von Lichtstrahlen im Gravitationsfeld der Sonne nachzuweisen. Das Licht folgt der Krümmung des Raumes, und der ist nicht-euklidisch (s. Kapitel 5). Im Alltag bemerken wir davon nichts, weil die von der Erde erzeugte Raumkrümmung unmessbar klein ist.

3: Ein Mann fällt vom Dach
Der Weg zur Allgemeinen Relativitätstheorie

Auf einen Blick
— 1907 fasste Einstein den Beschluss, die Spezielle Relativitätstheorie auch auf beschleunigte Systeme zu erweitern.
— Schon 1912 hatte er die richtigen Gleichungen zur Beschreibung der Gravitation gefunden, doch er verwarf sie wieder. Am 25. November 1915 schloss er die Allgemeine Relativitätstheorie ab.
— In der Allgemeinen Relativitätstheorie ist die Gravitation keine Kraft, sondern eine Eigenschaft der gekrümmten Raumzeit.
— Mit der Allgemeinen Relativitätstheorie konnte Einstein erstmals die Drehung der Merkurbahn vollständig erklären.

Es gibt wohl kaum ein anderes Thema, das Physiker und Philosophen über Jahrtausende hinweg so beschäftigt hat wie Raum und Zeit. Schon die Frage, mit welchem Begriff man sie kennzeichnen soll, lässt einen verzweifeln. Sind Raum und Zeit physikalische Größen, besitzen sie eine eigene reale Existenz oder sind sie Konstrukte der menschlichen Vorstellungskraft? Welche Bedeutung hätten Raum und Zeit in einem leeren Universum? Würde die Zeit darin ebenso vergehen, wie wir es kennen? Von Aurelius Augustinus stammt der oft zitierte Aphorismus: »Was ist also die Zeit? Wenn mich niemand danach fragt, weiß ich es, wenn ich es aber einem, der mich fragt, erklären sollte, weiß ich es nicht; mit Zuversicht jedoch kann ich wenigstens sagen, dass ich weiß, dass, wenn nichts verginge, es keine vergangene Zeit gäbe.«[1]

Raum und Zeit gehören auch zu den zentralen Punkten in der Newton'schen Physik. Diese hatte große Erfolge gefeiert, konnte sie doch die Vorgänge auf der Erde ebenso erklären wie die Bewegungen der Planeten und Monde im Weltall. Im Jahr 1846 hatten Astronomen sogar den Planeten Neptun entdeckt, nachdem Mathematiker dessen Position nach

den Gesetzen des Newton'schen Gravitationsgesetzes voraus-
berechnet hatten.

Dennoch machte sich immer wieder auch Kritik breit, die
eher philosophischer als physikalischer Natur war. Es ging um
die Frage nach dem absoluten Raum. Newton hatte in seinem
berühmtesten Werk ›Philosophiae Naturalis Principia Mathematica‹ geschrieben: »Der absolute Raum bleibt vermöge seiner Natur und ohne Beziehung auf einen äußeren Gegenstand stets gleich und unbeweglich.« Man kann sich diesen
absoluten Raum vielleicht wie ein starres Gitter vorstellen.

Newtons Wassereimer und das Mach'sche Prinzip

Newton unterschied auch zwischen zwei Arten von Bewegung. Eine gleichförmige Bewegung muss immer in Bezug
auf einen anderen Körper angegeben werden, ist also relativ.
Beschleunigte Bewegungen hingegen waren seiner Meinung
nach absolut, weil sie sich durch hierbei auftretende Kräfte
bemerkbar machen. Eine zentrale Bedeutung bekam in diesem Zusammenhang der von ihm erdachte Versuch mit einem rotierenden Wassereimer. Man hänge einen mit Wasser
gefüllten Eimer an einer Schnur auf und versetze ihn in Drehung. Anfangs wird das Wasser seine ebene Oberfläche behalten, doch mit der Zeit überträgt sich die Drehbewegung der
Eimerränder auf das Wasser, bis dieses ebenso schnell rotiert
wie das Gefäß selbst. Die nun auftretende Fliehkraft bewirkt,
dass das Wasser langsam an den Wänden hochsteigt, so dass
dessen Oberfläche eine Hohlform annimmt. Hält man den
Eimer plötzlich an, so wird sich die Wassermasse weiterdrehen und ihre Hohlform behalten. Langsam kommt auch diese Bewegung zum Stillstand, bis der Anfangszustand mit der
ebenen, nun wieder relativ zum Eimer ruhenden Wasseroberfläche erreicht ist.

Newton argumentierte, dass die Bewegung des Wassers relativ zur Wand des Eimers keinen Einfluss auf die Form der
Wasseroberfläche hat: Die Hohlform ist am stärksten aus-

geprägt, wenn die Relativbewegung zwischen Wasser und Wand null ist, Wasser und Wand also gleich schnell rotieren. Sie bleibt es auch dann noch eine Weile, wenn man den Eimer anhält und die Relativbewegung maximal wird. Deshalb ist diese Form der Bewegung absolut, denn sie ist nur gegenüber dem absoluten Raum messbar. »Auf diese Weise könnte man sowohl die Größe als auch die Richtung dieser kreisförmigen Bewegung in jedem unendlich großen leeren Raum finden, wenn auch nichts Äußerliches und Erkennbares sich dort befände«,[2] schrieb Newton. Kurzum: Auch in einem gänzlich leeren Universum könnte man feststellen, ob sich ein Körper dreht oder nicht. Ist das möglich? Gibt es den absoluten Raum?

Es gab von Anfang an Kritiker von Newtons Konzept des absoluten Raumes, aber ihre Zahl hielt sich bis Mitte des 19. Jahrhunderts in Grenzen. Möglicherweise angeregt durch die Arbeiten von Bernhard Riemann und anderen Mathematikern zu nicht-euklidischen Räumen (s. Kapitel 2), suchten nun Wissenschaftler nach Alternativen. Den größten Einfluss besaß ohne Frage der österreichische Physiker Ernst Mach. In seinem 1883 erschienenen Werk ›Die Mechanik in ihrer Entwicklung‹ bezeichnete er den absoluten Raum als bloßes Gedankending, über das niemand etwas aussagen könne. »Es scheint, als ob Newton … noch unter dem Einfluss der mittelalterlichen Philosophie stünde«,[3] schrieb er respektlos. Mach war harter Verfechter einer auf Empirie begründeten Naturerkenntnis. Nur die Sinne oder Messinstrumente konnten Aufschluss über die Natur liefern; für Spekulationen und Metaphysik hatte er nichts übrig. Diese Philosophie führte allerdings auch dazu, dass er die Theorie vom atomaren Aufbau der Materie hartnäckig bekämpfte, weil niemand die hypothetischen Atome direkt nachweisen konnte. Damit brachte er einen seiner größten Widersacher, Ludwig Boltzmann, zur Verzweiflung. Doch das ist eine andere Geschichte.

Mach hielt Newtons Unterscheidung von relativen und absoluten Bewegungen für falsch, nach seiner Meinung gibt es ausschließlich Relativbewegungen. »Für mich gibt es überhaupt nur eine relative Bewegung und ich kann darin einen Unterschied zwischen Rotation und Translation nicht machen«, schrieb er in seinem grundlegenden Werk.

Doch relativ wozu stellt man die Rotation des Wassers im Eimer fest? Der Eimer selbst eignet sich hierfür nicht, denn die Relativbewegung zwischen Wasser und Wand entscheidet nicht darüber, ob eine Hohlform existiert oder nicht. Für Mach stellen alle Sterne im Universum ein solches Referenzsystem dar, demgegenüber alle Bewegungen relativ sind. Wie genau dieses System in der Praxis eingerichtet werden könnte, spielte dabei zunächst keine Rolle. Aber einmal angenommen, die Sterne eigneten sich als universelles Referenzsystem für die Drehbewegung des Wassers im Eimer, dann müsste dieses auch dann eine Hohlform bilden, wenn man annimmt, die Sterne bewegten sich um den Eimer herum. Es ließ sich also nicht unterscheiden, ob der Wassereimer rotiert und die Sterne stillstehen oder die Sterne sich um den ruhenden Wassereimer drehen. Die Situation ist genau so wie bei den gleichförmigen Relativbewegungen. Bei allen Bewegungen, ob gleichförmig oder beschleunigt, muss man »alle Massen als untereinander in Beziehung stehend betrachten«,[4] resümierte Mach.

»Was in der Welt ruht«

Mach war eine international anerkannte Koryphäe, seine Worte hatten Gewicht. So suchten nun immer mehr »Relativisten«, wie Mach sie nannte, nach einer neuen Formulierung der Mechanik, die ohne das Gedankenkonstrukt des absoluten Raumes auskam. Einer dieser Vordenker war Karl Schwarzschild, der sich später auch als erster Astrophysiker mit der Allgemeinen Relativitätstheorie beschäftigte.

Schon im Jahre 1897 ging er in der Veröffentlichung »Was in der Welt ruht« der Frage nach, wie man ein universales Koordinatensystem an den Sternen festmachen könnte. Zu dieser Zeit war weder klar, ob die Milchstraße die einzige Sternansammlung im Universum ist, noch wie die Sterne darin verteilt sind. Von einigen tausend Sternen hatte man aber Eigenbewegungen gemessen. Es war also klar, dass die Fixsterne nicht fest am Himmel stehen, wie es der Name vorgibt. Vielmehr vermutete Schwarzschild, dass sich die Gestirne in einer ringförmigen Verteilung befinden und um ein Zentrum kreisen. Den Schwerpunkt dieses rotierenden Milchstraßensystems könnte man dann als Ruhe- oder Nullpunkt eines Koordinatensystems betrachten.

Die Eigenbewegungen der Sterne waren jedoch ein klares Indiz dafür, dass sich die Erde gegenüber diesem universellen Koordinatensystem bewegt und rotiert. Dann aber müssten auf ihr Zentrifugal- und Coriolis-Kräfte auftreten, die sich theoretisch messen lassen müssten. Die Coriolis-Kraft beeinflusst Körper, die sich auf der rotierenden Erde bewegen. Sie bewirkt zum Beispiel, dass sich Hochdruckgebiete auf der Nordhalbkugel der Erde stets im Uhrzeigersinn und Tiefdruckgebiete gegen den Uhrzeigersinn drehen. Schwarzschild meinte, das klassische Foucault'sche Pendel müsse solche Zusatzkräfte anzeigen. Normalerweise dient dieses Pendel dazu, die Drehung der Erde um die eigene Achse anzuzeigen. Es schwingt in einer Ebene, während die Erde darunter rotiert. So dreht sich die Schwingungsebene am Äquator innerhalb eines Tages um 360 Grad. Sollten durch die Drehung der Erde gegenüber dem universellen Koordinatensystem Coriolis-Kräfte auftreten, so müssten diese eine zusätzliche Drehung der Pendelebene bewirken. »Man könnte nun durch möglichst genaue Beobachtung der Pendeldrehung umgekehrt berechnen, eine wie schnelle Rotation man der Erde nach dem Beharrungsvermögen beizulegen hat, und hätte dann eine Richtung, gegen die sich die Erde mit der so gefundenen Schnelligkeit drehte, als fest zu bezeichnen«,[5] schrieb er.

Der an der Technischen Hochschule München lehrende Physiker August Pöppl versuchte 1904 eine solche Rotation mit einem extra hierfür konstruierten Kreisel nachzuweisen. Vergebens. Schwarzschild war klar, dass die Messgenauigkeit von Pendeln oder Kreiseln nicht ausreichen würde, und schlug stattdessen einen astronomischen Test vor: Man könnte auch die Bewegung der Planeten um die Sonne wie einen enorm vergrößerten Umschwung eines Pendels betrachten, und wenn sich das gesamte Sonnensystem gegenüber dem universellen Koordinatensystem drehen sollte, müssten auch auf die Umlaufbahnen der Planeten Coriolis-Kräfte einwirken. Die Folge wäre eine sehr langsame Drehung der elliptischen Bahnen, genauer gesagt sollte die große Achse der Bahn sich drehen.

Mitte des 19. Jahrhunderts hatte der französische Mathematiker und Astronom Urbain Le Verrier beim innersten Planeten Merkur eine solche Periheldrehung von immerhin 572 Bogensekunden pro Jahrhundert gefunden. Das heißt, die Bahn drehte sich innerhalb von etwa 230 000 Jahren einmal vollständig um 360 Grad. Der größte Teil ließ sich durch den Gravitationseinfluss der anderen Planeten erklären, doch es blieb ein kleiner Rest von 43 Bogensekunden pro Jahrhundert. War er der entscheidende Hinweis auf eine Rotation des Sonnensystems gegenüber dem universellen Koordinatensystem?

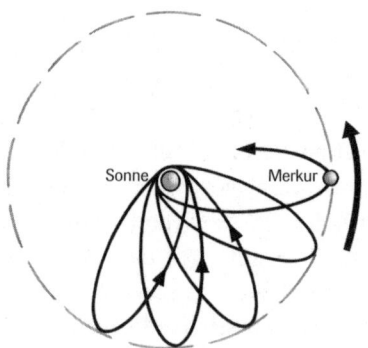

Planeten wie die Erde bewegen sich auf Ellipsenbahnen um die Sonne, wobei die Ellipse nahezu unverändert im Raum bleibt. Bei Merkur ist dies anders. Nach jedem Umlauf kehrt er nicht exakt an seinen Ausgangspunkt zurück, oder anders gesagt: Die Ellipse ist nicht geschlossen. Die Verbindungslinie zwischen dem sonnennächsten und sonnenfernsten Punkt der Bahn dreht sich.

Schwarzschild glaubte daran nicht, sondern äußerte vielmehr die geradezu prophetische Vernutung, »daß das Newtonsche Gesetz die Anziehungskräfte der Sonne und der Planeten nicht völlig richtig wiedergibt«.[6] Damit deutete er die Möglichkeit an, dass die Schwerkraft vielleicht nicht quadratisch mit der Entfernung abnimmt, wie Newton meinte. Schon Schwarzschilds Doktorvater Hugo von Seeliger hatte dies vermutet, jedoch im Zusammenhang mit dem Newton'schen Paradoxon der Kosmologie (s. Kapitel 2).

Interessanterweise glaubte von Seeliger, die Periheldrehung des Merkur mit der Schwerkraftwirkung von Staub erklären zu können, der sich nahe der Sonne befinden sollte. Mit dieser Hypothese überzeugte er auch den amerikanischen Astronomen Simon Newcomb, der zuvor ebenfalls eine Änderung des Newton'schen Gravitationsgesetzes als Erklärung vorgebracht hatte. Erst Einstein konnte später das Rätsel um die Periheldrehung des Merkur im Rahmen der Allgemeinen Relativitätstheorie vollständig lösen. Es war der erste große Triumph seiner Theorie. Wir kommen darauf später in diesem Kapitel zurück.

Ernst Machs Kritik an Newtons Physik des absoluten Raumes gewann also zusehends Sympathisanten. Zu ihnen zählte auch der junge Einstein. Schon als Student hatte er diese Schriften mit großer Begeisterung gelesen. Machs Grundidee, dass alle Trägheitskräfte auf der wechselweisen Beziehung aller Körper im Universum aufeinander beruhen, spielte bei der Entwicklung der Allgemeinen Relativitätstheorie eine zentrale Rolle. In seinem ersten umfassenden Artikel aus dem Jahr 1916 über ›Die Grundlagen der Allgemeinen Relativitätstheorie‹ steht Mach ganz vorne. Später bezeichnete Einstein Mach sogar als Vorläufer der Allgemeinen Relativitätstheorie und führte 1922 den Begriff Mach'sches Prinzip ein. Insbesondere bei der Diskussion mit Willem de Sitter über dessen Modelluniversum ohne Materie kam Einsteins Standpunkt deutlich zur Geltung: Einen Raum ohne Materie konnte es für ihn nicht geben (s. Kapitel 8).

Mach zeigte sich anfänglich seinerseits von der Speziellen

Relativitätstheorie angetan, rückte jedoch schon 1913 von
Einsteins Ideen für eine neue Gravitationstheorie ab. Kurz vor
seinem Tod im Februar 1916 kritisierte Mach, die Relativitätstheorie würde immer dogmatischer werden. Einstein führte
diese Kritik wohlwollend auf Machs altersbedingt abnehmen-
de Aufnahmefähigkeit zurück. Im Laufe der Jahrzehnte rückte aber auch Einstein selbst immer mehr von seinem Vorbild
ab und schrieb ein Jahr vor seinem Tod in einem Brief, »von
dem Mach'schen Prinzip sollte man eigentlich überhaupt
nicht mehr sprechen«.[7]

Das Äquivalenzprinzip

Die Frage nach der Natur des Raumes wurde also bereits
Jahrzehnte vor Einsteins Jahrhundertwerk von einigen, wenn
auch wenigen Forschern intensiv diskutiert. Der junge Einstein kannte Schwarzschilds astronomische Untersuchungen
nicht, er näherte sich den Begriffen Raum und Zeit von physikalischer Seite und suchte eine Erweiterung der Speziellen
Relativitätstheorie auf beschleunigte Vorgänge.

Aus Erfahrung wissen wir, dass bei Beschleunigung Trägheitskräfte auftreten, an denen wir den Bewegungszustand erkennen können. Sitzen wir in einem Auto, das schnell anfährt,
werden wir in die Sitze gepresst, bremst es stark ab, drückt es
uns in die Sicherheitsgurte. Während sich eine gleichförmige
Bewegung nicht bemerkbar macht, scheinen Beschleunigun-
gen wegen der Trägheitskräfte etwas Absolutes zu besitzen –
ganz im Newton'schen Sinne also.

Für Einstein dokumentierte sich darin eine Unvollständig-
keit der damaligen Physik. In dem zusammen mit Leopold Infeld verfassten Buch ›Evolution der Physik‹ schrieb er: »Den
Kernpunkt des Problems bildet der Umstand, dass die Na-
turgesetze nur für eine Sonderklasse von Systemen, nämlich
die Inertialsysteme, gelten sollen. Es lässt sich nur dann lösen, wenn es uns gelingt, physikalische Gesetze aufzustellen,
die für alle Systeme gelten, und zwar nicht nur für die gleich-

förmig, sondern auch für die beliebig gegeneinander bewegten. … Können wir aber wirklich eine für alle Systeme geltende relativistische Physik ausarbeiten, eine Physik, in der kein
Raum mehr ist für absolute Bewegung, in der es nur noch relative Bewegung gibt?«[8]
Neben der Idee einer Verallgemeinerung der Speziellen
Relativitätstheorie auf beschleunigte Bewegungen beschäftigte Einstein ein zweites Problem: Newtons Gravitationstheorie und Maxwells Theorie der elektromagnetischen Felder lagen zwei unterschiedliche Konzepte zugrunde. Newton
dachte sich die Schwerkraft als instantan wirkende Fernkraft.
Das heißt, sie ist einfach da und überbrückt den zwischen
den Körpern liegenden Raum ohne Zeitverlust. Auf welche
Weise diese Fernwirkung zustande kommen sollte, war auch
Newton unklar.

Anders die Kraftübertragung zwischen elektrisch gelade-
nen Körpern. Nach Maxwells Theorie übertrug ein Feld diese Kraft, und jede Veränderung darin breitete sich mit Lichtgeschwindigkeit aus. Das passte viel besser zur Speziellen
Relativitätstheorie, in der die Lichtgeschwindigkeit als absolutes Tempolimit eine zentrale Rolle spielte. Dieser prinzipielle Unterschied zwischen Newtons Fernwirkungstheorie und
Maxwells Feldtheorie war ein halbes Jahrhundert lang den
Physikern ein Rätsel geblieben.

Beschleunigung und Schwerkraft vereinten sich in einem
Gedankenexperiment, das Einstein als den glücklichsten Gedanken seines Lebens bezeichnete. Er kam ihm Ende Oktober, Anfang November des Jahres 1907. Später beschrieb er
diese Sternstunde so:»Ich saß auf meinem Stuhl im Patentamt in Bern. Plötzlich hatte ich einen Einfall:Wenn sich eine
Person im freien Fall befindet, wird sie ihr eigenes Gewicht
nicht spüren. Ich war verblüfft. Dieses einfache Gedankenexperiment machte auf mich einen tiefen Eindruck. Es führte
mich zu einer Theorie der Gravitation.«[9] Was ist daran so bemerkenswert, dass ein Mensch im freien Fall gewichtslos ist?

Die gesamte Tragweite dieses Gedankenexperiments lässt
sich in abgeänderter Form, wie Einstein sie später selbst vor-

trug, vielleicht eher verstehen. Man denke sich einen Physiker in einem völlig geschlossenen Kasten mit einem Apfel in der Hand. Er öffnet die Hand, der Apfel fällt zu Boden. Für den Fall des Apfels gibt es zwei Erklärungsmöglichkeiten. Entweder steht der Kasten auf der Erdoberfläche, und der Apfel fällt aufgrund der Schwerkraft. Oder der Kasten wird, etwa in einem Raumschiff im Weltall, entgegen der Fallrichtung des Apfels konstant beschleunigt. Für den Forscher gäbe es keine Möglichkeit, zwischen diesen beiden Möglichkeiten zu unterscheiden, solange er nicht nach draußen schauen kann.

Dieses Gedankenexperiment zeigte Einstein eine tiefe Wesensverwandtschaft zwischen einer beschleunigten Bewegung und der Schwerkraft auf. Beide waren in ihrer Wirkung ununterscheidbar oder äquivalent. Dieses »Äquivalenzprinzip«, wie Einstein es nannte, war der Schlüssel für ein tieferes Verständnis von Trägheit und Gravitation.

Schon Newton war dies im Grunde bekannt. Im Gravitationsfeld besitzt Materie eine *schwere* Masse. Andererseits besitzt sie auch eine *träge* Masse. Sie tritt dann auf, wenn man einen Körper beschleunigen will. Schwere und träge Masse waren gleich groß, wie Experimente mit steigender Präzision immer wieder bestätigten. Eine physikalische Erklärung hierfür hatte man indes nicht. Es lag im Äquivalenzprinzip verborgen, das zum Dreh- und Angelpunkt von Einsteins Überlegungen wurde. In der bereits erwähnten Arbeit für das ›Jahrbuch der Radioaktivität und Elektronik‹ schrieb er 1907: »Wir wollen daher im folgenden die völlige physikalische Gleichwertigkeit von Gravitationsfeld und entsprechender Beschleunigung des Bezugssystems annehmen.« Allein aus dieser Grundannahme konnte Einstein ableiten, dass Lichtstrahlen in Schwerkraftfeldern auf gekrümmten Bahnen laufen. Er führte dafür ein Gedankenexperiment an, in dem sich ein Experimentator in einem fallenden Fahrstuhl befindet. Aus heutiger Sicht ist es vielleicht überzeugender, dieses in den Weltraum zu verlegen.

Hierzu stelle man sich ein Raumschiff vor. An einer Wand im Innern befinde sich ein Laser, der einen Lichtstrahl genau parallel zum Boden auf die gegenüberliegende Wand schickt. Im ersten Fall bewege sich die Kapsel senkrecht zum Boden mit konstanter Geschwindigkeit. Da dieser Zustand nach dem Galilei'schen Gesetz von Relativbewegungen nicht unterscheidbar ist von dem Zustand der Ruhe, wird der Laserstrahl parallel zum Fußboden verlaufen.

Bewegt sich das Raumschiff aber beschleunigt, so trifft der Laserstrahl etwas unterhalb des bisherigen Ortes auf die Wand, denn in dem kurzen Zeitraum, den das Licht für den Weg benötigt, hat sich der Aufzug beschleunigt ein wenig nach oben bewegt. Von außen betrachtet erscheint der Lichtstrahl gebogen. Die Krümmung ist demnach eine Folge der beschleunigten Bewegung. Nach dem Äquivalenzprinzip lässt sich aber die Wirkung bei einer Beschleunigung nicht von derjenigen der Schwerkraft unterscheiden. Also, so folgerte Einstein, wird ein Lichtstrahl auch im Schwerefeld von Materie abgelenkt und auf einer gekrümmten Bahn laufen. Eine experimentelle Überprüfung dieser Vorhersage schien Einstein zunächst unmöglich, weil der Einfluss des irdischen Schwerefeldes nach seinen ersten Überlegungen unmessbar klein ist.

Das Äquivalenzprinzip führt auch direkt zu der Hypothese, dass die Zeit bei starker Schwerkraft langsamer läuft als bei schwacher. Um dies zu verstehen, stelle man sich eine Uhr vor, die pro Sekunde einen kurzen Lichtblitz aussendet. Bewegt sich diese Uhr in einem Raumschiff beschleunigt von uns fort, so kommen die Lichtpulse in immer langsamerer Folge bei uns an, weil sich die Uhr zwischen zwei Pulsen mit wachsender Geschwindigkeit von uns entfernt und die Lichtblitze bis zu uns immer mehr Zeit benötigen. Uns erscheint es daher so, als würde die Zeit in dem beschleunigten Raumschiff immer langsamer vergehen. Da nach dem Äquivalenzprinzip die physikalischen Vorgänge in einem beschleunigten Raumschiff genauso ablaufen wie unter dem Einfluss der Gravitation, muss eine Uhr umso langsamer gehen, je stärker die Schwerkraft ist. Dies hat, wie schon in der Speziellen Relativitätstheorie, nichts mit einer denkbaren Beeinflussung der Uhrenmechanik zu tun, sondern ist eine Eigenschaft der Zeit an sich.

Aus diesem Gedankenexperiment lässt sich noch ein weiteres Phänomen ableiten: die Gravitationsrotverschiebung elektromagnetischer Wellen. Hierfür stelle man sich Licht als Folge von Wellenbergen und Wellentälern vor, wobei die Anzahl der bei uns pro Sekunde ankommenden Berge die Frequenz ist. Diese kann man mit dem soeben beschriebenen Ticken der Lichtuhr vergleichen, was bedeutet, dass die Schwerkraft die Frequenz von Licht verringert beziehungsweise dessen Wellenlänge, also den Abstand zwischen zwei Wellenbergen, vergrößert. Dies äußert sich in einer Farbänderung, denn die Wellenlänge entscheidet über die Farbe des Lichts: Die Wellenlänge nimmt in der Folge violett, blau, grün, gelb und rot zu. Das heißt, die Schwerkraft verändert die Farbe eines Körpers, sie lässt ihn röter erscheinen. Als Folge davon müsste das von einem Atom auf der Sonne ausgesandte Licht eine etwas größere Wellenlänge besitzen als im Labor, weil die Schwerkraft auf der Sonnenoberfläche größer ist als auf der Erde. Allerdings nur um etwa zwei Millionstel, wie Einstein berechnete. Die Überprüfung dieser sogenannten gravitativen Rotverschiebung des Lichts lag zu damaligen Zeiten außerhalb der Messmöglichkeiten. Einstein forderte jedoch in späteren Jahren immer wieder Astronomen auf, diesen Effekt nachzuweisen (s. Kapitel 6).

Es ist sehr erstaunlich, welche grundlegenden Schlussfolgerungen sich allein aus dem Äquivalenzprinzip und ohne ausgearbeitete Theorie der Gravitation ergeben. Da dieses Prinzip der Ausgangspunkt der Allgemeinen Relativitätstheorie ist, steht es bis heute auf dem Prüfstand. Die kleinste Verletzung des Äquivalenzprinzips würde Einsteins Theorie stürzen und eine neue Beschreibung der Gravitation erfordern.

Erste Versuche

Zunächst war Einstein nicht klar, wie er aus diesen ersten Ansätzen eine konsistente Theorie entwickeln sollte. Ein weiteres Gedankenexperiment, das ihn über Jahre hinweg beschäftigte, spielte hierbei eine zentrale Rolle: Wie berechnet sich der Umfang einer rotierenden Scheibe?

Bis zum Jahre 1905 wäre niemand auf diese Frage gekommen, denn seit der Antike war klar, dass der Umfang eines Kreises oder eines Scheibenrandes sich aus dem Produkt des Kreisdurchmessers D mit der Zahl π errechnet. Im Rahmen der Speziellen Relativitätstheorie sah das aber anders aus. Wenn sich eine Scheibe schnell dreht, so tritt in ihr in Bewegungsrichtung die Längenkontraktion auf. Entlang des Radius, also senkrecht zur Drehbewegung, hingegen nicht. Das hat zur Folge, dass sich der Umfang nicht wie in der klassischen euklidischen Geometrie aus D·π berechnet. Hierzu denke man sich einen Maßstab, mit dem man Radius und Rand der Scheibe ausmisst. Dreht sich die Scheibe, so erscheint der Maßstab von einem ruhenden System aus betrachtet verkürzt. Man muss also den Maßstab öfter hintereinander anlegen, um den gesamten Umfang abzumessen, als in einer ruhenden Scheibe. Folglich ist der Umfang größer als D·π.

Max Born hatte Ende September 1909 auf der Konferenz für Naturforscher und Ärzte in Salzburg auf diese seltsame Konsequenz der Speziellen Relativitätstheorie aufmerksam gemacht. Es kam zu einer Diskussion mit Einstein darüber. Beide zeigten sich erstaunt, dass es demnach unmöglich sein müsste, einen Körper in Drehung zu versetzen. Zufällig reichte Paul Ehrenfest zur selben Zeit, genau am 29. September, bei der ›Physikalischen Zeitschrift‹ eine Arbeit zu diesem Problem ein, das seitdem Ehrenfest'sches Paradoxon genannt wurde. Der Physikhistoriker John Stachel nannte es das *missing link* bei der Rekonstruktion von Einsteins Ideengebäude. Dieses Paradoxon löst sich erst auf, wenn man gekrümmte Räume betrachtet, in denen nicht die ebene, euklidische Geometrie gilt. Bis dahin war es aber noch ein weiter Weg.

Eine Zeit lang konnte sich Einstein der Verallgemeinerung seiner Speziellen Relativitätstheorie nicht widmen. Erst 1911, als er Professor an der Universität Prag war, fand er wieder Zeit und Muße dazu. Im Juni dieses Jahres reichte er bei den

›Annalen der Physik‹ eine Arbeit ein. Der Grund war die Hoffnung, dass man die Lichtablenkung im Schwerefeld der Sonne würde messen können. Gemäß dem Äquivalenzprinzip sollte wie beschrieben ein Lichtstrahl durch die Schwerkraft der Sonne abgelenkt werden und um sie herum einer gebogenen Bahn folgen. Von der Erde aus gesehen scheint deswegen die Himmelsposition eines Sterns, dessen Licht auf dem Weg zur Erde nahe am Sonnenrand vorbeiläuft, gegenüber seiner normalen Position etwas verschoben, denn das menschliche Auge projiziert den Lichtstrahl geradlinig zurück an den Himmel (s. Abbildung Seite 88). Um diesen Effekt nachzuweisen, musste man die Positionen einer Reihe von Sternen bestimmen, die während einer totalen Sonnenfinsternis in der Umgebung unseres Tagesgestirns sichtbar werden. Diese Werte müssten dann mit den ungestörten Positionen derselben Sterne am Nachthimmel verglichen werden. Hierfür wäre eine zweite Messung nötig.

Einsteins Rechnungen ergaben eine Ablenkung der Position eines Sterns unmittelbar am Sonnenrand von 0,83 Bogensekunden – ein kleiner, aber durchaus messbarer Wert. Seine Veröffentlichung endete daher mit der Aufforderung: »Es wäre dringend zu wünschen, dass sich Astronomen der hier aufgerollten Frage annähmen, auch wenn die im vorigen gegebenen Überlegungen ungenügend fundiert oder gar abenteuerlich erscheinen sollten.«[10]

Über einige Umwege gelangte Einstein an Erwin Freundlich, einen Assistenten an der Königlichen Sternwarte zu Berlin. Ihn versuchte er von einer solchen Beobachtung zu überzeugen. Am 1. September 1911 schrieb ihm Einstein: »Aber eines kann immerhin mit Sicherheit gesagt werden: Existiert keine solche Ablenkung, so sind die Voraussetzungen der Theorie nicht zutreffend.«[11] Erwin Freundlich setzte alles daran, Einsteins Vorhersage zu überprüfen. Doch es blieb anderen Astronomen vorbehalten, die entscheidende Beobachtung während der Sonnenfinsternis von 1919 erfolgreich auszuführen (s. Kapitel 5).

Im Februar und März 1912 reichte Einstein bei den ›Annalen der Physik‹ zwei Arbeiten über statische, also zeitlich unveränderliche Gravitationsfelder ein. Hierin beschäftigte er sich mit der Frage, wie sich in gleichförmig bewegten und beschleunigten Systemen Längen messen lassen. Ist es zulässig, Maßstäbe aus dem einen System in das andere zu übertragen? Er gibt zu bedenken, dass dies höchstwahrscheinlich nicht möglich ist, da in einem gleichförmig rotierenden System wegen der Längenkontraktion das Verhältnis des Kreisumfangs zum Durchmesser von π verschieden sein muss, wie das Ehrenfest-Paradoxon zeigte. In diesen beiden Arbeiten rückt Einstein von der grundlegenden Prämisse seiner Speziellen Relativitätstheorie ab, die Lichtgeschwindigkeit sei konstant. Stattdessen macht er die Annahme, sie sei abhängig von der Stärke der Gravitation. »Jeder Schritt ist verteufelt schwierig, und das bis jetzt abgeleitete gewiss noch das einfachste«,[12] schrieb er seinem Freund Michele Besso. Und Ludwig Hopf berichtete er überschwänglich: »Die Theorie der Gravitation habe ich für das *statische* Feld nun in aller Strenge hergeleitet. Die Sache ist wunderschön und verblüffend einfach.«[13]

Dass die Sache so wunderschön nicht sein konnte, erkannte er schon zwei Wochen später. Er fand einen Fehler und bat den Herausgeber Wilhelm Wien, das Manuskript zurückzuschicken. Noch am selben Tag entschied er dann doch wieder anders. »Es ist zwar nicht alles haltbar, was in der Arbeit steht. Aber ich glaube die Sache doch so lassen zu sollen, damit diejenigen, welche sich für das Problem interessieren, sehen, wie ich zu den Formeln gekommen bin. Dieses Gravitationsproblem ist hochinteressant.«[14]

Diese erste Euphorie nach dem Erlangen eines Resultates ist typisch für Einstein. Obwohl er in seinem Leben so oft vermeintliche Erfolge wieder zurücknehmen musste, legte er diese Art nie ab, auch nicht in den späten Jahren, als er sich erfolglos mit der einheitlichen Feldtheorie beschäftigte. Im Frühjahr 1912 war er konzeptionell noch weit von der Allgemeinen Relativitätstheorie entfernt.

Durch Einsteins Veröffentlichungen waren mittlerweile aber auch andere Theoretiker aufmerksam geworden, beispielsweise Max Abraham. Er hatte bei Max Planck promoviert und stellte im Januar 1912 eine eigene Theorie der Gravitation vor. Hierin arbeitete er ebenfalls mit dem Konzept einer veränderlichen Lichtgeschwindigkeit, jedoch in einem anderen physikalischen Zusammenhang, als Einstein es versucht hatte. Nach den Veröffentlichungen von Abraham und Einstein kam es zu einem heftigen Disput zwischen den beiden Kontrahenten, den sie sowohl öffentlich als auch in ihrer Korrespondenz austrugen.

Seinem Freund Michele Besso schrieb Einstein im März 1912:»Abrahams Theorie ist aus dem hohlen Bauch, das heißt aus bloßen mathematischen Schönheitserwägungen geschöpft und vollständig unhaltbar. Ich kann gar nicht begreifen, wie sich der intelligente Mann zu solcher Oberflächlichkeit hat hinreißen lassen können. Im ersten Augenblick (14 Tage lang!) war ich allerdings auch ganz ›geblüfft‹ durch die Schönheit und Einfachheit seiner Formeln.«[15]

Im Juli entdeckte Einstein einen inneren Widerspruch in Abrahams Theorie, doch der konterte prompt mit der Behauptung, Einsteins Theorie ruhe »auf schwankendem Grunde«. Im September beendete Einstein die öffentlich in den ›Annalen‹ geführte Diskussion mit der kurzen Notiz, die Leser mögen sein Schweigen nicht als Einverständnis deuten.

Trotz aller inhaltlichen Kontroversen schätzte Einstein Max Abraham auch weiterhin als fähigen Physiker. Kurze Zeit nach diesem Disput empfahl er ihn sogar für den Lehrstuhl für Theoretische Physik an der Universität Zürich. Letztlich zog Einstein sogar eine wichtige Lehre aus Abrahams Arbeit. Der hatte nämlich die vierdimensionale Formulierung der Speziellen Relativitätstheorie verwendet, wie sie Hermann Minkowski wenige Jahre zuvor eingeführt hatte. Insofern war Abraham mit moderneren mathematischen Methoden vorgegangen als Einstein. Der wollte als Nächstes seine bisherige Theorie von statische auf nicht-statische, also zeitlich veränderliche Felder erweitern.

Der gekrümmte Raum

Bis dahin basierten Einsteins Versuche auf der Speziellen Relativitätstheorie, wenn man von der kurzzeitigen, irrigen Annahme einer veränderlichen Lichtgeschwindigkeit absieht. Die Zeit unterlag der Dilatation, konnte also schneller und langsamer vergehen, und der Raum war klassisch-euklidisch oder, wie Physiker sagen, flach. Dies änderte sich im Jahr 1912. Welchen Irrungen und Wirrungen er dabei anfangs unterlag, konnten Physikhistoriker Mitte der 1990er Jahre rekonstruieren.[16] Grundlage waren Aufzeichnungen in einem Notizbuch, das Einstein von Sommer 1912 bis Frühjahr 1913 in Zürich führte. Es enthüllte überraschend, dass Einstein bereits gegen Ende 1912 die richtigen Feldgleichungen gefunden hatte. Er verwarf sie aber wieder und suchte einen neuen Lösungsweg.

Auffällig an Einsteins damaligem Vorgehen war eine Art Doppelstrategie. Zeitweilig probierte er mathematische Hilfsmittel aus, mit denen er das entsprechende Problem zu lösen hoffte, und suchte anschließend nach der physikalischen Bedeutung des Ausdrucks. In anderen Fällen ging er von physikalischen Annahmen aus, die seiner Meinung nach in einer Gravitationstheorie erfüllt sein müssten, und suchte dann nach geeigneten mathematischen Operatoren. Im Laufe der Jahre pendelte Einstein zwischen diesen Strategien hin und her, bis er im November 1915 die richtige Lösung gefunden hatte.

Entscheidend war seine Abkehr von der euklidischen Geometrie und die anschließende Suche nach dem geeigneten mathematischen Werkzeug, mit dem er in nicht-euklidischen, sprich gekrümmten Räumen arbeiten konnte. Hierfür eignete sich prinzipiell die Gauß'sche Flächentheorie. Sie ermöglichte es, das Krümmungsmaß einer Fläche zu berechnen. Eine Fläche besitzt zwei Dimensionen, Einsteins Theorie hingegen basierte auf der vierdimensionalen Raumzeit. Er musste deshalb die 1854 von Bernhard Riemann in Göttingen entwickelte Verallgemeinerung der Gauß'schen Theorie für beliebig viele Dimensionen verwenden. Dies galt lange Zeit als äußerst kompliziert und wurde auch nicht benötigt (s. Kapitel 2).

In seiner Not wandte sich Einstein an seinen Freund Marcel Grossmann, der an der ETH Zürich Geometrie lehrte: »Grossmann, du musst mir helfen, sonst werd' ich verrückt!«[17] Grossmann durchschaute Einsteins mathematisches Problem und machte ihn auf den »Riemann-Tensor« aufmerksam. Das ist ein mathematisches Werkzeug, mit dem man die Krümmung von Räumen mit beliebig vielen Dimensionen beschreiben kann. Diese glückliche Wendung lässt sich unmittelbar im Züricher Notizbuch ablesen. Auf Seite 27 findet sich der Eintrag: »Grossmann-Tensor vierter Mannigfaltigkeit.« Das muss im Frühherbst 1912 gewesen sein, denn Erwin Freundlich schrieb er im Oktober: »Meine theoretischen Bemühungen schreiten nun nach unbeschreiblich mühseligem Suchen rüstig fort, so dass alle Aussicht vorhanden ist, dass die Gleichungen der allgemeinen Dynamik der Gravitation bald aufgestellt sein werden.«[18]

Grossmann zeigte ihm auch Arbeiten von Elwin Bruno Christoffel, Professor an der ETH, der 1869 ein mathematisches Instrument gefunden hatte, das Einstein für seine Arbeiten benötigte. Schließlich sollte noch eine 1901 von Gregorio Ricci und Tullio Levi-Civita veröffentlichte Arbeit für Einstein eine entscheidende Bedeutung erlangen. Mit Levi-Civita entspann sich später, im Frühjahr 1915, ein intensiver Briefwechsel.

Aus heutiger Sicht war damit das gesamte mathematische Rüstzeug für die Allgemeine Relativitätstheorie bereits vorhanden. Aber es war Einstein genauso wie allen anderen Physikern unbekannt. Er musste zunächst einmal herausfinden, welche Methoden er überhaupt benötigte, und diese dann mühsam erlernen.

Einstein stellte mehrere physikalische Forderungen an seine Theorie, die aus der klassischen Physik bekannt waren. Oberstes Prinzip war und blieb die Äquivalenz von schwerer und träger Masse. Außerdem hielt er an dem Galilei'schen Prinzip fest, wonach in einem Gravitationsfeld alle Körper gleich schnell fallen. Ferner sollte eine der damaligen Grundfesten der Physik nicht angetastet werden, wonach Energie und Impuls erhalten bleiben. Letztlich sollte die klassische Newtonsche Theorie als Grenzfall in der neuen Gravitationstheorie enthalten sein. Aus mathematischer Sicht war das Prinzip der »Kovarianz« ausschlaggebend. Es besagte, dass die physikalischen Gesetze in jedem beliebigen Bezugssystem unverändert gelten, nicht nur in Inertialsystemen, wie sie Newton definiert hatte.

Einsteins anfängliche Versuche verliefen alle im Sand. Ganz offensichtlich war er in dieser ersten Phase noch nicht ausreichend mit der notwendigen höheren Mathematik vertraut. Es wurde ihm klar, dass er so nicht weiterkommen würde. In seinem Notizbuch ist diese Station deutlich erkennbar: Er kehrte es um und begann unter der Überschrift »Gravitation« von neuem. Seine Versuche, das Problem unter Berücksichtigung aller physikalischen und mathematischen Randbedingungen zu lösen, misslangen.

Nichts und niemand konnte Einstein in dieser Zeit von seinen Forschungen an der Gravitationstheorie abbringen. Ende Oktober 1912 bekam Arnold Sommerfeld einen Vorgeschmack von Einsteins kompromissloser Schaffenswut zu spüren. Als er ihn zu einer Vortragsreihe über Probleme der Quantentheorie einlud, lehnte Einstein mit den Worten ab, er wisse »in der Quantensache nichts Neues zu sagen … Ich beschäftige mich jetzt ausschließlich mit dem Gravitationsproblem und glaube nun mit Hilfe eines hiesigen befreundeten Mathematikers aller Schwierigkeiten Herr zu werden. Aber das eine ist sicher, dass ich mich im Leben noch nicht annähernd so geplagt habe, und dass ich große Hochachtung für die Mathematik eingeflösst bekommen habe, die ich bis jetzt in ihren subtileren Teilen in meiner Einfalt für puren Luxus ansah! Gegen dies Problem ist die ursprüngliche Relativitätstheorie eine Kinderei.«[19] Enttäuscht berichtete Sommerfeld seinem Kollegen David Hilbert in Göttingen: »Einstein steckt offenbar so tief in der Gravitation, daß er für alles andere taub ist.«[20] Das änderte sich auch nicht, als ihn Max Planck warn-

te: »Als alter Freund muss ich Ihnen davon abraten, weil Sie
einerseits nicht durchkommen werden; und wenn Sie durchkommen, wird Ihnen niemand glauben.«

Und dann geschah etwas sehr Bemerkenswertes. Über
zwanzig Seiten des Notizbuches hinweg lässt sich genau verfolgen, wie Einstein versuchte, aus dem Riemann-Tensor den
richtigen Gravitations-Tensor der späteren Allgemeinen Relativitätstheorie zu konstruieren. Schließlich stieß er auch tatsächlich auf die richtigen Gleichungen – und verwarf sie wieder. Hierfür gibt es mehrere Ursachen.

So fiel es Einstein zu dieser Zeit noch schwer, die mathematischen Objekte des neuen Formalismus mit Begriffen der
klassischen Physik zu identifizieren. Insbesondere war es so,
dass sich seine Theorie in starken Schwerkraftfeldern von
der Newton'schen deutlich unterscheiden sollte. Je weiter
man sich jedoch von einer großen Materieansammlung wie
der Sonne entfernte, je schwächer also die Gravitation war,
desto mehr sollten sich die beiden Theorien einander annä-
hern. Die Newton'sche Physik musste also als Grenzfall für
eine beliebig kleine Gravitation in der neuen Theorie enthalten sein. In dieser Phase gelang es Einstein jedoch nicht, die
Newton'schen Gleichungen als Grenzfall der neuen Theorie
aus seinen Feldgleichungen herzuleiten. Einstein hatte bereits
den umwölkten Olymp erklommen, war aber irrigerweise wieder ins Tal abgestiegen.

Enttäuscht gab er den Lösungsweg mit dem Riemann-Tensor auf und wandte sich einer anderen Möglichkeit zu, die er
schon früher erwogen und wieder verworfen hatte. Bis zum
Frühjahr 1913 arbeitete er eine neue Theorie aus, die er dann
als »Entwurf einer verallgemeinerten Relativitätstheorie und
einer Theorie der Gravitation« zur Veröffentlichung an den
Teubner Verlag schickte. Dort erschien das 35 Seiten umfassende Werk im folgenden Monat. Es bestand aus zwei Teilen,
wobei Einstein für den physikalischen und Grossmann für
den mathematischen Teil verantwortlich zeichneten. »Ich bin
nun innerlich überzeugt, das Richtige getroffen zu haben, zugleich freilich auch, dass ein Murmeln der Entrüstung durch

die Reihen der Fachgenossen gehen wird, wenn die Arbeit erscheint«,[21] schrieb er seinem Freund Paul Ehrenfest.

Das »Murmeln der Entrüstung« hatte Einstein wohl wegen der Kompliziertheit der Feldgleichungen befürchtet. Tatsächlich sollte es wenig später noch schlimmer werden: Im Rahmen dieser Theorie konnte es allgemein kovariante Feldgleichungen gar nicht geben. Das widersprach eklatant einer der wichtigsten Voraussetzungen, wonach die physikalischen Gesetze in allen Systemen unverändert gelten sollten. Im Grunde hätte Einstein damit seinen Traum einer Allgemeinen Relativitätstheorie aufgeben müssen.

Doch er ging den einmal eingeschlagenen Weg weiter. Die rastlose Suche nach der Lösung vereinnahmte ihn zusehends und griff auch seine Gesundheit an. »Diät: Rauchen wie ein Schlot, Arbeiten wie ein Ross, Essen ohne Überlegung und Auswahl, Spazierengehen *nur* in wirklich angenehmer Gesellschaft, also leider selten, schlafen unregelmäßig etc.«,[22] gestand er seiner Cousine und späteren Frau Elsa. Außerdem traf ihn immer mehr der Unmut seiner Kollegen, zum Beispiel bei einem Vortrag vor der Gesellschaft deutscher Naturforscher und Ärzte im September 1913 in Wien. Nur sehr wenige Anwesende vermochten seinen Ausführungen zu folgen, denn neben sehr anschaulichen Beispielen war die Rede mit anspruchsvoller Physik und Mathematik garniert. Im Anschluss an den Vortrag meldete sich Gustav Mie, Professor an der Universität Greifswald, zu Wort. Ihm ging es zunächst einmal um eine Prioritätenfrage. Er hielt es für notwendig festzuhalten, dass Abraham der Erste gewesen sei, der einigermaßen vernünftige Gleichungen für die Gravitation aufgestellt habe. Und dann war es ihm auch wichtig festzuhalten, dass er selbst eine Gravitationstheorie entwickelt habe. Für Einstein war Mies Theorie indes inakzeptabel, weil sie das Äquivalenzprinzip nicht erfüllte. Auch Abrahams Theorie lehnte er ab, ebenso wie eine ähnliche von Gunnar Nordström, einem Professor in Helsinki.

Einstein verwies schließlich auf das *experimentum crucis*: die Lichtablenkung im Schwerefeld der Sonne. Er war mittlerweile geradezu versessen auf diese astronomische Beobachtung. Totale Sonnenfinsternisse sind aber selten und treten mitunter in Gebieten auf, die für astronomische Präzisionsbeobachtungen, wie sie zur Überprüfung von Einsteins Vorhersagen nötig waren, ungeeignet sind. Daher wandte sich Einstein im Oktober 1913 an den Direktor des Mount-Wilson-Observatoriums in Kalifornien, George Ellery Hale, mit der Frage, »bis zu wie grosser Sonnennähe helle Fixsterne bei Anwendung der stärksten Vergrösserung bei Tage (ohne Sonnenfinsternis) gesehen werden können«.[23] Hale leitete die Anfrage an seinen Kollegen vom Lick-Observatorium, William Wallace Campbell, weiter. Drei Wochen später konnte er Einstein keine Hoffnung darauf machen, dass die Beobachtung am Tage ohne Finsternis gelingen könne. Zumindest konnte Einstein den amerikanischen Astronom davon überzeugen, Erwin Freundlich alte Aufnahmen von Sonnenfinsternissen zur Verfügung zu stellen. Gleichzeitig wollte Campbell den Plan unterstützen, nach der Lichtablenkung während einer Sonnenfinsternis zu suchen.

Es gab noch eine weitere Möglichkeit, die Gravitationstheorie zu überprüfen, und zwar an Hand der bereits in anderem Zusammenhang auf S. 52 geschilderten Periheldrehung der Merkurbahn. Ende 1907 hatte Einstein in einem Brief an seinen Freund Conrad Habicht die Hoffnung geäußert, hierfür eine Lösung zu finden. Hierbei ging es um Folgendes: Der innerste Planet Merkur umkreist die Sonne auf einer elliptischen Bahn. Allerdings ist diese Ellipse nicht in sich geschlossen. Dies hat zur Folge, dass der sonnennächste Punkt (das Perihel) um etwa 1/6 Grad pro Jahrhundert um unser Zentralgestirn herumwandert. Dieses Phänomen war seit etwa 1860 bekannt und konnte im Rahmen der Newton'schen Theorie nicht vollständig beschrieben werden. Zum Großteil ließ es sich damit erklären, dass nicht nur die Sonne mit ihrer Schwerkraft auf Merkur einwirkt, sondern auch die anderen Planeten. Doch selbst wenn man dies berücksichtigte, blieb immer noch eine winzige Restdrehung von 43 Bogensekunden (etwa 1/80 Grad) pro Jahrhundert übrig.

Einstein vermutete, dass der unerklärbare Rest der Periheldrehung in der Unzulänglichkeit der Newton'schen Gravitationstheorie begründet war. Eine neue Theorie müsste dieses Problem lösen können. Mit diesen Gedanken besuchte Einstein seinen Freund Michele Besso. Beide versuchten, auf der Grundlage der Einstein-Grossmann'schen Arbeit die Periheldrehung zu berechnen. Mehrere Monate lang arbeiteten sie an dem Problem, wobei sie sich teilweise die Ausarbeitungen hin und her schickten. Letztlich blieb es bei einem unveröffentlichten Manuskript, weil die neue Theorie einen zu kleinen Wert für die Periheldrehung ergab. Auf dieses Problem sollte Einstein später zurückkommen.

Die überwiegende Zahl der Physiker interessierte sich nicht für Einsteins neue Leidenschaft. »Zur Gravitationsarbeit verhält sich die physikalische Menschheit ziemlich passiv. Das meiste Verständnis hat wohl Abraham dafür. Er schimpft zwar ... kräftig über alle Relativität, aber mit Verstand ... Laue ist den prinzipiellen Erwägungen nicht zugänglich, Planck auch nicht, eher Sommerfeld«,[24] berichtete er Michele Besso. Laue befürchtete, dass sich die Lichtablenkung am Sonnenrand nie würde nachweisen lassen, weil sich ein beobachteter Effekt stets auch mit der Brechung des Lichts in der Sonnenatmosphäre erklären ließe. Doch das machte Einstein nicht viel aus: »Die Kontroversen machen mir Vergnügen. Figaro-Stimmung: ›Will der Herr Graf ein Tänzlein wagen? Er solls mir sagen! Ich spiel ihm auf‹«,[25] schrieb er Heinrich Zangger im Januar 1914.

Neben diesen dauernden Anfeindungen aus Kollegenkreisen musste sich Einstein auch im Privatleben auf Veränderungen einstellen. Ein absoluter Glücksfall für ihn war die Wahl zum ordentlichen Mitglied an die Akademie der Wissenschaften zu Berlin, die Max Planck und Walter Nernst in die Wege geleitet hatten. Damit war er im Mekka der Physik angekommen. »Ostern gehe ich nämlich nach Berlin als Akademie-Mensch ohne irgendwelche Verpflichtung, quasi als lebendige Mumie. Ich freue mich auf diesen schwierigen Beruf!«,[26] berichtete er Jakob Laub. Gleichzeitig ging seine Ehe in die Brüche, während eine intensive Liebschaft mit seiner Cousine Elsa Löwenthal aufkeimte, die zu seiner zweiten Ehe führte. Der Ausbruch des Ersten Weltkrieges im Juli 1914 traf ihn schwer. Er wandte sich gegen jede Art von Nationalismus und Chauvinismus.

In dieser friedlosen Zeit legte Einstein die letzte Etappe auf dem Weg zur endgültigen Gravitationstheorie zurück. Ende September 1914 reichte er bei der Preußischen Akademie der Wissenschaften eine neue Arbeit ein, in der er die Grundlagen der Allgemeinen Relativitätstheorie auf einer streng formal mathematischen Ebene zusammenfasste. Doch ein Jahr später entdeckte er wieder einen fatalen Fehler. Mittlerweile sah er sich nicht mehr imstande, eine Lösung zu finden, zu festgefahren erschien ihm sein Geist.

Trotz dieser Skepsis begann er noch einmal an jener Stelle, an der er zweieinhalb Jahre zuvor umgekehrt war. Ohne Unterlass arbeitete er alles noch einmal durch und griff den Faden aus dem Jahre 1912 wieder auf, als er den Riemann-Tensor verworfen hatte. Nun muss er sich auf dem richtigen Weg gesehen haben, denn am 4. November 1915 hielt er vor der Preußischen Akademie einen Vortrag, in dem er zunächst erklärte, warum seine bisherigen Versuche in die Irre geführt hatten. »Aus diesen Gründen verlor ich das Vertrauen zu den von mir aufgestellten Feldgleichungen vollständig und suchte nach einem Wege, der die Möglichkeiten in einer natürlichen Weise einschränkte. So gelangte ich zu der Forderung einer allgemeinen Kovarianz der Feldgleichungen zurück, von der ich vor drei Jahren, als ich zusammen mit meinem Freund Grossmann arbeitete, nur mit schwerem Herzen abgegangen war. In der Tat waren wir damals der im nachfolgenden gegebenen Lösung des Problems bereits ganz nahe.« Bevor er mit dem mathematisch anspruchsvollen Teil begann, konnte er seine Begeisterung nicht verbergen und meinte, »dem Zauber dieser Theorie wird sich kaum jemand entziehen können, der sie wirklich erfasst hat«.[27] Viele der dort Anwesenden werden das nicht gewesen sein. Doch noch hatte er das Ziel nicht erreicht.

Schon eine Woche später trug er einen Nachtrag vor, in dem er Mutmaßungen über die Struktur der Materie im Rahmen seiner neuen Allgemeinen Relativitätstheorie anstellte. Doch der Höhepunkt stand ihm noch bevor. Hilbert berichtete er von Übermüdung und Magenschmerzen, und Michele Besso schrieb er atemlos:»Allgemeine kovariante Gravitationsgleichungen. Perihelbewegungen quantitativ erklärt. Rolle der Gravitation im Bau der Materie. Du wirst staunen.«[28] Einstein hatte sich erneut der Periheldrehung des Merkur angenommen. Er traute seinen Augen nicht, als nun tatsächlich der beobachtete Wert herauskam. Die restliche Periheldrehung hatte ihre Ursache also darin, dass das Newton'sche Gravitationsgesetz nahe an der Sonne nicht exakt stimmt. Später erzählte Einstein, er habe Herzklopfen bekommen angesichts dieses Erfolges und sei einige Tage fassungslos vor Glück gewesen.

Am 18. November berichtete er der Akademie von seinem Erfolg und ergänzte, dass die Lichtablenkung am Sonnenrand doppelt so stark sein müsse, wie seine früheren Untersuchungen ergeben hatten – ein entscheidendes Detail für die ersehnte Bestätigung seiner Theorie durch Sternbeobachtungen während einer totalen Sonnenfinsternis. Im Laufe der nächsten Woche feilte er noch an seinen Gleichungen und fand einen Weg, sie weiter zu vereinfachen. Am Donnerstag, dem 25. November folgte der krönende Abschluss. Vor dem Auditorium der Akademie konnte er »Die Feldgleichungen der Gravitation« vortragen und mit den Worten enden: »Damit ist endlich die allgemeine Relativitätstheorie als logisches Gebäude abgeschlossen.«[29]

Es folgten Tage und Wochen voll überschäumender Freude. Heinrich Zangger schrieb er am folgenden Tag, die Theorie sei »von unvergleichlicher Schönheit«,[30] Besso teilte er mit, »die kühnsten Träume sind in Erfüllung gegangen«.[31] Sommerfeld schrieb er: »Das Herrliche, was ich erlebte, war nun, dass sich nicht nur Newtons Theorie als erste Näherung, sondern auch die Perihelbewegung des Merkur (43 Bogensekunden pro Jahrhundert) als zweite Näherung ergab«, und ein paar Tage später versicherte er ihm, es sei »der wertvollste

Fund, den ich in meinem Leben gemacht habe«.[32] Noch viele Jahre später erinnerte er sich bei einem Vortrag in Glasgow an das »ahnungsvolle, Jahre währende Suchen im Dunkeln mit seiner gespannten Sehnsucht, seiner Abwechslung von Zuversicht und Ermattung und seinem endlichen Durchbrechen zur Wahrheit, das kennt nur, wer es selbst erlebt hat«.[33]

Die erfolgreiche Erklärung der Periheldrehung machte nun auch einige Skeptiker nachdenklich. Zumindest fing Planck an, die Sache ernster zu nehmen. Ansonsten war Einstein jedoch von seinen Kollegen weitgehend enttäuscht und beschwerte sich über die Jämmerlichkeit der Menschen.

Streit mit Hilbert

Zudem kam es kurzzeitig noch mit dem Mathematiker David Hilbert zu einem Streit über die Urheberschaft der Allgemeinen Relativitätstheorie. Anfang Juli 1915 hatte Einstein in Göttingen mehrere Vorträge zum damaligen Stand der Relativitätstheorie gehalten, die Hilbert zu eigenen Arbeiten zur Gravitation animierten. Es folgte ein intensiver Briefwechsel, in dem sich Einstein und Hilbert gegenseitig vom jeweiligen Fortschritt unterrichteten. Bei aller Offenheit wurde beiden indes klar, dass sie sich in einem Wettrennen um die Lösung des Problems befanden.

Am 18. November, also eine Woche vor Einsteins letztem und entscheidendem Vortrag, bekräftigte er in einem Brief an Hilbert, die Schwierigkeit habe bis dahin nicht darin bestanden, auf mathematischem Wege allgemein kovariante Gleichungen zu finden. Das eigentliche Problem hätte eher auf der physikalischen Seite gelegen, nämlich die Newton'schen Gleichungen aus ihnen herzuleiten. In Übereinstimmung mit seinem Züricher Notizbuch wies er Hilbert vorsichtshalber darauf hin, er habe die richtigen Gleichungen schon drei Jahre zuvor mit seinem Freund Grossmann in Erwägung gezogen. Dieselbe Bemerkung machte er auch in Briefen an Sommerfeld und Lorentz.

Zwei Tage später, am 20. November, reichte Hilbert bei der Königlichen Gesellschaft der Wissenschaften zu Göttingen einen Vortrag mit dem Titel »Die Grundlagen der Physik« ein. Gedruckt wurde dieser Beitrag jedoch erst am 31. März 1916. Er enthielt die richtigen Feldgleichungen, die Einstein am 25. November vor der Akademie vorgetragen hatte. Damit lag der Verdacht nahe, Einstein habe von Hilbert die richtige Lösung übernommen. Dieser bis dahin unausgesprochene Plagiatsvorwurf verärgerte Einstein ganz erheblich.

Am 26. November berichtete er in einem Brief an Heinrich Zangger, »nur *ein* Kollege hat sie [die Theorie] wirklich verstanden und der eine sucht sie auf geschickte Weise zu ›nostrifizieren‹«,[34] sprich für sich zu beanspruchen. Der nicht namentlich genannte Kollege war Hilbert. Schon vier Wochen später glättete Einstein die Wogen jedoch: »Es ist zwischen uns eine gewisse Verstimmung gewesen, deren Ursache ich nicht analysieren will … Es ist objektiv schade, wenn sich zwei Kerle, die sich aus ihrer schäbigen Welt etwas herausgearbeitet haben, nicht gegenseitig zur Freude gereichen.«[35] Tatsächlich lag Hilbert bald nichts mehr daran, sich als Mitentdecker der neuen Gravitationstheorie in der Physikgeschichte verewigen zu lassen. In mehreren späteren Veröffentlichungen bestätigte er Einstein als alleinigen Entdecker.

Damit war der erste Akt der Einstein-Hilbert-Debatte beendet. Der zweite Akt folgte im Jahre 1997, als drei Wissenschaftshistoriker mit einer Aufsehen erregenden Entdeckung aufwarteten.[36] Demnach hatte Hilbert bei Einstein abgeschrieben und nicht umgekehrt. Hilbert hatte am 6. Dezember, also nach Einsteins historischem Vortrag, mehrere Korrekturfahnen seiner Arbeit erhalten. Eine arbeitete er um und schickte sie an den Verlag. Dieses Exemplar ist verschollen. Ende 1994 entdeckte einer der drei Historiker im Hilbert-Nachlass eine Zweitschrift, die der Mathematiker behalten hatte. Diese stimmte in vielen Teilen nicht mit der im März 1916 veröffentlichten Version überein. Insbesondere enthielt sie nach Ansicht der drei Wissenschaftler nicht die entscheidenden Gleichungen, nach denen Einstein so lange gesucht hatte. Hilbert hatte also seinen Beitrag in der Zeit nach Einsteins entscheidender Veröffentlichung in einer der Korrekturfahnen ganz erheblich umgearbeitet, die richtige Lösung von Einstein übernommen und diese Fassung zum Druck gegeben. Hilbert schien der »Nostrifizierung« überführt. Ende des zweiten Aktes.

Der dritte und bislang letzte Akt begann im Jahr 1999, als ein anderer Wissenschaftler Hilberts Zweitfahne im Archiv der Universität Göttingen erneut begutachtete. Zu seiner Überraschung war von einer Seite das untere Drittel abgeschnitten. Das hatten die drei Historiker in ihrer Arbeit von 1997 überhaupt nicht erwähnt, weil sie der Ansicht waren, dass sich aus dem Rest der Fahne ergeben habe, dass Hilbert die richtigen Gleichungen gar nicht gefunden haben könne.

Was genau an der fehlenden Stelle gestanden hat, lässt sich durch Vergleich mit der späteren Veröffentlichung nicht eindeutig ermitteln, weil Hilbert die Fahne umgearbeitet hatte. Allerdings nur, weil er in der Zwischenzeit einen mathematisch eleganteren Weg gefunden hatte. Diverse Experten der Relativitätstheorie sind überdies der Meinung, dass Hilbert sehr wohl auf die richtigen Gleichungen kommen konnte, und dass diese auf dem heute abgeschnittenen Teil der Fahne gestanden haben könnten. Wegen seiner exzellenten mathematischen Kenntnisse ist es sogar wahrscheinlich, dass Hilbert die Rechnung, wie sie im vorderen Teil der Fahne beginnt, fehlerlos bis zur richtigen Lösung fortgeführt hat. Bleibt die brennende Frage, wer von einer Seite der Korrekturfahne das untere Drittel abgeschnitten hat und warum. War es Hilbert selbst oder hat sich später jemand an dem Manuskript zu schaffen gemacht?

Um diese Frage entbrannte im Jahre 2005 eine heiße Debatte, weil eine Forscherin in Göttingen mit geradezu detektivischem Spürsinn meinte nachweisen zu können, dass Hilbert selbst sein Manuskript nicht verstümmelt haben konnte.[37] Hat also demnach später jemand den entscheidenden Teil aus Hilberts Arbeit entfernt, um Einsteins Ruhm als Erstentdecker der Feldgleichungen unangetastet zu lassen? Diese Frage ist bis heute offen.

Selbst wenn es so war, bleibt Einstein der Entdecker der Allgemeinen Relativitätstheorie. Eine Theorie ist nicht bloß eine Ansammlung von Formeln, sondern ein geistiges Gebäude, das über Jahre hinweg gewachsen ist. Schließlich hatte sich Einstein seit 1907 mit dem Problem der Gravitation beschäftigt, und er selbst hatte Hilbert auf seine Lösungsversuche aufmerksam gemacht, die bereits sehr weit gediehen waren. Hilbert fand dann zwar möglicherweise wenige Tage vor Einstein die richtigen Gleichungen, aber »Einstein muss weiterhin als Erfinder der Allgemeinen Relativitätstheorie gelten«,[38] lautet auch das Fazit der Göttinger Historikerin.

Darüber hinaus ging es Hilbert nicht nur um eine reine Gravitationstheorie. Sein Ziel war es, gleichzeitig die Eigenschaften der Materie, insbesondere des Elektrons, zu erklären. Diesen Gedanken verwarf Einstein völlig und nannte den Hilbert'schen Ansatz für die Materie kindlich. »Jedenfalls ist es nicht zu billigen, wenn die soliden Überlegungen, die aus dem Relativitätspostulat stammen, mit so gewagten, unbegründeten Hypothesen über den Bau des Elektrons bzw. der Materie verquickt werden«,[39] schrieb er dem Mathematiker Hermann Weyl, womit er zweifelsfrei recht hatte.

Damit war das Ziel einer neuen Gravitationstheorie erreicht. In ihr gibt es keine Schwer*kraft* mehr wie bei Newton, sondern die Gravitation ist ein *Feld*, bestehend aus Raum und Zeit. Und diese Raumzeit besitzt nicht unbedingt eine euklidische Geometrie: Jede Art von Materie krümmt den Raum um sich herum, wobei die Stärke der Krümmung mit der Masse des Körpers zu- und mit wachsender Entfernung von ihm abnimmt. Der Raum ist somit ein dynamisches »Gebilde«, das sich ständig in der Umgebung bewegter Körper verändert.

Wie schon in der Speziellen Relativitätstheorie spielt auch in der Gravitationstheorie die Zeit eine ganz entscheidende Rolle bei dem Ablauf physikalischer Vorgänge. Insbesondere verläuft sie in der Nähe eines Himmelskörpers, wo der Raum stark gekrümmt ist, langsamer als fernab von ihm, wo der Raum nahezu flach ist. Raumkrümmung und Zeitdehnung sind also untrennbar miteinander verwoben. Aus diesem Grunde müssen im Rahmen der Allgemeinen Relativitätstheorie alle physikalischen Abläufe stets in einer vierdimensionalen Raumzeit betrachtet werden: Die Gravitation *ist* die gekrümmte Raumzeit.

In diesem Bild erklärt man auch die Bewegung von Körpern und von Licht. Alle kräftefreien Körper bewegen sich auf Geodäten. Kräftefrei bedeutet, ausschließlich unter Einfluss der Gravitation, ohne zusätzliche Kräfte, wie einem Antrieb oder auch Reibung. In der Ebene ist eine Geodäte eine Gerade, auf einer Kugeloberfläche eine gebogene Linie. Mit der Riemann'schen Geometrie lassen sich für alle beliebig gekrümmten Flächen die Geodäten berechnen.

4: Die Jahrhundertarbeit
Der Inhalt der Veröffentlichung zur Allgemeinen
Relativitätstheorie

Auf einen Blick
- Am 25. November 1915 vollendete Einstein die Allgemeine Relativitätstheorie, ein halbes Jahr später folgte die erste zusammenfassende Darstellung.
- Einstein benennt Möglichkeiten, die Vorhersagen der Allgemeinen Relativitätstheorie zu überprüfen: Lichtablenkung am Sonnenrand und Gravitationsrotverschiebung.
- Die Feldgleichung $G_{\mu\nu} = \kappa \cdot T_{\mu\nu}$ sieht einfach aus, gehört jedoch zum Komplexesten, was die theoretische Physik zu bieten hat.

Am 25. November 1915 war der Befreiungsschlag vollbracht: Einstein hatte eine neue Theorie der Schwerkraft oder besser gesagt der Gravitation entwickelt.[1] Was beinhaltet nun diese Jahrhundertarbeit? Seine Veröffentlichung vom 25. November umfasst lediglich etwas mehr als drei Seiten. Das mag erstaunen angesichts der fundamentalen Bedeutung dieses Werkes. Doch kommt hier zum Ausdruck, dass Einstein bereits zuvor verschiedene Aspekte seiner Theorie dargelegt hatte und hier lediglich letzte Fehler korrigierte und die endgültigen Feldgleichungen herleitete. Am 11. Mai 1916 veröffentlichte er auf 52 Seiten in den ›Annalen der Physik‹ die erste umfassende Darstellung »Die Grundlage der allgemeinen Relativitätstheorie«.[2] Sie soll hier erläutert werden.

Einstein unterteilt die Arbeit in fünf Kapitel:

A. Prinzipielle Erwägungen zum Postulat der Relativität
B. Mathematische Hilfsmittel für die Aufstellung allgemein kovarianter Gleichungen
C. Theorie des Gravitationsfeldes
D. Die ›materiellen‹ Vorgänge
E. Newtons Theorie als erste Näherung

In Kapitel A erläutert Einstein seine Vorgehensweise in einer Art Rückschau mit dem Ziel, »diese Theorie so zu entwickeln, dass der Leser die psychologische Natürlichkeit des eingeschlagenen Weges empfindet und dass die zugrunde gelegten Voraussetzungen durch die Erfahrung möglichst gesichert erscheinen«.[3] Er setzt die Kenntnis der Speziellen Relativitätstheorie voraus und betont deren ausschließliche Gültigkeit für gleichförmig bewegte Systeme. Dann folgt die Motivation der Erweiterung auf beschleunigte Bewegungen anhand des Mach'schen Prinzips und des Äquivalenzprinzips. Mit Gedankenexperimenten führt er dann dem Leser vor Augen, dass »Raum- und Zeitgrößen nicht so definiert werden können, dass räumliche Koordinatendifferenzen unmittelbar mit dem Einheitsmaßstab, zeitlich mit einer Normaluhr gemessen werden können. Das bisherige Mittel, in das zeiträumliche Kontinuum in bestimmter Weise Koordinaten zu legen, versagt also.«[4] Anders gesagt: Es ist nicht mehr möglich, in einem beliebig gekrümmten Raum ein universelles, rechtwinkliges Koordinatensystem zu definieren, wie es bei Newton der Fall war. In der Allgemeinen Relativitätstheorie müssen Koordinatensysteme an jedem Ort, also lokal, definiert werden. Daraus folgt eine der zentralen Forderungen bei der Aufstellung der Formeln für die Schwerkraft, die allgemeine Kovarianz: Die physikalischen Gesetze müssen in jedem beliebigen Bezugssystem unverändert gelten.

Im Folgenden behandelt Einstein Raum und Zeit als gemeinsame vierdimensionale Raumzeit, so wie es der Mathematiker Hermann Minkowski 1907 für die Spezielle Relativitätstheorie eingeführt hatte. Mit diesem Hilfsmittel definiert er Abstände, »Linienelemente« genannt, in der Raumzeit. Da diese nicht mehr euklidisch ist, benötigt er eine Größe, welche die Krümmung beschreibt. Diese mit $g_{\sigma\tau}$ bezeichnete Größe ist mathematisch gesprochen ein Tensor. Im Grunde beschreibt er die Krümmung an jedem Punkt der Raumzeit und kann somit variabel, sprich eine mathematische Funktion sein. (Im nachfolgenden Kapitel B untersucht Einstein dann die mathematischen Eigenschaften der Metrik und geht dabei zu der Bezeichnung »Fundamental-Tensor« $g_{\mu\nu}$ über.) Heute bezeichnen Physiker diese zentrale Größe als Metrik der Raumzeit.

Einstein beendet dieses erste Kapitel mit dem Fazit: »Die Gravitation spielt also gemäß der allgemeinen Relativitätstheorie eine Ausnahmerolle gegenüber den übrigen, insbesondere den elektromagnetischen Kräften, indem die das Gravitationsfeld darstellenden zehn Funktionen $g_{\sigma\tau}$ zugleich die metrischen Eigenschaften des vierdimensionalen Messraumes bestimmen.«[5] Genau diese erstaunliche Tatsache, dass Schwer*kraft* nichts anderes ist als die Geometrie der Raumzeit, unterscheidet die Gravitation von allen anderen Kräften, die in der Raumzeit agieren. Dieser grundlegende Unterschied verhindert bis heute die Vereinigung der Gravitation mit den anderen Naturkräften (s. Kapitel 11).

Die folgende Erläuterung der Mathematik (Kapitel B) beansprucht mit gut dreißig Seiten den größten Raum in der Veröffentlichung. Hier fasst Einstein alles zusammen, was er in den vergangenen Jahren über Tensoren gelernt hat. Er vergisst dabei nicht, sich bei seinem Freund Marcel Grossmann für dessen Hilfe zu bedanken. Wie Einstein bereits zu Beginn der Veröffentlichung erklärt, führt er die Tensormathematik deswegen ausführlich vor, weil sie zur damaligen Zeit unter Physikern nicht als bekannt vorausgesetzt werden konnte. Schließlich hatte Einstein Jahre gebraucht, um die abstrakte Riemann'sche Mathematik mit allen Erweiterungen von Christoffel, Ricci und Levi-Civita für seine Theorie nutzbar zu machen.

Ein wesentlicher Fortschritt besteht für Einstein darin, dass sich durch geeignete Wahl des Koordinatensystems die mathematische Behandlung physikalischer Probleme vereinfacht. Diese wendet er im folgenden Abschnitt C auf die Theorie des Gravitationsfeldes an. Nachdem er zunächst beschreibt, wie sich die Bewegung eines Körpers in einem Gravitationsfeld, sprich in der gekrümmten Raumzeit, berechnen lässt, führt er dann die Feldgleichungen der Gravitation ein. Sie beschreiben also beispielsweise das Schwerefeld in der Umgebung der Sonne oder der Erde. Aus dieser Formel lässt sich zum einen das Newton'sche Gravitationsgesetz ableiten, es ist gewissermaßen in der Allgemeinen Relativitätstheorie als Grenzfall für beliebig kleine Gravitation enthalten. Zum anderen erklärt es die Drehung der Merkurbahn. Diese beiden Erkenntnisse müssen nach Einsteins Ansicht »von der physikalischen Richtigkeit der Theorie überzeugen«.[6]

Den Rest des dritten Kapitels verwendet Einstein auf den Beweis, dass eine der Grundfesten der Physik auch in der Allgemeinen Relativitätstheorie gilt: In einem abgeschlossenen System bleibt die Energie erhalten. Da Einstein bereits 1905 in der Speziellen Relativitätstheorie die Äquivalenz von Energie und Materie in der berühmten Gleichung $E = mc^2$ festgehalten hat, muss er auch in der Allgemeinen Relativitätstheorie einen Energietensor der Materie einführen. (Heute spricht man vom Energie-Impuls-Tensor.) Damit setzt sich die Gesamtmasse eines Systems, also beispielsweise der Sonne, aus der Ruhemasse des Körpers und dessen Gravitationsenergie zusammen.

Gleichzeitig besitzt das Gravitationsfeld als Energieform selbst eine Masse und übt insofern auch eine Raumkrümmung aus. Man erkennt hieran, dass die Gravitation ein auf sich selbst rückwirkendes Phänomen ist. Mathematisch drückt sich das in gekoppelten Differentialgleichungen aus, die nur in ganz wenigen Spezialfällen exakt, also in Form einer geschlossenen Gleichung lösbar sind. Die meisten Phänomene müssen näherungsweise mit Computern berechnet werden. Schon für zwei sich umkreisende Körper gibt es keine exakte Lösung mehr. Kein Wunder, dass anfänglich viele Physiker vor diesen furchterregenden Formeln zurückschreckten, schließlich ließ sich gerade das Zweikörperproblem in der Newton'schen Physik einfach und exakt behandeln.

Im vorletzten Kapitel D zeigt Einstein, wie sich physikalische Gesetze der Materie, wie die Gleichungen für Flüssigkeiten und die Maxwell-Gleichungen für das elektromagnetische Feld, in die Allgemeine Relativitätstheorie einbinden lassen.

Am Schluss geht Einstein noch einmal detailliert auf bisherige Erfolge ein und klärt abschließend den Raumzeitbegriff. Dabei betont er erneut, dass die Spezielle Relativitätstheorie in der Allgemeinen enthalten ist, nämlich für den Fall, dass keine Gravitation vorhanden ist und Körper sich gleichförmig bewegen. Dann leitet er unter Annahme sehr kleiner Gravitation aus seinen Formeln das Newton'sche Gravitationsgesetz her.

Jede Theorie muss durch Experimente bestätigt oder widerlegt werden. Entscheidend war deshalb die Frage, ob sich Abweichungen der Einstein'schen Theorie von der Newton'schen beobachten lassen könnten. Ein Blick auf die entsprechenden Gleichungen zeigte Einstein, »dass die zu erwartenden Abweichungen viel zu gering sind, um sich bei der Vermessung der Erdoberfläche bemerkbar machen zu können«.[7] Bessere Chancen sah er bei der Zeitmessung: »Die Uhr läuft also langsamer, wenn sie in der Nähe ponderabler Massen aufgestellt ist. Es folgt daraus, dass die Spektrallinien von der Oberfläche großer Sterne zu uns gelangenden Lichts nach dem roten Spektralende verschoben erscheinen müssen.«[8] Hierzu ergänzte Einstein in einer Fußnote, dass der Astronom Erwin Freundlich bereits Beobachtungen ausgeführt habe, die diesen Effekt der gravitativen Rotverschiebung zeigen. Das sollte erst viel später gelingen (s. Kapitel 6).

Dass Lichtstrahlen in einem Gravitationsfeld auf gekrümmten Bahnen laufen, hatte Einstein schon sehr früh allein aus dem Äquivalenzprinzip hergeleitet. Mit den Formeln der Allgemeinen Relativitätstheorie fand er in genügender Näherung: »Ein an der Sonne vorbeigehender Lichtstrahl erfährt demnach eine Biegung von 1,7 Bogensekunden, ein am Planeten Jupiter vorbeigehender eine solche von etwa 0,02.«[9] Die Beobachtung der Lichtablenkung am Sonnenrand während einer totalen Sonnenfinsternis im Jahre 1919 verhalf der Allgemeinen Relativitätstheorie zum Durchbruch (s. Kapitel 5). Einstein beendet seine Abhandlung mit der Berechnung des bis dahin unerklärlichen Rests der Periheldrehung des Merkur von 43 Bogensekunden pro Jahrhundert. Dieses Ergebnis, das er bereits am 16. November 1915 vorgetragen hatte, beeindruckte einige Physiker wie Max Planck und veranlasste sie überhaupt erst dazu, sich mit der neuen Theorie zu beschäftigen.

Die Feldgleichungen

Es ist das Anliegen dieses Buches, die Grundzüge der Allgemeinen Relativitätstheorie und ihre Auswirkungen ohne Formeln zu erklären. Doch in einem Kapitel, in dem es um Einsteins Jahrhundertarbeit geht, sollten die Feldgleichungen einmal gezeigt werden. Es gibt viele unterschiedliche mathematische Möglichkeiten, dies zu tun, dies ist die gebräuchlichste:

$$G_{\mu\nu} = \kappa \cdot T_{\mu\nu}$$

Das ist alles?, werden Sie vielleicht fragen. Nach dieser Kombination von drei Buchstaben hat Einstein acht Jahre lang gesucht?

Hinter diesen wenigen Buchstaben verbergen sich natürlich gewichtige mathematische Funktionen. $G_{\mu\nu}$ ist der Einstein-Tensor, er enthält die Information über die Krümmung der Raumzeit. Im Einstein-Tensor ist implizit der Riemann-Tensor enthalten, den Bernhard Riemann 1854 zur Beschreibung der Krümmung von Räumen mit beliebig vielen Dimensionen eingeführt hatte. Das auf der rechten Seite der Feldgleichungen stehende $T_{\mu\nu}$ ist der Energie-Impuls-Tensor. Er beinhaltet jede Form von Materie, welche die Krümmung der Raumzeit erzeugt. Wegen der Äquivalenz von Masse und Energie ($E = mc^2$) trägt auch Energie (oder hier der Impuls) zur Krümmung bei. Das bedeutet auch, dass ein Gravitationsfeld selbst wieder ein Gravitationsfeld erzeugt. Diese Abhängigkeit äußert sich in den schwierigen Lösungen der Feldgleichungen.

Im Grunde steht auf der linken Seite die Geometrie und auf

der rechten die Materie. κ ist lediglich eine verbindende Konstante, welche die Newton'sche Gravitationskonstante G und die Lichtgeschwindigkeit c enthält: $\kappa = 8\pi G/c^4$. John Wheeler brachte die Feldgleichungen mit den folgenden Worten auf den Punkt: Materie sagt der Raumzeit, wie sie sich zu krümmen hat, und die Raumzeitkrümmung sagt den Körpern und dem Licht, wie sie sich zu bewegen haben.

Hinter der einfach aussehenden Gleichung verbirgt sich ein System von – mathematisch gesprochen – zehn partiellen Differentialgleichungen zweiter Ordnung, wobei diese in der ersten Ableitung nicht-linear sind. Diese Differentialgleichungen müssen für jeden speziellen Fall gelöst werden. Dies ist exakt nur in wenigen Fällen möglich, zum Beispiel im Außenraum eines perfekt kugelförmigen Himmelskörpers. Diese Lösung fand Karl Schwarzschild und stieß dabei unbemerkt auf die theoretisch mögliche Existenz von Schwarzen Löchern. Eine andere Lösung für rotierende Kugeln fand 1963 der neuseeländische Physiker Roy Kerr (s. Kapitel 7).

Im Jahr 1917 sah sich Einstein gezwungen, in seine Feldgleichungen eine Konstante einzufügen. Sie sollte garantieren, dass das Universum statisch ist, sich also weder ausdehnt noch zusammenzieht (s. Kapitel 8). Dafür erweiterte er die obige Gleichung um die Kosmologische Konstante Λ:

$$G_{\mu\nu} + \Lambda \cdot g_{\mu\nu} = \kappa\, T_{\mu\nu}$$

Hierin ist $g_{\mu\nu}$ die Metrik der Raumzeit, sprich ihre Geometrie. Dadurch, dass Einstein diesen Term auf die linke Seite stellte, machte er deutlich, dass es sich um eine Eigenschaft des Raumes handelt.

Einstein verwarf die Kosmologische Konstante in den 1930er Jahren wieder, nachdem Edwin Hubble die Flucht der Galaxien entdeckt hatte und klar wurde, dass das Universum expandiert. Um das Jahr 2000 kehrte die Konstante jedoch in abgewandelter Form wieder, nun als Dunkle Energie. Sie führt dazu, dass das Universum beschleunigt expandiert. Obwohl die Natur dieser Energieform unbekannt ist, führen die

Physiker sie auf eine Eigenschaft des Vakuums zurück. Diese Vakuumenergie ρ_{Vak} hat jetzt also eine physikalische Bedeutung und steht deshalb heute auf der rechten Seite der Einstein-Gleichung:

$$G_{\mu\nu} = \kappa \cdot (T_{\mu\nu} + \rho_{Vak} \cdot g_{\mu\nu})$$

In dem Standardwerk der Allgemeinen Relativitätstheorie ›Gravitation‹ resümieren die Autoren Charles Misner, Kip Thorne und John Archibald Wheeler: »Die Einstein'sche Feldgleichung ist elegant und reichhaltig. Keine Gleichung der Physik lässt sich einfacher schreiben. Und keine enthält einen derartigen Reichtum an Anwendungen und Konsequenzen.«[10]

5: »Lichter am Himmel alle schief«
Die Lichtablenkung am Rand der Sonne

Auf einen Blick
- Die Bestätigung der Lichtablenkung im Schwerefeld der Sonne bei einer totalen Sonnenfinsternis am 29. Mai 1919 bedeutete für die Allgemeine Relativitätstheorie den Durchbruch.
- Radiobeobachtungen bestätigen heute die Allgemeine Relativitätstheorie bis auf 0,002 Prozent genau.
- Die Messung der Shapiro-Verzögerung von Radiosignalen im Schwerefeld der Sonne stimmt bis auf 0,002 Prozent mit Einsteins Theorie überein.

Am 7. November 1919 titelte die ›Times‹ in London: »Wissenschaftliche Revolution. Neue Theorie des Universums. Newtons Vorstellung gestürzt.« Und einen Tag später in der Samstagsausgabe: »Revolution in der Wissenschaft. Einstein gegen Newton.« Auf der anderen Seite des Atlantiks zog die ›New York Times‹ am 10. November nach: »Lichter am Himmel alle schief.«[1] Was war passiert, dass bedeutende Tageszeitungen ihre Leser auf der Titelseite mit einer wissenschaftlichen Meldung überraschten?

Ein britisches Expeditionsteam hatte eine totale Sonnenfinsternis genutzt, um die von Einstein vorhergesagte Lichtablenkung im Schwerefeld der Sonne zu bestätigen. Endlich hatte Einstein die wissenschaftliche Bestätigung für seine Theorie, auf die er so lange gewartet hatte. Von einem Tag auf den anderen war er weltberühmt, und es wurde jeder »Piepser zum Trompetensolo«, wie er später einmal sagte.

Der Relativitätstheorie-Experte Clifford Will bezeichnet in seinem Buch ›Was Einstein Right?‹ die Geschichte von der Lichtablenkung als eine der faszinierendsten der Wissenschaftsgeschichte. In der Tat beginnt sie lange vor Einstein.

Im Jahre 1783 fragte sich der britische Reverend John Michell, wie die Schwerkraft eines Körpers auf einen Lichtstrahl wirken würde. Bei seinen Überlegungen ging er davon aus, dass Licht eine träge Masse besitzt und deshalb auch wie jeder andere Körper der Schwerkraft unterliegt. Der in Berlin wirkende Astronom Johann Georg von Soldner setzte sich zu Beginn des 19. Jahrhunderts mit derselben Frage auseinander und kam zu der Erkenntnis, dass ein Lichtstrahl im Schwerefeld eines Himmelskörpers von seinem geraden Weg abgelenkt wird. Er läuft dann auf einer Hyperbel. Da die Lichtgeschwindigkeit damals schon recht genau bekannt war, konnte er auch ausrechnen, wie stark diese Ablenkung für einen Lichtstrahl sein müsse, der von der Erde aus gesehen am Rand der Sonne entlangläuft. Sein Ergebnis: 0,84 Bogensekunden.

Michell und Soldner kamen dabei dem Phänomen des Schwarzen Lochs schon recht nahe, weswegen ich in Kapitel 7 noch einmal etwas detaillierter auf diese historischen Vorläufer eingehe. Die beiden Arbeiten von Michell und Soldner verschwanden jedoch schon bald nach ihrer Veröffentlichung in der Versenkung.

Falsche Vorhersagen und Fehlschläge

Am Beginn von Einsteins Suche nach einer neuen Gravitationstheorie stand das Äquivalenzprinzip. Aus ihm allein konnte er wie bereits beschrieben drei Effekte ableiten, die mit exakten Messungen nachweisbar sein müssten:

- In einem starken Schwerefeld vergeht die Zeit langsamer als in einem schwachen.
- Die Wellenlänge von Licht (und allgemein jeder Form von elektromagnetischer Strahlung) erfährt im Gravitationsfeld eine Verschiebung zu größeren Wellenlängen (gravitative Rotverschiebung).
- Ein Lichtstrahl wird im Schwerefeld von seiner geraden Ausbreitungsrichtung abgelenkt.

Im Jahre 1911 berechnete Einstein für die Ablenkung von Licht am Rand der Sonne einen Wert von 0,83 Bogensekunden. Der war also fast identisch mit demjenigen von Soldner – wovon Einstein nichts wusste. Ohne die Allgemeine Relativitätstheorie bereits vollständig hergeleitet zu haben, sah Einstein in dieser Vorhersage eine einzigartige Möglichkeit, seine Theorie zu überprüfen. Von der Erde aus gesehen scheint nämlich die Himmelsposition eines Sterns, dessen Licht auf dem Weg zur Erde nahe am Sonnenrand vorbeiläuft, gegenüber seiner normalen Position etwas verschoben, da das menschliche Auge den Lichtstrahl geradlinig zurück an den Himmel projiziert (Abbildung nächste Seite). Um diesen Effekt zu messen, musste man die Positionen einer Reihe von Sternen bestimmen, die während einer totalen Sonnenfinsternis in der Umgebung unseres Tagesgestirns sichtbar werden. Diese Werte müssten dann mit den ungestörten Positionen derselben Sterne am Nachthimmel verglichen werden. Hierfür wäre eine zweite Messung zu einem anderen Zeitpunkt nötig.

Einsteins Veröffentlichung im Jahre 1911 endete mit der Aufforderung: »Es wäre dringend zu wünschen, dass sich Astronomen der hier aufgerollten Frage annähmen, auch wenn die im vorigen gegebenen Überlegungen ungenügend fundiert oder gar abenteuerlich erscheinen sollten.«[2] Der bereits erwähnte Astronom Erwin Freundlich ließ sich von dieser Idee begeistern und setzte in den kommenden Jahren alles daran, sie umzusetzen.

Doch das war angesichts finanzieller Probleme schwierig. Nach langen Bemühungen gelang es dem Astronomen endlich, Geld für eine Expedition nach Russland aufzutreiben, wo sich am 21. August 1914 eine totale Sonnenfinsternis ereignen sollte. Doch das Team wurde ein Opfer der ersten Kriegstage. Als Deutscher gehörte Freundlich zum Feind und wurde zusammen mit seinen Mitarbeitern eingesperrt. Einstein machte sich große Sorgen um seinen engagierten Mitarbeiter, doch der wurde im September gegen russische Kriegsgefangene ausgetauscht und traf Ende des Monats wieder zu Hause

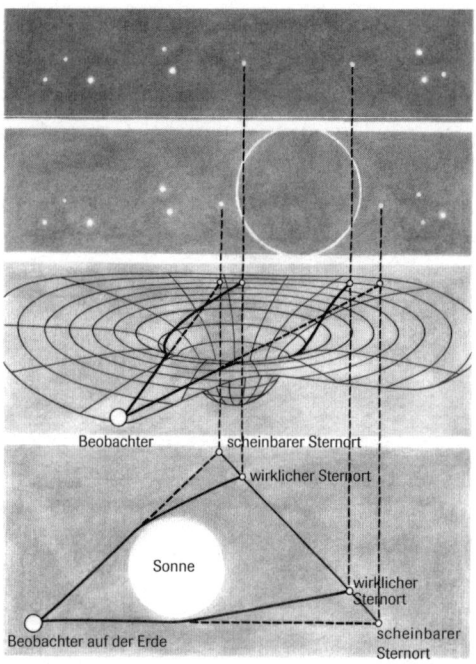

Beobachter   scheinbarer Sternort
wirklicher Sternort
Sonne
wirklicher Sternort
Beobachter auf der Erde   scheinbarer Sternort

Im Schwerefeld der Sonne wird ein Lichtstrahl von seiner geradlinigen Bewegungsrichtung abgelenkt. Von der Erde aus gesehen erscheint der Stern dadurch an einer anderen Position als am Nachthimmel ohne den Einfluss der Sonne.

ein. Ungeschoren kam hingegen eine amerikanische Gruppe unter der Leitung von William Wallace Campbell davon, die südlich von Kiew ihre Teleskope aufgebaut hatte. Doch sie hatte Pech mit dem Wetter. Dicke Wolken verdeckten in den Minuten der Finsternis den Blick auf die Sonne. So war die Chance, Einsteins Gravitationstheorie zu überprüfen, vertan.

Wie sich später herausstellte, hatte Einstein mit diesen beiden Fehlschlägen sogar Glück im Unglück. Er hatte nämlich für die Lichtablenkung einen zu kleinen Wert berechnet. Anfang 1916 erhielt er in seiner Veröffentlichung ›Die Grundlage der allgemeinen Relativitätstheorie‹ einen etwa doppelt so großen Wert von 1,7 Bogensekunden. Die stärkere Ablenkung des Lichtstrahls ist eine Folge der Raumkrümmung, die Einstein 1911 noch nicht in Betracht gezogen hatte.

Bevor wir zu den beiden entscheidenden Beobachtungen kommen, werfen wir einen Blick auf die astronomischen Schwierigkeiten. Der Ablenkwinkel des Lichtstrahls von 1,75 Bogensekunden gilt nur für den Sonnenrand. Je weiter entfernt er am Rand vorbeiläuft, desto geringer ist die Ablenkung. Ein Stern, der einen Sonnenradius vom Rand entfernt ist, erfährt eine Ablenkung von 0,9 Bogensekunden, bei zwei Sonnenradien sind es nur noch 0,6 Bogensekunden. Diese Verschiebung muss man relativ zu sehr weit entfernten Sternen messen, deren Licht nur noch unmessbar wenig abgelenkt wird. Sie bilden das Referenzsystem. Bei einem Fernrohr mit 5,7 Metern Brennweite, wie es die im Folgenden geschilderten Expeditionen verwendeten, äußert sich eine Winkelverschiebung der Sternposition um eine Bogensekunde in einer Verschiebung des Sternflecks auf der fotografischen Glasplatte um lediglich 0,026 Millimeter!

Außerdem sorgt die Atmosphäre für Effekte, welche die Astronomen berücksichtigen mussten. Zum einen bewirkt die stets vorhandene Luftunruhe, dass das Sternbild nicht gestochen scharf erscheint, sondern zu einem Fleck verschmiert wird. Zum anderen erfährt das Sternlicht in der Erdatmosphäre durch Brechung auch eine Ablenkung. Diese ist umso größer, je näher am Horizont sich ein Stern befindet. Bei einer Höhe von 45 Grad über dem Horizont ruft dieser Effekt schon eine Verschiebung um zwei Bogensekunden hervor. Auch Temperatur- und Druckdifferenzen in der Atmosphäre führen zu Effekten in ähnlicher Größenordnung. All diese Probleme mussten die Astronomen sowohl bei der Auswertung ihrer Fotoplatten von der Sonnenfinsternis als auch der Vergleichsaufnahmen berücksichtigen.

Der Durchbruch

Am 29. Mai 1919 bot sich erneut eine Gelegenheit, Einsteins Vorhersage der Lichtablenkung im Schwerefeld der Sonne zu prüfen. An diesem Tag ereignete sich in äquatorialen Breiten eine totale Sonnenfinsternis. Der britische Astronom Frank Dyson bemerkte, dass sich diese besonders gut für Beobachtungen eignen würde, weil die Sonne vor dem Sternhaufen Hyaden stehen würde. Dort würden dann besonders viele Sterne sichtbar sein. Unter der Leitung von Sir Arthur Eddington, einem eifrigen Verfechter der Relativitätstheorie, wurden zwei Expeditionen ausgerüstet. Eine fuhr nach Sobral im Norden Brasiliens, die andere zur Insel Principe im Golf von Guinea.

Obwohl die Wetterbedingungen nicht ideal waren, erhielt Eddingtons Gruppe auf Principe 16 Himmelsaufnahmen, von denen allerdings nur zwei eine ausreichende Qualität besaßen. Das Team unter der Leitung des britischen Astronomen Andrew Crommelin in Sobral war glücklicher. Es brachte acht brauchbare Platten mit.

Zurück in England wurden die Aufnahmen ausgemessen und die Sternpositionen mit denen auf Vergleichsfotos verglichen. Anfang September hielt Eddington auf einer Tagung in Bournemouth einen Vortrag, in dem er ein vorläufiges Ergebnis bekannt gab. Demnach stimmten die beobachteten Positionsverschiebungen der Sterne in Sonnennähe mit der Vorhersage der Allgemeinen Relativitätstheorie überein. Ein dort anwesender holländischer Astronom überbrachte Hendrick Antoon Lorentz in Leiden die Nachricht, und der wiederum informierte Einstein am 22. September in einem Telegramm: »eddington fand sternverschiebung vorlaeufig grusse zwischen neun zehntel sekunde und doppeltem.«[3] Das Ergebnis genügte Einstein, um in der Zeitschrift ›Die Naturwissenschaften‹ eine kurze Notiz zu veröffentlichen: »Der bisher provisorisch ermittelte Wert liegt zwischen 0,9 und 1,8 Bogensekunden. Die Theorie fordert 1,7.«[4] Die aufregende Botschaft verbreitete sich bald unter den Kollegen, die Einstein gratulierten, obwohl das Messergebnis noch sehr ungenau war. Auf die endgültige Analyse musste Einstein noch einen Monat warten.

Am 6. November traten die Royal Society und die Royal Astronomical Society zu einer gemeinsamen Sitzung zusammen. Dort trug Andrew Crommelin die endgültig ermittelten Werte von zwei Teleskopen vor. Das Ergebnis: Die Lichtablenkung am Sonnenrand betrug 1,98 ± 0,18 beziehungsweise 1,60 ± 0,31 Bogensekunden. Diese beiden Werte lagen sehr nahe an der Vorhersage von 1,7 Bogensekunden. Der Präsident der Royal Society, Sir Joseph John Thomson, war ganz offensichtlich über alle Maßen beeindruckt und bezeichnete das Ergebnis als eine der höchsten Errungenschaften des menschlichen Denkens.

Weltweit feierte die Presse die Nachricht in einer für die Naturwissenschaften bis dahin beispiellosen Weise. Ausgerechnet in Deutschland blieb die Berichterstattung indes eher sachlich. Erwin Freundlich und Max Born schrieben darüber Artikel in der ›Vossischen‹ und der ›Frankfurter Zeitung‹. Die ›Berliner Illustrirte Zeitung‹ brachte am 14. Dezember auf der Titelseite ein großes Porträtfoto mit der Unterschrift: »Eine neue Größe der Weltgeschichte: Albert Einstein, dessen Forschungen eine völlige Umwälzung unserer Naturbetrachtung bedeuten und den Erkenntnissen eines Kopernikus, Kepler und Newton gleichwertig sind.«[5]

Das war nicht übertrieben. Lange genug hatte Einstein auf die wissenschaftliche Bestätigung für seine Theorie warten müssen. Doch hatte diese Bestätigung naturgemäß auch ihre Kehrseite. In Alpträumen erschien ihm der Briefträger als Teufel, der ihn anbrüllte und ihm ständig neue Briefpacken an den Kopf warf, weil er die alten noch nicht beantwortet hatte. Max Born schrieb er im Dezember: »Bei mir ist es so arg, dass ich kaum mehr schnaufen, geschweige zu vernünftiger Arbeit kommen kann.«[6] Und knapp ein Jahr später schrieb er Marcel Grossmann: »Gegenwärtig debattiert jeder Kutscher und jeder Kellner, ob die Relativitätstheorie richtig sei.«[7]

Das sensationelle Ereignis hatte auch eine politische Dimension. Schließlich hatte ein britisches Team die Theorie eines Deutschen bestätigt, die den britischen Physikgiganten Isaac Newton vom Thron stürzte – und das gerade einmal ein Jahr nach Ende des Ersten Weltkrieges, in dem sich die Soldaten dieser beiden Länder unerbittlich bekämpft hatten und sämtliche wissenschaftlichen Kontakte abgebrochen waren. Kein Wunder, dass die Nachricht sogar im britischen Unterhaus für aufgeregte Diskussionen sorgte. Eddington sagte, es sei für die wissenschaftlichen Beziehungen zwischen England und Deutschland das Beste, was sich ereignen konnte. Der überzeugte Pazifist Einstein sprach in einem Artikel für die ›Times‹ den englischen Astronomen seine Dankbarkeit aus und lobte die Anstrengungen, die sie unternommen hatten, »um eine Theorie zu überprüfen, die im Lande Ihrer Feinde während des Krieges vollendet und publiziert worden ist«.[8]

Doch Einstein bekam auch zunehmend die Attacken von Verfechtern der deutschen, sprich nicht-jüdischen Physik zu spüren. Einer der prominentesten Vertreter war Philipp Lenard, seines Zeichens Physik-Nobelpreisträger. Er schloss sich der nationalsozialistischen »völkisch-nationalen« Bewegung an und trat vehement gegen Einsteins »jüdische Theorie« auf. Lenard folgte hiermit dem Aufruf Adolf Hitlers, der im ›Völkischen Beobachter‹ davor warnte, dass die Wissenschaft durch Hebräer gelehrt werde, »denen diese Wissenschaft nur Mittel ist zur bewussten, planmäßigen Vergiftung unserer Volksseele«.[9] Durch Lenard kam nach mehr als einem Jahrhundert des Vergessens auch Johann Georg von Soldners Arbeit wieder zu fragwürdigen Ehren. Lenard zitierte Soldners Abhandlungen der Lichtableitung am Rand der Sonne und bezichtigte Einstein des Plagiats. Die meisten Physiker durchschauten diese billige, politisch motivierte Finte sofort, denn Soldners Analyse – so fortschrittlich sie zu ihrer Zeit auch gewesen ist – basierte schließlich auf der Newton'schen Gravitationstheorie, die den falschen Winkel für die Lichtablenkung lieferte.

Die Beobachtung der totalen Sonnenfinsternis im Jahre 1919 war nach der Erklärung der Periheldrehung des Merkur die zweite Bestätigung der Allgemeinen Relativitätstheorie.

Allerdings war die Genauigkeit von zehn bis zwanzig Prozent nicht gerade überwältigend. Deswegen wiederholten Astronomen bis zum Jahr 1973 bei sechs weiteren Sonnenfinsternissen Beobachtungen dieser Art. Doch obwohl die Technik immer besser wurde, konnten sie die Genauigkeit nicht entscheidend steigern. Astronomen vom Royal Greenwich Observatory vermaßen 1979 Eddingtons Fotoplatte erneut mit genaueren Apparaten und bestätigten das damalige Ergebnis mit beeindruckender Genauigkeit: Statt ursprünglich 1,98 ± 0,18 erhielten sie 1,90 ± 0,11 Bogensekunden.

Radioteleskope und Astrometriesatelliten

Einen großen Fortschritt brachte erst die Radioastronomie. Zufällig befinden sich am Himmel zwei helle Quasare mit den Bezeichnungen 3C273 und 3C279 nahe der Sonnenbahn. Alle Jahre wieder am 8. Oktober wird 3C279 von der Sonne bedeckt, während 3C273 in vier Grad Abstand neben ihr steht. Quasare sind nahezu punktförmig erscheinende Radioquellen, bei denen es sich um Milliarden von Lichtjahren entfernte Zentren von Galaxien handelt. Wenn das Quasarpaar am 8. Oktober der Sonne nahe kommt, verändert sich der Abstand zwischen ihnen, weil sich 3C279 bis an den Sonnenrand nähert und dessen Radiowellen um bis zu 1,7 Bogensekunden abgelenkt werden, während die Wellen des vier Grad weiter entfernten 3C273 lediglich um 0,05 Bogensekunden von ihrer geraden Bahn abweichen. Mit Radioteleskopen (genauer gesagt mit Radiointerferometern) wurde diese Abstandsänderung praktisch jedes Jahr gemessen. Auf diese Weise ließ sich die Vorhersage der Allgemeinen Relativitätstheorie mit einer Genauigkeit von 0,1 Prozent bestätigen.

Mittlerweile ist mit einem weltweiten Verbund von Radioteleskopen (Very Long Baseline Interferometry, VLBI) die Lichtablenkung bis in neunzig Grad Abstand von der Sonne messbar. Hier beträgt der Ablenkungswinkel 0,004 Bogensekunden. Im Jahr 2004 konnte mit der Beobachtung der

Positionen von 541 Radioquellen die Allgemeine Relativitätstheorie bis auf 0,002 Prozent bestätigt werden.

Eine weitere Möglichkeit, die Lichtablenkung immer genauer zu messen, bieten Astrometriesatelliten. Das sind Welt-
raumteleskope, die mit unerreichter Genauigkeit die Positionen und Bewegungen von Himmelskörpern im Bereich des
sichtbaren Lichts messen. Der erste Vertreter war der Satellit
Hipparcos, der zu Beginn der 1990er Jahre mehr als 100 000
Sterne vermaß. Mit ihm ließ sich Einsteins Theorie bis auf
0,3 Prozent bestätigen.

Einen großen Schritt nach vorn verspricht der im Dezember 2013 gestartete Hipparcos-Nachfolger Gaia. Er soll von
einer Milliarde Sternen die Positionen, Bewegungen, Helligkeiten, Farben und Entfernungen messen sowie deren Spektren ermitteln. Ziel ist eine vollständige räumliche Kartierung
der Milchstraße – und das mit einer unglaublichen Präzision.
Während Hipparcos einen Astronauten auf dem Mond hätte erkennen können, wäre Gaia in der Lage, dessen Daumen
nachzuweisen. Ein anderer Vergleich: Teilt man den Äquator
in 360 Längengrade ein, so entspricht Gaias maximale Messgenauigkeit von sieben Millionstel Bogensekunden einer Strecke von 0,2 Millimetern.

Es ist klar, dass sich damit auch die Lichtablenkung durch
die Sonne und sogar von Planeten mit unerreichter Genauigkeit wird messen lassen. So wollen Astronomen die Lichtablenkung im Schwerefeld der Sonne in einem Abstands-
bereich von 45 bis 135 Grad mit einer Genauigkeit von einem
Millionstel (0,0001 Prozent) ermitteln. Aus beobachtungs-
technischen Gründen muss das Blickfeld des Teleskops mindestens 45 Grad von der gleißend hellen Sonne entfernt sein.

Darüber hinaus wird während der rund fünf Jahre währenden Messdauer der Planet Jupiter rund siebzig Mal in Gaias Blickfeld geraten. Auch die von ihm erzeugte Raumkrümmung wird die Positionen naher Sterne um einen winzigen
Betrag verschieben. Diesen Effekt wollen die Astronomen mit
zehnmal größerer Genauigkeit messen, als es bislang möglich
war. Für diese Analyse müssen die Physiker sogar den Einfluss

der vier Galilei'schen Jupitermonde berücksichtigen. Auch weitere, wesentlich kleinere Effekte der Allgemeinen Relativitätstheorie stehen auf dem Testplan. Sie haben ihre Ursache zum einen darin, dass Jupiter nicht kugelförmig, sondern abgeplattet ist. Gaias Sternkatalog wird in mehreren Etappen erscheinen. Mit der ersten Ausgabe rechnen die Astronomen Mitte 2017, die endgültige Version soll 2022 vorliegen.

Laufzeitverlängerung beim Shapiro-Effekt

Im Jahr 1964 schlug Irwin Shapiro vom Massachusetts Institute of Technology (MIT) einen weiteren Test zur Überprüfung der Allgemeinen Relativitätstheorie vor, der auf der Lichtablenkung beruht. Die Idee ist einfach: Ein Lichtstrahl (oder irgendeine andere Form von elektromagnetischer Welle) benötigt für seinen Weg durchs All bis zu uns länger, wenn er im Schwerefeld der Sonne abgelenkt wird und gewissermaßen einen Umweg macht, als wenn er sich ungestört geradlinig ausbreitet.

Diese Zeitverzögerung konnte Shapiro 1967 erstmals messen. Hierfür sandte er mit dem kurz zuvor verstärkten Haystack-Radar des MIT Radarpulse zur Venus und zum Merkur, während diese sich der Sonne näherten. Die Pulse wurden von der Oberfläche reflektiert und mit demselben Radargerät wieder empfangen. Die Aufgabe bestand nun darin, die Laufzeit der Pulse über mindestens ein Jahr hinweg so genau wie möglich zu messen. Dieses Experiment hört sich einfacher an, als es ist, denn Shapiro musste bei der Datenanalyse verschiedene Effekte berücksichtigen. So bewegten sich Venus und Erde relativ zueinander, und ihr gegenseitiger Abstand änderte sich. Außerdem werden die Radiopulse beim Durchgang durch die Sonnenatmosphäre (die Korona) abgelenkt.

Shapiro maß schließlich eine maximale Laufzeitverlängerung von 240 Millionstel Sekunden in der Nähe des Sonnenrandes. Die Genauigkeit betrug nur etwa zwanzig Prozent, doch 1970 wiederholte er die Messungen und konnte damit die Vorhersage der Allgemeinen Relativitätstheorie bis auf drei Prozent bestätigen. Die Radarpulse haben bei der größten Sonnennähe der Venus also 240 Mikrosekunden länger gebraucht als fern von ihr. Das bedeutet, dass sie in deren Schwerefeld in einer Richtung einen Umweg von 36 Kilometern zurücklegen mussten. Das veranschaulicht den Grad der Raumkrümmung an der Sonnenoberfläche.

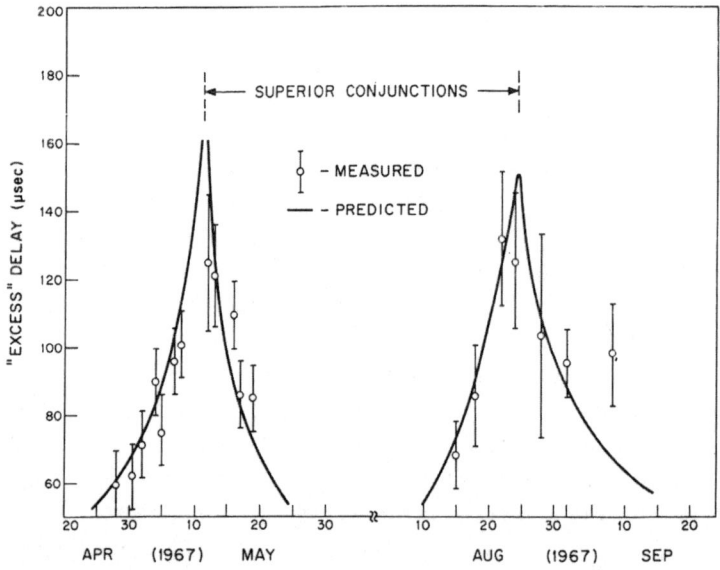

Shapiros Messung der Verzögerung von Radarsignalen, die von der Erde zum Merkur geschickt und von deren Oberfläche wieder zurückreflektiert wurden und dabei das Schwerefeld der Sonne durchquerten. Zum Zeitpunkt 0 läuft der Strahl am dichtesten am Sonnenrand vorbei und nimmt den größten Umweg. Aufgetragen sind auf der x-Achse die Zeit in Tagen und auf der y-Achse die Verzögerung in Mikrosekunden.

Beflügelt von diesem Erfolg ersann Shapiro gleich noch eine weitere Möglichkeit, die Laufzeitverlängerung zu messen. Wenn Raumsonden von der Erde aus gesehen sich der Sonne nähern, werden auch deren Radiowellen eine Laufzeitverlängerung erfahren. Ein solches Experiment gelang ihm zusammen mit Kollegen des Jet Propulsion Laboratory der NASA im Jahre 1970, als die beiden Marssonden Mariner 6 und 7 von der Erde aus gesehen im Abstand von 1 beziehungsweise 1,5 Grad am Sonnenrand vorbeizogen. Die gemessenen Laufzeitverlängerungen von 200 und 180 Mikrosekunden stimmen mit Einsteins Vorhersage bis auf 3 Prozent überein.

Der genaueste Test dieser Art gelang im Juni 2002, als die Saturnsonde Cassini sich bis auf 0,8 Bogenminuten dem Sonnenrand näherte. Hierbei ließ sich der Störeffekt durch die Korona fast vollständig herausrechnen, weil dieser abhängig von der Frequenz der Radiopulse ist und Cassini zwei Signale mit Frequenzen von 8 und 33 GHz aussandte. Dadurch kamen die Forscher auf eine bis heute unübertroffene Genauigkeit. Das Ergebnis: Die Messwerte bestätigten die Vorhersage der Allgemeinen Relativitätstheorie bis auf 0,002 Prozent.

So manch einer wird sich nun fragen, ob die Allgemeine Relativitätstheorie und auch das Äquivalenzprinzip mit diesen Messungen nicht bewiesen sei. Tatsächlich lässt sich eine Theorie nie letztendlich beweisen. Man kann sie nur so genau wie möglich bestätigen oder widerlegen. In der Tat gibt es Alternativtheorien, die abweichende Werte für die Lichtablenkung im Bereich von einem tausendstel Prozent vorhersagen. Mit Gaia und verbesserter VLBI-Technik werden Forscher in den kommenden Jahren in der Lage sein, diese Alternativtheorien zu testen.

6: Licht wird röter, die Zeit beginnt zu schleichen
Die gravitative Rotverschiebung

Auf einen Blick
— Aus dem Äquivalenzprinzip folgt die gravitative Rotverschiebung beziehungsweise die Verlangsamung der Zeit im Schwerefeld eines Himmelskörpers.
— Robert Pound und Glen Rebka wiesen die gravitative Rotverschiebung erstmals 1960 mit einem Gammastrahlenexperiment nach.
— Richard Keating und Joseph C. Hafele maßen 1971 die Verlangsamung der Zeit nach, indem sie mit Atomuhren um die Erde flogen.
— Optische Uhren messen die Verlangsamung der Zeit bei Höhendifferenzen von wenigen Zentimetern.

Schon Jahre vor der Vollendung der Allgemeinen Relativitätstheorie sagte Einstein einen Effekte vorher, der im Widerspruch zur Newton'schen Physik stand: die gravitative Rotverschiebung oder einfach gesagt die Verlangsamung der Zeit im Schwerefeld eines Himmelskörpers. Dieses Phänomen geht allein aus dem Äquivalenzprinzip hervor.

Die gravitative Rotverschiebung kommt auf folgende Art zustande (s. Bild 2 im farbigen Mittelteil): Atome senden Licht mit einer für jede Atomart charakteristischen Wellenlänge aus. So emittiert beispielsweise Helium gelbes Licht bei einer Wellenlänge von 587,49 Nanometern. Befindet sich nun aber ein Heliumatom in einem starken Schwerefeld, so ist die Wellenlänge ein wenig größer als im Labor. Sie ist zum roten Ende des Spektrums hin verschoben, weshalb Physiker von der gravitativen Rotverschiebung sprechen. Schon 1907 schrieb Einstein, »dass von der Sonnenoberfläche kommendes Licht, welches von einem solchen Erzeuger herrührt, eine um etwa zwei Millionstel größere Wellenlänge besitzt als das von gleichen« Stoffen auf der Erde erzeugte Licht«.

Gleichzeitig war Einstein klar, dass man eine mit bestimmter Frequenz schwingende Lichtwelle mit dem Ticken einer

Uhr vergleichen kann. Wenn sich die Wellenlänge vergrößert, kommen weniger Wellenberge pro Zeiteinheit bei einem Empfänger an. Das bedeutet, dass die Zeit umso langsamer vergeht, je stärker das Schwerefeld ist:»In diesem Sinne können wir sagen, dass der in der Uhr sich abspielende Vorgang – und allgemeiner jeder physikalische Prozess – desto schneller abläuft, je größer das Gravitationspotential des Ortes ist, an dem er sich abspielt.«[1] Hier beging Einstein noch einen »Vorzeichenfehler«, richtig muss es heißen: desto *langsamer* abläuft, je größer das Gravitationspotential des Ortes ist, an dem er sich abspielt. Vier Jahre später kam er in seiner »Prager Theorie« zu dem richtigen Ergebnis.

Im Jahr 1911 ging Einstein der Frage nach, ob sich die von ihm vorhergesagte Verschiebung von Spektrallinien auf der Sonne nachweisen ließe. Da er selbst in astronomischen Dingen wenig bewandert war, benötigte er den Rat eines Fachmanns. Dieser fand sich in dem holländischen Astronomen Willem Julius, der Einstein eine Professur an der Universität von Utrecht angeboten hatte. Anlass für Einsteins Nachfragen waren Messungen amerikanischer Astronomen, die im Sonnenspektrum tatsächlich Verschiebungen von Spektrallinien gemessen hatten.»Ich bin aufgrund einiger Spintisiererei, die zwar etwas gewagt ist, aber dennoch manches für sich hat, zu der Ansicht gekommen, dass die Gravitations-Potentialdifferenz Ursache der Linienverschiebung sein könnte«,[2] schrieb er Julius im August 1911.

Julius verfolgte die weiteren Veröffentlichungen der amerikanischen Kollegen und untersuchte, ob die Ergebnisse mit Einsteins Theorie vereinbar seien. Doch die Interpretation der Messdaten war kompliziert, denn Spektrallinien werden auch durch viele andere physikalische Vorgänge auf der Sonne verändert, wie die turbulente Bewegung und den hohen Druck des heißen Gases sowie die Rotation der Sonne. Sie führen zu einer unkalkulierbaren Veränderung der Spektrallinien:»Es ist eine verwickelte Geschichte!«,[3] wie Julius ganz richtig schrieb.

Einstein ließ der Gedanke jedoch nicht los, so dass er den jungen Astronomen Erwin Freundlich auf das Problem ansetzte. Nach der Messung der Ablenkung von Sternlicht im Schwerefeld der Sonne im Jahr 1919 wurde sogar in Potsdam der Einstein-Turm gebaut, vornehmlich mit dem Ziel, nun auch die gravitative Rotverschiebung zu messen. Letztlich gelang es Freundlich jedoch nicht. Wie bereits in Kapitel 5 gesehen, blieb ihm auch die Bestätigung der zweiten bedeutenden Vorhersage der Allgemeinen Relativitätstheorie, die Lichtablenkung von Sternlicht im Schwerefeld der Sonne, versagt.

Alle Deutungen der Spektrallinien beruhten bis 1914 auf Daten, die ursprünglich zu anderen Zwecken gewonnen worden waren. Den ersten gezielten Versuch, die gravitative Rotverschiebung im Sonnenspektrum nachzuweisen, unternahm der Potsdamer Astrophysiker Karl Schwarzschild. Er kam zu dem ernüchternden Ergebnis, »dass der Einsteinsche Effekt … keineswegs klar aus den Beobachtungen hervortritt«.[4]

Die Bestätigung des für Einstein so wichtigen Effekts sollte sich noch lange hinziehen. Im Jahr 1920 schrieb er in der mittlerweile 10. Auflage seines berühmten Werkes ›Über die spezielle und die allgemeine Relativitätstheorie‹: »Wenn die Rotverschiebung der Spektrallinien durch das Gravitationspotential nicht existierte, wäre die Allgemeine Relativitätstheorie unhaltbar.«[5] Diese rigorose Einstellung ist umso erstaunlicher, als bereits ein Jahr zuvor die Lichtablenkung im Schwerefeld der Sonne nachgewiesen worden war, was der Allgemeinen Relativitätstheorie zum Durchbruch verholfen hatte. Die unzweifelhafte Bestätigung der gravitativen Rotverschiebung beziehungsweise Zeitdilatation sollte Einstein nicht mehr erleben.

Es dauerte nämlich noch bis in die 1960er und 1970er Jahre hinein, bis diese im Sonnenspektrum gefunden wurde. Die Messdaten bestätigten die Einstein'sche Vorhersage bis auf etwa fünf Prozent. Doch die Interpretation und die Analyse aller Störeffekte blieb knifflig. Selbst in den 1990er Jahren wurden noch Beobachtungen unternommen, die die Allgemeine Relativitätstheorie bis auf zwei Prozent bestätigten.

Eine Genauigkeit im Prozentbereich ist für physikalische Verhältnisse nicht gerade berauschend. Wesentlich genauer sollte sich schließlich die gravitative Rotverschiebung auf der Erde messen lassen – obwohl der erwartete Effekt wesentlich kleiner ist als bei der Sonne.

Die entscheidende Idee hatten 1960 Robert Pound und Glen Rebka von der Universität Harvard. Wie bereits geschildert, senden Atome Licht mit einer für ihre Sorte charakteristischen Wellenlänge aus. Die Quantenphysik bedingt, dass die Atome umgekehrt auch nur Licht mit genau dieser Wellenlänge aufnehmen können. Sender und Empfänger aus demselben Material sind also auf natürliche Weise perfekt aufeinander abgestimmt. Stellen wir uns das Sende-Atom als Maschine vor, die Tennisbälle immer in exakt derselben Richtung schießt. Das Empfänger-Atom sei eine Wand mit einem Loch, durch das der Ball exakt hindurchpasst. Platziert man nun das Sende-Atom irgendwo oberhalb der Erdoberfläche, so ändert sich wegen der gravitativen Rotverschiebung die Wellenlänge des abgestrahlten Lichts, und zwar um den verschwindend geringen Faktor 10^{-16} pro Höhenmeter. Um im Bild zu bleiben: Die Maschine schießt die Bälle nun in einer leicht geänderten Richtung ab. Befindet sich das Atom in ausreichend großer Höhe, dann verschiebt sich die Wellenlänge so weit, dass das Empfänger-Atom am Boden das Licht nicht mehr aufnehmen kann. Sender und Empfänger sind gegeneinander verstimmt, die Ballmaschine ist zu stark verdreht.

Pound und Rebka nutzten nun genau diesen Effekt für ihr Experiment. Im Keller eines 22,5 Meter hohen Turmes installierten sie ein Präparat aus radioaktivem Eisen (^{57}Fe), das bei seinem Zerfall Gammastrahlung aussendet. Gammastrahlung besitzt eine sehr kleine Wellenlänge, was eine sehr hohe Messgenauigkeit ermöglicht. In unserem Bild: Ball und Loch sind sehr klein. An der Spitze des Turmes brachten sie ein zweites Präparat aus demselben Material an, das als Empfänger diente. Die Wellenlänge der vom Boden abgegebenen Gammastrahlung war aber wegen der Gravitation so weit zum Roten hin verschoben, dass der obige Empfänger sie nicht aufnehmen konnte. Die Ballmaschine war zu weit verstellt.

Nun wurde die Gammaquelle langsam nach oben auf den

Zähler zubewegt. Dadurch kam es zum Doppler-Effekt. Er bewirkt, dass die Welle beim Empfang gestaucht wird, da sich das Eisenpräparat während des Aussendens der Strahlung auf den Empfänger zubewegt. Der Doppler-Effekt wirkte also der gravitativen Rotverschiebung entgegen. Die Physiker vergrößerten die Geschwindigkeit der Gammaquelle so lange, bis die Wellenlängenverkürzung durch den Doppler-Effekt genau die Dehnung durch die Gravitation kompensierte. In diesem Moment sprach der Zähler an. In unserem Bild: Die Maschine wurde so lange gedreht, bis die Bälle wieder ins Loch flogen.

Aus der Geschwindigkeit, die nur zwei Millimeter pro Stunde betrug, ließ sich leicht die gravitative Rotverschiebung der ausgesandten Gammastrahlung berechnen. Sie stimmte im Rahmen der Messgenauigkeit von fünf Prozent mit der Vorhersage der Allgemeinen Relativitätstheorie überein. Bis 1965 erhöhten Pound und Rebka die Genauigkeit auf ein Prozent.

Möglich geworden war dieses Experiment übrigens nur, weil Rudolf Mößbauer kurz zuvor am Max-Planck-Institut für medizinische Forschung in Heidelberg einen später nach ihm benannten Effekt entdeckt hatte, für den er 1961 den Physik-Nobelpreis erhielt. Wenn ein Atom Gammastrahlung aussendet, erfährt es dabei einen Rückstoß, ähnlich wie ein Ballon, aus dem die Luft entweicht. Das führt zu einem Doppler-Effekt, der die Wellenlänge der Strahlung unkontrolliert verändert. Senden viele Atome in einem Präparat Gammastrahlung aus, so besitzt sie deswegen unterschiedliche Wellenlängen. Sie ist dann für das Pound-Rebka-Experiment nicht mehr »scharf« genug. Wenn man nun die Atome in ein Kristallgitter einsperrt, sitzen sie so fest an ihren Plätzen, dass der Rückstoß ihnen nichts anhaben kann. In diesem Fall besitzt die Strahlung aller Atome exakt dieselbe Wellenlänge. Das Nobelkomitee hob in seiner Laudatio die Anwendung des Mößbauer-Effekts zur Überprüfung der Allgemeinen Relativitätstheorie im Pound-Rebka-Experiment ausdrücklich hervor.

Fliegende Uhren mit Jetlag

Machen wir uns die Winzigkeit der gravitativen Rotverschiebung anhand der Zeitdehnung klar. Auf der Erde nimmt der Lauf der Zeit mit abnehmendem Schwerefeld auf einem Höhenunterschied von einem Meter um den Faktor 10^{-16} ab. Das ist der zehnmillionste Teil eines Milliardstels. Anders gesagt: Innerhalb eines Jahres läuft eine auf einem Tisch stehende Uhr um drei Milliardstel Sekunden schneller als eine am Boden stehende. Im Laufe des gesamten Weltalters von 13,7 Milliarden Jahren hätte sich eine Differenz von lediglich 44 Sekunden aufsummiert. Ein Mensch, der achtzig Jahre lang in der obersten Etage des Empire State Buildings wohnt, ist am Ende seines Lebens um rund eine zehntausendstel Sekunde älter als sein Zwillingsbruder, der dieselbe Zeit im Erdgeschoss gewohnt hat – rein physikalisch jedenfalls. Wie soll man das messen?

Der Effekt wird natürlich umso größer, je größer der Unterschied im Schwerefeld ist, sprich je weiter die Vergleichsuhr von der Erde entfernt ist. Den ersten Schritt unternahmen 1971 Richard Keating vom US Naval Observatory und Joseph C. Hafele von der Washington University in St. Louis. Sie bauten drei Cäsium-Atomuhren, die sie zunächst in ihrem Institut des US Naval Observatory synchronisierten. Mit den beiden anderen flogen sie in entgegengesetzten Richtungen um die Erde. Forschungsflugzeuge standen ihnen nicht zur Verfügung, weshalb sie ihre Ausrüstung in gewöhnlichen Linienmaschinen verstauten.

Zunächst begaben sie sich mit ihrer Ausrüstung in östliche Richtung, eine Woche später in westliche. Die Flüge dauerten mit mehreren Zwischenstopps 41 beziehungsweise 49 Stunden. Während der Reisen unterlagen die Uhren allerdings nicht nur der gravitativen Zeitdilatation aufgrund der Allgemeinen Relativitätstheorie. Da sie sich relativ zueinander bewegten, kam auch noch die Zeitdilatation aufgrund der Speziellen Relativitätstheorie ins Spiel. Hafele und Keating mussten also in ihrem Experiment beide Effekte berücksichtigen.

Die Auswirkungen der Speziellen Relativitätstheorie sind etwas trickreich, denn nicht nur die beiden Flugzeuguhren bewegen sich, sondern auch die Institutsuhr ist wegen der Rotation der Erde um die eigene Achse in Bewegung. Um die Auswirkung der Bewegung auf die Zeit zu ermitteln, stelle man sich eine fiktive Referenzuhr im Mittelpunkt der Erde vor. (Das ist allein schon deshalb notwendig, weil sich die Referenzuhr in einem Inertialsystem befinden muss, was das Institut wegen der Erdrotation nicht ist). Dann kommt man zu dem Ergebnis, dass bei dem Flug in westlicher Richtung die Flugzeuguhr schneller tickt als die Institutsuhr, während es beim Flug nach Osten umgekehrt ist. Die gravitative Zeitdilatation ist von der Flugrichtung natürlich unbeeinflusst und hängt nur von der Flughöhe ab. Die Flugzeuge änderten jedoch häufiger Höhe und Richtung, was sowohl die Vorhersage des theoretisch zu erwartenden Wertes als auch die Datenanalyse erschwerte.

In ihrer im Juli 1972 veröffentlichten Arbeit kamen Hafele und Keating zu dem Ergebnis, dass die Flugzeuguhren in östlicher Richtung um 40 ± 23 Nanosekunden (Milliardstel Sekunden) langsamer und auf dem Westflug 275 ± 21 Nanosekunden schneller gelaufen sein müssten als die Institutsuhr. Die Uhren zeigten 59 ± 10 beziehungsweise 273 ± 7 Nanosekunden an. Beide Werte stimmten im Rahmen der beiden Fehlergrenzen mit der Theorie überein. Damit war die gravitative Zeitdilatation erstmals direkt mit Uhren bestätigt worden, wenngleich auch mit einer Genauigkeit von lediglich fünf bis zehn Prozent.

Die Genauigkeit lässt sich steigern, indem man entweder länger misst oder die Uhren in größere Höhen schießt, wo das Schwerefeld geringer und damit der Effekt der gravitativen Zeitdilatation größer ist. Die zweite Möglichkeit realisierten Bob Vessot und Martin Levine vom Smithsonian Astrophysical Observatory am 18. Juni 1976 in ihrem legendären Experiment namens Gravity Probe A. Ursprünglich planten sie, eine extrem genau gehende Uhr in einem Satelliten zu installieren und in eine Erdumlaufbahn zu schießen. Doch dafür reichte das Geld nicht, so dass sie auf eine kleinere Variante auswichen. Sie wählten eine Rakete vom Typ Scout D der NASA, welche die Uhr im Innern einer Kapsel bis in 10 000 Kilometer Höhe schoss. In der Startphase musste die Uhr die zwanzigfache Erdbeschleunigung überstehen. Dann wurde die Kapsel abgestoßen, die nun wie ein geworfener Stein eine parabelförmige Bahn beschrieb. In dieser Phase des freien Falls lief die Uhr, deren Gang über eine Funkverbindung am Boden empfangen wurde. Da sich die Kapsel mit der Uhr während dieser Phase in unterschiedlichen Höhen befand und mit unterschiedlicher Geschwindigkeit relativ zu der Referenzuhr am Boden bewegte, traten neben der gravitativen Zeitdilatation noch die Zeitdilatation der Speziellen Relativitätstheorie und der Doppler-Effekt auf. Letzteren konnten die beiden Physiker mit einem technischen Trick direkt aus den Messdaten entfernen. Den Effekt der Speziellen Relativitätstheorie konnten sie später herausrechnen, weil Bahn und Geschwindigkeit der Kapsel zu jedem Zeitpunkt bekannt waren.

Zwei Stunden lang zeichneten die Geräte am Boden den Gang der Raketenuhr auf, bevor sie in den Atlantik stürzte. Vier Jahre benötigten Vessot und Levine für die Datenauswertung, dann stand das Ergebnis fest: Die ermittelte gravitative Zeitdilatation bestätigte die Vorhersage der Allgemeinen Relativitätstheorie bis auf 0,007 Prozent.

Bemerkenswert ist auch ein Experiment von Luigi Briatore und Sigfrido Leschiutta aus dem Jahr 1976. Die beiden Physiker von der Universität Turin wollten die gravitative Zeitdehnung mit zwei zuvor synchronisierten Cäsium-Atomuhren in unterschiedlichen Höhen messen. Hierfür installierten sie eine in ihrem Institut in Turin (250 m ü. M.), die andere in einer Forschungsstation auf dem Monte-Rosa-Plateau (3500 m ü. M.). Diese Methode hat gegenüber den bisher beschriebenen den Vorteil, dass keine Effekte der Speziellen Relativitätstheorie berücksichtigt werden müssen. Nach einer Messdauer von 66 Tagen verglichen sie die beiden Uhren und stellten fest, dass die Turiner Uhr um insgesamt 55 Millionstel Sekunden langsamer gelaufen war als die Uhr auf dem Berg. Dies entsprach im Rahmen der Messgenauigkeit von etwa 15 Prozent dem von der Allgemeinen Relativitätstheorie vorhergesagten Wert von 48,3 Millionstel Sekunden.

Das Raketenexperiment Gravity Probe A von Vessot und Levine blieb mehr als drei Jahrzehnte in seiner Genauigkeit unübertroffen, bis im Februar 2010 ein Physikerteam um Steven Chu von der Universität in Berkeley und Holger Müller sowie Achim Peters von der Humboldt-Universität Berlin mit einem ganz neuartigen Experiment für Aufsehen sorgten.

Sie bauten eine sogenannte optische Uhr, deren kompliziertes Innenleben wir hier überspringen wollen. Entscheidend für das Experiment ist die sensationelle Ganggenauigkeit dieses Instruments: In drei Milliarden Jahren würde die Uhr nur um eine Sekunde vor- oder nachgehen. Die Physiker platzierten zwei solche Uhren in benachbarten Laboren mit 33 Zentimeter Höhenunterschied und sandten die Zeitsignale durch ein Glasfaserkabel, an dessen Ende sie die beiden Laufzeiten verglichen. Nach einer Gesamtlaufzeit von knapp 40 Stunden war die etwas höher stehende Uhr um einen Faktor $4 \cdot 10^{-17}$ schneller gelaufen als die um 33 Zentimeter tiefer stehende Uhr. »Dabei vergehen für die oberen Atome nur etwa $2 \cdot 10^{-20}$ Sekunden mehr Zeit als für die unteren«, schrieben die Physiker und fuhren fort: »Würde man diese Zeitspanne auf das Weltalter von etwa 14 Milliarden Jahren ausdehnen, so betrüge die relativistische Zeitdifferenz nur etwa 1/50stel Sekunde.«[6] Damit bestätigten die Physiker die Vorhersage der Allgemeinen Relativitätstheorie bis auf 0,0000007 Prozent genau.

Diese atemberaubende Präzision, verbunden mit einer handhabbaren Technik, hat die gravitative Zeitdilatation nun auch in den Bereich praktischer Anwendungen gerückt. Prinzipiell ist es nämlich damit möglich, in einem großen Verbundnetz optische Uhren zu verknüpfen und an verschiedenen Orten der Erde das Schwerefeld zu vermessen. Einem Team vom Max-Planck-Institut für Quantenoptik in Garching und der Physikalisch-Technischen Bundesanstalt ist es 2013 gelungen, optische Uhren über eine Distanz von rund

2000 Kilometern zu koppeln. Kommerzielle Glasfasern und ausgeklügelte Verstärkertechnik transportierten die Frequenz der einen Atomuhr zur anderen. Durch ein hochempfindliches Interferometrieverfahren gelang der Vergleich bis auf 19 Stellen hinter dem Komma genau. Die Genauigkeit ist so hoch, dass in nur zwei Minuten Messdauer Höhenunterschiede im Schwerefeld der Erde bis herunter zu einigen Millimetern nachweisbar sind. Eine praktische Anwendung sehen deshalb Geodäten. Sie möchten das Normalnull auf der Erde neu berechnen, und zwar auf der Grundlage der Schwerkraft. Ziel ist es, das sogenannte »Geoid der Erde«, also die tatsächliche Schwerkraftverteilung, bis auf wenige Zentimeter genau zu ermitteln.

Zum Schluss sei eine Messung erwähnt, die es zwar in puncto Genauigkeit bei weitem nicht mit den jüngsten Entwicklungen aufnehmen kann, die aber von einem Amateur unternommen wurde und zudem einen gewissen Unterhaltungswert besitzt. Im Einstein-Jahr 2005 wählte Hobbyforscher und Uhrenfreak Tom van Baak aus Seattle (USA) aus seiner Sammlung an Cäsium-Atomuhren die drei besten aus, packte sie in einen Mini-Van und fuhr zusammen mit seinen drei Kindern in die Berge.[7] Genauer: Er fuhr bis zum höchsten mit einem Auto erreichbaren Ort auf dem Mount Rainier in 1646 Meter Höhe und blieb dort für zwei Tage. Dann fuhr er wieder nach Hause und stellte fest, dass die Atomuhren auf dem Berg um rund zwanzig Nanosekunden schneller gelaufen waren als am Boden. Laut Allgemeiner Relativitätstheorie hätten es 22 Nanosekunden sein müssen. Für einen Amateur nicht schlecht. Und seine Kinder haben die für viele Menschen unvorstellbare Zeitdilatation real vor Augen geführt bekommen.

7: Im Strudel von Raum und Zeit
Schwarze Löcher und die Drehung der Raumzeit

Auf einen Blick
- Wissenschaftler wie John Michell, Pierre Simon de Laplace und Johann Georg von Soldner dachten schon lange vor Einstein über Himmelskörper nach, die kein Licht entweichen lassen.
- Karl Schwarzschild fand 1916 die Lösung für das Gravitationsfeld einer homogenen Kugel und stieß dabei unwissentlich auf den Ereignishorizont Schwarzer Löcher.
- Julius Robert Oppenheimer und Mitarbeiter entdeckten die unausweichliche Entstehung von Schwarzen Löchern.
- Stephen Hawking wandte die Gesetze der Quantenphysik auf Schwarze Löcher an und fand heraus, dass diese Strahlung aussenden und zerfallen können.
- Rotierende Schwarze Löcher reißen den umgebenden Raum mit sich herum wie ein Wasserstrudel.

Weihnachten 1915 erhielt Einstein Post von Karl Schwarzschild. Allerdings nicht aus Potsdam, wo dieser das Astrophysikalische Observatorium leitete, sondern von der russischen Front. Schwarzschild hatte sich gleich nach Beginn des Ersten Weltkrieges als Freiwilliger gemeldet und war zunächst in Frankreich, später in Russland eingesetzt. Trotz heftigen Geschützfeuers, wie er Einstein am 22. Dezember vom hart umkämpften Hartmannsweiller Kopf in den Vogesen schrieb, hatte er Zeit gefunden, sich mit der erst wenige Wochen zuvor vollendeten Allgemeinen Relativitätstheorie zu beschäftigen. Um mit der Gravitationstheorie vertraut zu werden, wie er schrieb, hatte er sich des Problems der Periheldrehung des Merkur angenommen und konnte eine noch bestehende Unklarheit lösen. »Es ist eine ganz wunderbare Sache, dass von einer so abstrakten Idee aus die Erklärung der Merkuranomalie so zwingend herauskommt«,[1] schrieb er.

In dieser ersten Arbeit hatte Schwarzschild eine allgemeine, eindeutige Lösung für die Bewegung eines Planeten wie Merkur im Gravitationsfeld der Sonne gefunden. Hierbei hatte er deren räumliche Ausdehnung vernachlässigt und sie als Punkt aufgefasst. Diese Vereinfachung ist zulässig, wenn sich der Körper nicht zu nahe an der Sonne befindet. Ab einer gewissen Entfernung sind die Gravitationsfelder der realen Sonne und eines fiktiven Punktes mit derselben Masse identisch. Das ist in der Newton'schen Theorie der Schwerkraft genauso.

Schwarzschild beließ es jedoch nicht dabei. »Um mich mit Ihrem Energie-Tensor anzufreunden, habe ich inzwischen das Problem der flüssigen inkompressiblen Weltkugel behandelt«, schrieb er Einstein am 6. Februar 1916 und fügte hinzu: »Ich hätte es nicht getan, wenn ich gewusst hätte, dass es mich so viel Schererei kosten würde.«[2] Schwarzschild fragte sich also, wie das Gravitationsfeld inner- und außerhalb einer Kugel aussieht. Die Materie dieses idealisierten Körpers sollte inkompressibel sein, das heißt, sie verändert ihre Dichte nicht unter dem Einfluss der Schwerkraft. In der Realität nimmt die Dichte zum Mittelpunkt eines Himmelskörpers hin zu. Doch diese Verdichtung wirkt wieder zurück auf die Raumkrümmung, was die Rechnungen erheblich verkompliziert.

Schwarzschild fand eine Lösung für dieses schwierige Problem, stieß dabei aber auf eine unerklärliche Singularität: Das Gravitationsfeld ließ sich zwar außerhalb der Kugel eindeutig darstellen und beim Übergang in die Kugel hinein traten auch keine Probleme auf. Doch wenn er es bis zum Mittelpunkt hin berechnen wollte, gelang dies nur bis zu einem bestimmten Radius. Innerhalb davon gab es keine physikalisch sinnvolle Lösung mehr. »Sehen Sie anschaulich, wo die Grenze herkommt?«, fragte er Einstein in seinem Brief. In seiner Veröffentlichung bei der Königlich-Preußischen Akademie der Wissenschaften in Berlin konkretisierte Schwarzschild diesen inneren Grenzwert für die Sonne auf drei Kilometer. Für den Bereich vom Mittelpunkt bis zu einem Radius von drei Kilometern war also keine Lösung möglich.

Einstein ging auf dieses Problem nicht ein, und auch andere Wissenschaftler kümmerten sich nicht darum. Selbst der brillante Mathematiker Hermann Weyl erwähnte diesen rätselhaften Umstand nur kurz in seinem Buch ›Raum-Zeit-Materie‹ ohne weitere Erklärung. Es sollten Jahrzehnte vergehen, bis die Bedeutung dieser Singularität klar wurde: Sie kennzeichnet den Radius eines Schwarzen Lochs.

Bevor wir die weitere Entwicklung von Theorie und Beobachtung Schwarzer Löcher verfolgen, werfen wir kurz einen Blick zurück, denn schon mehr als 200 Jahre vor Einstein und Schwarzschild gab es Überlegungen zu solchen exotischen, dunklen Himmelskörpern.

Frühe Überlegungen zu »Dunklen Sternen«

Isaac Newton vermutete, Licht sei ein Strahl von Teilchen, und stellte schon 1704 in seinem Buch ›Opticks‹ die Frage, ob Himmelskörper nicht auch auf Licht einwirken und dessen Ausbreitungswege verbiegen müssten. Konkreter wurde 1784 der Naturphilosoph Reverend John Michell. Zu seiner Zeit war bereits bekannt, dass sich Licht mit rund 300 000 Kilometern pro Sekunde fortpflanzt. Michell ging nun davon aus, dass Lichtteilchen langsamer werden, wenn sie aus dem Schwerefeld eines Sterns oder Planeten entweichen wollen. Sie sollten sich also genauso verhalten wie beispielsweise ein abgefeuertes Geschoss. Er berechnete, wie stark die Schwerkraft eines Himmelskörpers mindestens sein muss, damit er die Lichtteilchen gänzlich zurückhalten kann. Dieser Wert ist unabhängig von der Masse des Geschosses und hängt ausschließlich von der Stärke der Schwerkraft und damit von Masse und Radius des Himmelskörpers ab.

Am 27. November 1783 trug Michell vor der ehrwürdigen Royal Society in London seine Überlegungen vor. Wenn ein Himmelskörper die mittlere Dichte der Sonne, aber einen 500-mal größeren Durchmesser besitzt, kann von dessen Oberfläche das Licht nicht mehr entfliehen. »Wenn solche Körper in der Natur wirklich existieren sollten«, so schloss der mutige Forscher damals, »könnte uns ihr Licht nie erreichen.«[3]

1796 kam der französische Mathematiker Pierre Simon de
Laplace angeblich ohne Kenntnis von Michells Überlegungen
in seinem Buch ›Exposition du Système du Monde‹ zu einem
ähnlichen Ergebnis. Doch schon zehn Jahre später kündigte
sich das vorläufige Ende der »Dunklen Sterne« an. Damals
führten physikalische Experimente zu der neuen Vorstellung,
nach der Licht kein Teilchenschwarm, sondern eine masselo-
se Wellenerscheinung ist. Auf Wellen trafen Michells und La-
places Überlegung indes nicht mehr zu. Aus diesem Grunde
strich Laplace seine Gedanken über die Vorläufer der Schwarzen Löcher aus späteren Auflagen seines Buches heraus.

Mit mathematischer Akribie widmete sich der Astronom
Johann Georg von Soldner diesem Thema in seiner 1804 erschienenen Schrift ›Ueber die Ablenkung eines Lichtstrals
von seiner geradlinigen Bewegung, durch die Attraktion eines
Weltkörpers, an welchem er nahe vorbei geht‹. Hierin schreibt
er, er hoffe, »niemand [wird es] bedenklich finden, dass ich
einen Lichtstrahl geradezu als schweren Körper behandle …
Man kann sich kein Ding denken, das existieren und auf unsere Sinne wirken soll, ohne die Eigenschaft der Materie zu
haben.«[4] Nach seinen Berechnungen wird ein gerader Lichtstrahl in der Nähe eines Himmelskörpers zu einer Hyperbel
verbogen, weicht also von seinem ursprünglich geraden Weg
ab. Wenn der Körper eine bestimmte Masse besitzt, fängt er
einen Lichtstrahl sogar ein und kann ihn auf eine Kreisbahn
zwingen. Damit war Soldner auch auf den Schwarzschild-
Radius gestoßen, war indes überzeugt davon: »Da wir aber
keinen Weltkörper kennen, dessen Masse so groß ist, dass sie
eine solche Beschleunigung der Schwere auf seiner Oberfläche hervorbringen kann, so beschreibt ein Lichtstrahl, in der
uns bekannten Welt, allezeit eine Hyperbel.« Letztlich berechnete Soldner die Lichtablenkung durch die Erde und die Sonne und erhielt für Letztere einen Wert von 0,84 Bogensekunden. Einstein leitete 1911 allein aus dem Äquivalenzprinzip
ein fast identisches Ergebnis ab. Erst aus der vollendeten Allgemeinen Relativitätstheorie ergibt sich der richtige, doppelt
so große Wert. Er entsteht durch die Krümmung des Raumes,

die Einstein 1911 noch nicht in Betracht gezogen hatte (s. Kapitel 5).

Im heutigen Raumfahrtzeitalter verbinden wir mit diesen Überlegungen den Begriff der Entweich- oder Fluchtgeschwindigkeit. Sie definiert die Mindestgeschwindigkeit, die eine Rakete erreichen muss, um dem Schwerefeld der Erde zu entkommen. Sie beträgt 11,2 Kilometer pro Sekunde, unabhängig von der Masse der Rakete. Setzt man in die Formel für die Fluchtgeschwindigkeit die Lichtgeschwindigkeit ein, so erhält man die Größe, die die Erde haben müsste, um einen Lichtstrahl zurückhalten zu können, also den Schwarzschild-Radius. Der beträgt etwa einen Zentimeter. Anders ausgedrückt: Könnte man die Erde immer weiter zusammendrücken, so würde an ihrer Oberfläche die Fluchtgeschwindigkeit mit abnehmender Größe ansteigen. Bei einem Radius von einem Zentimeter wäre die Lichtgeschwindigkeit erreicht.

Der unausweichliche Kollaps

Nach Schwarzschilds bahnbrechender Arbeit kam lange Zeit nichts in Sachen Dunkle Sterne. Erst ab den 1930er Jahren offenbarte sich Schritt für Schritt deren Bedeutung für die Astrophysik. Die Quantenphysik und Entdeckungen in der Elementarteilchenphysik spielten hierbei eine treibende Rolle.

Der indische Mathematiker Subrahmanyan Chandrasekhar untersuchte theoretisch den Aufbau von Sternen. Bei Weißen Zwergen stieß er auf ein seltsames Ergebnis. Diese Sterne beinhalteten etwa die Masse der Sonne, waren aber nur etwa so groß wie die Erde. Nach seinen Berechnungen musste die Materie unter extrem hohem Druck stehen, den hauptsächlich die Elektronen aufrechterhielten. Allerdings konnten Weiße Zwerge höchstens 1,4-mal schwerer sein als die Sonne, andernfalls würde auch der Druck der Elektronen nicht mehr ausreichen, um den Kollaps der Materie wegen der starken Schwerkraft aufzuhalten. Diese nach Chandrasekhar benannte Grenzmasse gilt bis heute.

Im Januar 1935 kam es bei einem Vortrag von ihm vor der Royal Astronomical Society in London zu einem Streitgespräch mit Arthur Eddington: Was würde denn mit einem Stern passieren, der mehr als doppelt so schwer ist wie die Sonne? Bricht dieser am Ende seines Lebens zu einem Punkt zusammen und verschwindet? Eddington war der festen Überzeugung, es müsse ein Naturgesetz geben, das ein solches absurdes Verhalten des Sterns verhindert. Damit hatte der Altmeister der Astrophysik so gut wie alle Astronomen hinter sich.

Doch schon 1932 hatte es eine physikalische Entdeckung gegeben, welche die Diskussion um den Kollaps von Sternen in neue Bahnen lenken sollte. James Chadwick hatte in Cambridge einen neuen Kernbaustein entdeckt: das Neutron. Konnte es nicht sein, dass bei den enorm hohen Drücken im Innern sehr massereicher Sterne Elektronen mit Protonen zu Neutronen verschmelzen? Das Resultat wäre eine strukturlose Neutronensternmaterie mit einer Dichte, wie sie in Atomkernen herrscht. Der schweizerisch-amerikanische Astronom Fritz Zwicky und sein aus Deutschland stammender Kollege Walter Baade stellten im Dezember 1933 die gewagte Hypothese auf, dass solche Neutronensterne bei Supernova-Explosionen entstehen könnten. Beide Astronomen hatten damals keine Vorstellung, was bei einem solchen kosmischen Ereignis abläuft, sie hatten lediglich abgeschätzt, dass der Energieausstoß von Supernovae etwa so groß ist wie derjenige, der beim Verschmelzen von Elektronen und Protonen in einem hypothetischen Neutronenstern frei wird. Sie sollten recht behalten.

Schließlich fiel jedoch die theoretische Entdeckung von Schwarzen Löchern einem anderen Physiker zu: Julius Robert Oppenheimer, bei uns eher bekannt als der wissenschaftliche Leiter des Los-Alamos-Projekts zur Entwicklung der amerikanischen Atombombe. Oppenheimer war ein brillanter Theoretiker, der 1927 bei Max Born in Göttingen promoviert hatte. Zurück in den Vereinigten Staaten setzte er sich das Ziel, die größte Schule des Landes zum Studium der theoretischen Physik aufzubauen. Er lehrte gleichzeitig am California Institute of Technology (Caltech) in Pasadena und an der Universität Berkeley.

Gegen Ende der 1930er Jahre fiel ihm eine Arbeit von Lew Landau in die Hände. Darin beschrieb der sowjetische Physiker die Möglichkeit, dass sich unter dem Einfluss eines enorm hohen Drucks im Zentrum der Sonne ein Mini-Neutronenstern befinden könne, der etwa ein Tausendstel der Sonnenmasse ausmacht. Oppenheimer entdeckte jedoch einen Fehler in der Arbeit und wollte nun selbst dieser Frage nachgehen.

Auf dieses Problem setzte er seinen Studenten George Volkoff an. Die Aufgabe erwies sich als äußerst kompliziert, denn um sie zu lösen, muss man die Gesetze der Quantenmechanik, der Allgemeinen Relativitätstheorie und der Kernkräfte beherrschen. Insbesondere Letztere waren damals noch kaum bekannt. Den ganzen November des Jahres 1938 verbrachte Volkoff damit, mit einer mechanischen Rechenmaschine komplizierte Differentialgleichungen Schritt für Schritt zu lösen, um damit den inneren Aufbau von Neutronensternen mit unterschiedlicher Masse zu berechnen. Um überhaupt zu einem Ergebnis zu gelangen, musste er die Kernkraft ignorieren und so tun, als gäbe es sie gar nicht. Das Ergebnis war verblüffend: Nach Volkoffs Rechnungen konnte es keinen Neutronenstern geben, der mehr als siebzig Prozent der Sonnenmasse besitzt. Auch wenn sich diese Grenze später als zu niedrig erweisen sollte, hatte sich erneut gezeigt, dass keine bekannte Kraft den Zusammenbruch eines schweren Sterns aufhalten kann.

Als der Quantenphysiker Richard Tolman vom Caltech von den Rechnungen hörte, reiste er nach Berkeley, um das Problem mit Oppenheimer und Volkoff zu diskutieren. Schließlich beschlossen die drei Theoretiker, in einem nächsten Schritt die Kernkraft mit einzufügen. Das Ergebnis war wieder erstaunlich: Offenbar hatte die Stärke der Kernkraft keinen sehr großen Einfluss auf das Ergebnis. Was passierte dann aber mit sehr schweren Sternen, die am Ende ihres Lebens zusammenbrechen? Offenbar enden sie weder als Weißer Zwerg noch als Neutronenstern.

Nun wollte es Oppenheimer genau wissen und berechnen, was bei dem Kollaps eines massereichen Sterns passiert. Dieses Problem stellte seine Gruppe jedoch vor schier unüberwindliche Schwierigkeiten. Als Erstes holte Oppenheimer Hartland Snyder in seine Gruppe, der ein Talent für schwierige mathematische Probleme besaß. Die Aufgabe bestand darin, die Krümmung der Raumzeit in der Umgebung eines Neutronensterns zu berechnen, wobei sie dessen Durchmesser stufenweise verkleinerten. Der Kollaps wurde gewissermaßen in Momentaufnahmen zerlegt. Dabei interessierten sich Snyder und Oppenheimer nicht dafür, was bei diesem Vorgang im Innern des Körpers passiert, sondern wie sich der Außenbereich verhält.

Die Einstein'schen Gleichungen mit mechanischen Rechenmaschinen lösen zu wollen bedeutete einen enormen Aufwand. Im Februar 1939 schrieb Oppenheimer seinem Freund George Uhlenbeck in Ann Arbor: »Wir haben hier an statischen und nicht-statischen Lösungen für schwere Massen gearbeitet, die ihren nuklearen Brennstoff verbraucht haben: Alte Sterne vielleicht, die zu Neutronenkernen kollabieren. Die Ergebnisse sind sehr sonderbar.« Kurz nach diesem Brief lag das Resultat vor. Und das war wirklich sonderbar.

Nach den Newton'schen Gesetzen müsste der Kollaps eines Sterns immer schneller voranschreiten. Von außen betrachtet passiert jedoch genau das Gegenteil. Der Stern scheint immer langsamer zu schrumpfen, bis er bei Erreichen des Schwarzschild-Radius stehen bleibt. Schnurrt der Himmelskörper demnach doch nicht zu einem Punkt zusammen?

Dieses »Gefrieren« der Oberfläche erweist sich als Standortfrage und ist eine natürliche Folge der Allgemeinen Relativitätstheorie: In einem starken Gravitationsfeld geht eine Uhr langsamer als in einem schwachen. Nun stelle man sich vor, dass von der Oberfläche des kollabierenden Sterns periodisch Lichtpulse ausgesandt werden. Der Zeitabstand zwischen zwei Lichtpulsen wird dann, wie das Ticken einer Uhr, mit zunehmender Gravitation immer größer. Da während des Zusammenbruchs des Sterns die Schwerkraft an seiner Oberfläche anwächst, kommen die Lichtpulse bei einem äußeren Betrachter in immer größeren Abständen an. Erreicht der Stern den Schwarzschild-Radius, vergeht zwischen dem Aussenden zweier aufeinander folgender Lichtpulse unendlich viel Zeit. Die Zeit scheint stillzustehen, für einen äußeren Betrachter erstarrt das Geschehen.

Auf der Oberfläche dieses Sterns empfindet ein fiktiver Beobachter den Kollaps kurioserweise ganz anders. Er bemerkt überhaupt nicht, wenn der Stern den Schwarzschild-Radius durchquert. Der Grund dafür ist, dass sich sein eigener Zeitablauf im selben Maße verlangsamt wie in seiner Umgebung. Dieses Standortphänomen erinnert entfernt an das Durchbrechen der Schallmauer. Der Pilot im Cockpit registriert diesen Moment gar nicht, während am Boden der Überschallknall deutlich hörbar ist. Aber es geschieht noch etwas viel Seltsameres.

Was sich innerhalb des Schwarzschild-Radius abspielt, bleibt uns für immer verborgen, denn weder ein Raumschiff noch Licht können aus diesem Bereich entkommen. Physiker sprechen deshalb vom Ereignishorizont. Er definiert die Größe des Schwarzen Lochs. Je weiter sich das Raumschiff dem Ereignishorizont nähert, desto schneller scheinen alle Vorgänge im Universum abzulaufen. »Diesem Prozess sind keine Grenzen gesetzt«,[5] schreibt der Astrophysiker George Greenstein in seinem Buch ›Der gefrorene Stern‹, in dem er die fiktive Position eines solchen Astronauten einnimmt. »Wenn ich den Bruchteil eines Millimeters über dem Ereignishorizont des Schwarzen Lochs schwebe, kann ich sehen, wie sich die gesamte Galaxie langsam dreht. Ich kann selbst die Ausdehnung des Universums beobachten. Und wenn ich mich so weit hinunterlasse, dass ich mich jenseits des Ereignishorizonts befinde, saust über mir der vollständige zukünftige Werdegang des Kosmos vorüber. Er ist genau in dem Moment, in dem ich mich ins Loch begebe, abgeschlossen.«

Neben diesem unvorstellbaren zeitlichen Erlebnis ändert sich auch der visuelle Eindruck. Licht, das vom Rande des Schwarzen Lochs ins All abgestrahlt wird, erscheint zu größe-

ren Wellenlängen rotverschoben. Umgekehrt nimmt ein Beobachter nahe am Ereignishorizont das aus der Ferne zu ihm
kommende Licht blauverschoben wahr. Das Universum erscheint ihm mit Annäherung an den Horizont zunehmend
bläulich.

Veranschaulichen wir das Geschehen bei der Entstehung
eines Schwarzen Lochs erneut mit dem Gummituch, das von
einer Kugel eingedellt wird (vgl. S. 8). Je kleiner der Stern
wird, desto tiefer wird die Mulde in dem Tuch. Beim Unter-
schreiten des Schwarzschild-Radius schließt sich das Tuch
über der Kugel, die nun völlig von ihr umhüllt ist. Von in-
nen ausgesandtes Licht kann nicht mehr nach außen dringen:
Die Kugel ist nicht mehr sichtbar. Allerdings hat die Analogie auch ihre Grenzen, denn von außen können wie geschildert Materie und Licht sehr wohl den Schwarzschild-Radius
durchqueren. Schwarze Löcher bilden gewissermaßen eine
raumzeitliche Einbahnstraße in eine Sackgasse hinein.

Die Reaktion auf den Artikel von Oppenheimer und Snyder in der Zeitschrift ›Physical Review‹ war verhalten bis skeptisch. Bis 1960 wurde er nur zwei Mal zitiert. Zu neu war
das eroberte Terrain, zu unanschaulich das Ergebnis. Einstein
lehnte Oppenheimers Ergebnis ab. Er konstruierte ein Gedankenexperiment, mit dem er glaubte beweisen zu können,
dass der Radius eines Sterns nie kleiner werden kann als der
Schwarzschild-Radius. Er stellte sich kreisförmig rotierende
Massen vor, die sich immer weiter konzentrieren. Einstein
glaubte, dass die immer schneller werdende Rotation den
Kollaps rechtzeitig vor Erreichen des Schwarzschild-Radius
stoppen würde. Darin irrte der damals bereits sechzig Jahre
alte Denker.

Mit der bahnbrechenden Veröffentlichung aus dem Jahre
1939 endete Oppenheimers Exkurs in die Physik kollabierender Sterne. Noch im selben Jahr brach der Zweite Weltkrieg
aus, und 1942 wurde Oppenheimer wissenschaftlicher Leiter
des Manhattan-Projekts. Wiederbelebt und zur späteren Blü-
te getrieben hat das Thema John Archibald Wheeler. Er war
seit 1938 Professor in Princeton, wo auch Einstein arbeitete.

Nach dem Krieg widmete sich Wheeler der großen Frage, wie man Gravitation und Quantenmechanik vereinen könne. Der Schlüssel hierzu könnte nach seiner Ansicht in der Theorie kollabierender Sterne zu finden sein, denn um sie zu beschreiben, benötigt man beide Theorien.

Zusammen mit zwei Schülern unternahm Wheeler 1956 den Versuch, erstmals mithilfe eines elektronischen Computers, dem raumfüllenden Maniac, die Vorgänge im Innern eines Sterns während des Zusammenbruchs zu beschreiben. Rechnungen, für die Volkoff mehr als einen Monat benötigt hatte, erledigte der Maniac nun in nicht einmal einer Stunde. Zwar zeigten auch diese Lösungen, dass die Neutronenmaterie unter dem Druck von zwei Sonnenmassen oder mehr unaufhaltsam in sich zusammenstürzen musste. Doch wie zuvor schon Eddington und Einstein war auch Wheeler fest davon überzeugt, dass es einen Mechanismus geben müsse, der das Verschwinden des Sterns in einem Raumzeitstrudel verhindert. Wheeler glaubte, dass jeder Stern, und sei er anfänglich noch so massereich, vor dem finalen Kollaps so viel Materie verliert, dass er entweder als Weißer Zwerg oder als Neutronenstern endet.

Schwarze Löcher werden entdeckt

Ein langsames Umdenken erzwangen letztlich astronomische Entdeckungen. 1963 enträtselte der amerikanische Astronom Maarten Schmidt die Natur einiger punktförmiger Radioquellen, die man kurz zuvor entdeckt hatte, sogenannte Quasare. Schmidt fand heraus, dass diese Himmelskörper mit Milliarden von Lichtjahren erheblich weiter entfernt waren als alle bis dahin bekannten Galaxien. Sie mussten deshalb die mit Abstand leuchtkräftigsten Objekte im Universum sein: In einem Gebiet, das nicht größer als unser Sonnensystem ist, erzeugen Quasare bis zu 10 000-mal mehr Energie als sämtliche hundert Milliarden Sterne unserer Milchstraße zusammen.

Bereits ein Jahr nach Schmidts Entdeckung äußerten der amerikanische Astrophysiker Edwin Salpeter und sein sowjetischer Kollege Boris Seldowitsch die Vermutung, gigantische Schwarze Löcher könnten die treibende Kraft sein. Das von ihnen erdachte Modell gilt im Prinzip noch heute (s. Bild 3 im farbigen Mittelteil). Demnach ruht ein Schwarzes Loch im Zentrum einer Galaxie und zieht aus der Umgebung Gas und Sterne an. Die Materie sammelt sich zunächst in einer Scheibe um den Zentralkörper und umkreist ihn. Aufgrund von Reibung heizt sich das Gas auf, verliert an Energie und nähert sich auf spiralförmigen Bahnen dem Schwarzen Loch. In der Nähe des Schwarzschild-Radius wirbelt das viele Millionen Grad heiße Gas bereits mit etwa einem Drittel der Lichtgeschwindigkeit herum. Seine Strahlung lässt die Quasare hell leuchten. Schließlich erreicht die Materie den Ereignishorizont und verschwindet im Schwarzen Loch.

Dieses Szenario überzeugte auch Wheeler, der sich spontan vom Skeptiker zum vehementen Verfechter der Existenz Schwarzer Löcher wandelte. Anfangs kursierten unterschiedliche Begriffe wie Kollapsar und gefrorener Stern. Die Erfindung des Begriffs Schwarzes Loch wird allgemein Wheeler zugeschrieben, der ihn 1967 auf einer Tagung im Goddard Institute, New York, erstmals verwendet haben soll. Wheeler selbst bestand nie auf dieser Version, vielmehr bemerkte er einmal, ein Student habe diesen Begriff verwendet und Wheeler habe ihn aufgegriffen. Tatsächlich lässt sich die Historie noch weiter zurückverfolgen. Am 18. Januar 1964 erschien in der Zeitschrift ›Science News Letter‹ ein kurzer Beitrag mit dem Titel »›Black Holes‹ in Space« über eine Tagung der American Association for the Advancement of Science, die Ende 1963 in Cleveland stattgefunden hatte. Dort hatten einige Astrophysiker über die Möglichkeit gesprochen, dass Neutronensterne zu Schwarzen Löchern zusammenbrechen können, wenn sie Materie aufsammeln und eine kritische Masse überschreiten. Wheeler hatte an dieser Tagung offenbar nicht teilgenommen. Es ist also unklar, wer den Begriff als Erster aufbrachte.

Zurück zu den Schwarzen Löchern: In den Quasaren sind sie wesentlich massereicher als jene, die nach Oppenheimers Theorie beim Zusammenbruch eines Sterns entstehen. Bis zu zehn Milliarden Sonnenmassen können sie schwer sein. Doch auch die kleineren, stellaren Schwarzen Löcher gibt es. Aufgespürt haben sie die Astronomen in Doppelsternsystemen, in denen ein Stern ein mutmaßliches Schwarzes Loch umrundet. In einigen Fällen lassen sich Umlaufdauer und Abstand des Begleitsterns ermitteln, und hieraus ergibt sich die Masse des unsichtbaren Objekts.

Den ersten Kandidaten entdeckten Astronomen zu Beginn der 1960er Jahre. Es ist die Röntgenquelle Cygnus X1 im Sternbild Schwan. Hier umkreisen sich ein heißer blauer Stern und ein Schwarzes Loch von etwa 20 Sonnenmassen. Weitere Kandidaten sind V404 Cygni mit zwölf Sonnenmassen sowie die Röntgenquelle LMC X3 in der Großen Magellan'schen Wolke mit etwa zehn Sonnenmassen. Bislang sind etwa fünfzig stellare Schwarze Löcher in der Milchstraße gut vermessen, rund 100 000 werden vermutet.

Spaghettisierung – Reise ins Schwarze Loch

Wir haben bereits gesehen, welche seltsamen Eindrücke ein Astronaut am Ereignishorizont eines Schwarzen Lochs haben würde. Begeben wir uns noch einmal in Gedanken in die Nähe eines solchen Exoten und nehmen an, er beinhalte etwa zehn Sonnenmassen. Sein Schwarzschild-Radius beträgt dreißig Kilometer, wäre also etwa doppelt so groß wie Berlin. Bei Annäherung an das Schwarze Loch würde uns irgendwann der hinter ihm schimmernde Sternenhimmel kreisförmig verwischt erscheinen. Der Grund: Lichtstrahlen laufen auf gebogenen Wegen um das Schwarze Loch herum, so dass wir alles sehen, was sich dahinter befindet – wenn auch stark verzerrt. Da Lichtstrahlen nahe am Schwarzschild-Radius den Körper beliebig oft umrunden können, sieht man dort sogar den gesamten Himmel unendlich oft, wobei die Bilder zu ineinandergeschachtelten, konzentrischen Kreisen um das Schwarze Loch verzerrt sind (s. Bild 4 im farbigen Mittelteil).[6]

Um nicht in das Schwarze Loch hineinzustürzen, müsste unser Raumschiff eine enorme Beschleunigung aufbringen. In 3000 Kilometer Entfernung wäre sie 15 Millionen Mal stärker als die Erdbeschleunigung, in 600 Kilometer Entfernung wäre dieser Wert bereits auf das 400-Millionenfache angewachsen. Die enorme Gravitation könnten wir Menschen nicht überleben. Genauer gesagt sind es die Gezeitenkräfte: Die Schwerkraft ändert sich nämlich bereits auf der kurzen Distanz unserer Körperlänge sehr stark. Angenommen, wir würden mit den Füßen voran auf das Schwarze Loch zufliegen. Dann entspricht in 600 Kilometern Entfernung der Unterschied zwischen der an den Füßen und am Kopf angreifenden Beschleunigung der 2500-fachen Erdbeschleunigung. Das wäre so, als würde man auf der Erde an den Körper ein sechs Tonnen schweres Gewicht hängen. Ein Mensch würde dadurch in die Länge gezogen und zerrissen. In 150 Kilometern Entfernung wäre dieser Wert bereits auf das 160000-Fache der Erdbeschleunigung und 400 Tonnen Gewicht angestiegen. Physiker nennen diesen Vorgang scherzhaft Spaghettisierung. Wäre es dennoch irgendwie möglich, unbeschadet den Ereignishorizont zu erreichen und zu durchqueren, so wäre binnen einer Zehntausendstel Sekunde unser Schicksal besiegelt: Dann nämlich hätten wir die zentrale Singularität erreicht.

Der Anflug auf das Schwarze Loch im Zentrum der Milchstraße wäre nicht so gefährlich. Obwohl es 3,6 Millionen Sonnenmassen enthält, sind die Gezeitenkräfte im Bereich des Schwarzschild-Radius, der etwa zehn Millionen Kilometer beträgt, verschwindend klein. Der Grund ist, dass sie mit der dritten Potenz des Abstands abnehmen. Wir könnten also unbeschadet den Ereignishorizont durchqueren und hätten bis zur Spaghettisierung noch etwas Zeit. Nach 46 Sekunden würden wir mit der zentralen Singularität verschmelzen.

Die Singularität im Zentrum des Schwarzen Lochs bleibt bis heute unerklärlich. Niemand weiß, was mit dem Stern am

Ende seines Lebens wirklich passiert. Der Grund ist, dass keine Kraft bekannt ist, die den Kollaps aufhalten könnte. Dichte und Raumkrümmung werden theoretisch unendlich groß. Das bedeutet: Sowohl die Quantenmechanik zur Beschreibung des Materiezustands als auch die Allgemeine Relativitätstheorie zur Beschreibung der Gravitation brechen zusammen und machen keine sinnvollen Aussagen mehr. Die Hoffnung der Astrophysiker ruht auf einer übergeordneten Theorie der Quantengravitation, die aber noch in weiter Ferne zu liegen scheint (s. Kapitel 11).

Es gibt Überlegungen, wonach Schwarze Löcher eine Art Raumzeit-Tunnel in ein anderes Universum bilden könnten. Diese Idee geht auf eine Arbeit von Einstein und seinem Mitarbeiter Nathan Rosen aus dem Jahr 1935 zurück, in der die beiden nach eine Vereinheitlichung von Gravitation und Elektrodynamik suchten. Diese sogenannten Einstein-Rosen-Brücken werden heute meist als Wurmlöcher bezeichnet. Ob es sie wirklich geben kann, ist umstritten. Vermutlich werden sie bis in alle Ewigkeit nur in der Science-Fiction-Literatur existieren.

Rotierende Schwarze Löcher verwirbeln den Raum

Wie in Kapitel 3 beschrieben, schrieb Einstein 1913 zusammen mit Marcel Grossmann einen ›Entwurf einer verallgemeinerten Relativitätstheorie und einer Theorie der Gravitation‹. Im Rahmen dieser Theorie versuchte er zusammen mit Michele Besso, das Problem der Periheldrehung des Merkur zu lösen. Einstein und Besso kamen zu einem Wert von 18 Bogensekunden pro Jahrhundert, der damit weit kleiner war als der beobachtete Wert von 43 Bogensekunden pro Jahrhundert.

Obwohl die Einstein-Besso-Arbeit das Merkurproblem nicht löste, enthielt sie ein interessantes Ergebnis, das lange unbeachtet blieb. So untersuchten die beiden Freunde die Frage, wie sich die Gravitation im Innern einer rotierenden

Hohlkugel verhält. Nach der Newton'schen Physik macht es keinen Unterschied, ob die Kugel in Ruhe ist oder sich dreht. Doch im Rahmen der Entwurftheorie trat eine Art Coriolis-Kraft auf: Eine kleine Masse im Innern der rotierenden Kugel würde von der Rotation der Massenschale »mitgezogen«, wobei diese Kraft um so stärker ist, je schwerer die Schale und je geringer der Abstand des kleinen Probeteilchens von dieser ist.

Auf den ersten Blick scheint diese Fragestellung überraschend. Motiviert war sie von Einsteins Hang zum Machschen Prinzip, wonach die Trägheit von Körpern nicht in Bezug auf den Raum, sondern immer nur in Bezug auf andere Körper definiert werden kann. Deswegen schrieb er an Mach: »Die Ebene des Foucault-Pendels wird (mit einer allerdings praktisch unmessbar kleinen Geschwindigkeit) mitgenommen. Es ist mir eine große Freude, Ihnen dies mitteilen zu können.«[7]

Das Foucault-Pendel gilt als eines der anschaulichsten Experimente, um die Erdrotation zu verdeutlichen. Es basiert natürlich auf der Newton'schen Physik, in der sich die Schwingungsebene eines Pendels nicht ändert. Die Erde dreht sich deshalb unter dem Pendel innerhalb von 24 Stunden einmal um 360 Grad, was man leicht erkennt. Nach Einsteins Theorie aber sollte die sich drehende Erde mit ihrer Schwerkraft bewirken, dass sich die Pendelebene ganz langsam in der Richtung der Erdrotation dreht – nur eben mit unmessbar kleiner Rate.

Vier Jahre lang blieb dieser Effekt unbeachtet, bis 1917 der österreichische Physiker Hans Thirring an der Universität Wien sich dieser Frage annahm – nun aber mit dem Werkzeug der Relativitätstheorie und in regem Austausch mit deren Schöpfer. Im Juli 1917 schrieb Thirring an Einstein, er habe sich mit dem Einfluss der Gravitation einer rotierenden Kugelschale auf einen Körper beschäftigt und sei auch auf eine Zentrifugalbeschleunigung gestoßen. Thirring konkretisierte dieses Beispiel nach dem Mach'schen Prinzip, indem er annahm, die Hohlkugel sei der Fixsternhimmel. Eine eher naiv anmutende Vorstellung, die an die ersten geozentrischen Weltmodelle der Griechen erinnert. »Interessanter wäre es zu untersuchen, welchen Einfluss die Eigenrotation der Sonne auf die Planetenbahnen (bzw. die Rotation der Planeten auf die Satellitenbahnen) hat«,[8] schrieb er Einstein und fuhr fort: »Halten Sie es für möglich, dass man einen Einfluss auf den innersten Jupitermond beobachten könnte?« Einstein antwortete ihm mit den Ergebnissen, die er bereits mit Besso zusammen erhalten hatte. Außerdem machte er Thirring darauf aufmerksam, dass er wegen einer zu groben Vereinfachung der Rechnung den Effekt der Coriolis-Kraft übersehen habe. Erst im Dezember antwortete Thirring wieder. Nun hatte er die Coriolis-Kraft integriert, war aber auf andere Probleme gestoßen, die wie so oft in der Allgemeinen Relativitätstheorie etwas mit der Wahl des Koordinatensystems zu tun hatten und keine echten physikalischen Widersprüche waren.

Zwei Wochen nach Einsteins letzter Antwort reichte Thirring bei der ›Zeitschrift für Physik‹ seine Arbeit »Über die Wirkung rotierender ferner Massen in der Einsteinschen Gravitationstheorie« ein, in der er die gefundenen Effekte beschrieb. In einer zweiten, kurz darauf folgenden Veröffentlichung beschäftigte er sich zusammen mit dem Mathematiker Josef Lense mit dem aus astronomischer Sicht relevanteren Fall der Auswirkungen einer rotierenden Vollkugel auf den Außenraum und die Folgen für die Bahnen von Planeten und Monden. Dabei fanden sie zwei Effekte, die man sich am einfachsten am Beispiel eines die Erde umkreisenden Satelliten klarmacht.

Dieser Satellit soll unseren Planeten auf einer polaren Bahn umkreisen, die also senkrecht auf dem Äquator steht. Der Satellit selbst dreht sich zudem wie ein Kreisel um seine eigene Achse. Dann tritt zum einen die geodätische Präzession auf. Sie bewirkt, dass sich die Rotationsachse des Satelliten wegen der Raumkrümmung langsam neigt. Die geodätische Präzession beträgt für einen Satelliten in rund 600 Kilometer Höhe 6,6 Bogensekunden pro Jahr. Eine komplette Drehung würde demnach fast 200 000 Jahre dauern. Das zweite Phänomen ist der Thirring-Lense-Effekt, auch »Frame Dragging« (Mitziehen des Koordinatensystems) genannt. Er beschreibt das Mitziehen des Raumes in Rotationsrichtung der Erde. Als Folge davon dreht sich die Bahnebene des Satelliten. Er beträgt 0,04 Bogensekunden pro Jahr, entsprechend 32 Millionen Jahre für eine komplette Drehung um 360 Grad. Da dieser Effekt eine formale Ähnlichkeit mit der Wirkung von elektrischen Ladungen und Magnetfeldern aufweist, spricht man auch von Gravitomagnetismus. Mit dem bekannten Magnetismus hat er aber nichts zu tun, sondern es ist ein reiner Effekt der Gravitation.

Satelliten bestätigen den Thirring-Lense-Effekt

Der Thirring-Lense-Effekt galt bei Körpern mit relativ schwacher Gravitation wie der Erde lange Zeit als unmessbar klein. Jahrzehnte nach seiner bedeutenden Arbeit erinnerte sich Hans Thirring an eine Begegnung mit Einstein in Berlin im Jahre 1918. Die beiden saßen auf dem Balkon seiner Wohnung in der Haberlandstraße und unterhielten sich über die Eigenschaften des Raumes in der Umgebung eines rotierenden Körpers. Beide bedauerten, dass der Effekt des mitrotierenden Raumes zu klein war, um mit damaligen Messmethoden nachweisbar zu sein. Dann sagte Einstein: »Schade, dass wir nicht einen Erdmond haben, der gerade nur außerhalb der Erdatmosphäre umläuft!«[9]

Mit dem Mond lässt sich der Effekt in der Tat nicht messen, wohl aber mit einem künstlichen Mond. Im September 1957 – also einen Monat vor dem Start von Sputnik 1 – schlug der russische Physiker Witali Ginsburg vor, den Thirring-Lense-Effekt mit einem Satelliten zu testen. Zwei Jahre später kam Leonard Schiff an der Stanford University auf denselben Gedanken. Es war klar, dass eine Reihe von Störeinflüssen auf den Satelliten, wie die Reibung der Atmosphäre, die Messung erschweren würde. Erst Jahrzehnte später kam dieser schwierige Test in den Bereich des Möglichen.

Ignazio Ciufolini von der Universität Lecce, Italien, und Erricos Pavlis von der Universität in Baltimore, Maryland, entdeckten den subtilen Effekt der Raumdrehung mit den beiden erdumkreisenden Satelliten Lageos 1 und 2 (Laser Geodynamics Satellite), die seit 1976 beziehungsweise 1992 unseren Planeten in 5900 Kilometer Höhe auf nahezu polaren Bahnen umkreisen. Es handelt sich um kugelrunde Satelliten mit einem Durchmesser von sechzig Zentimetern, an deren Außenwand mehr als 400 Reflektoren angebracht sind. Die Bahnen lassen sich bis auf etwa einen Zentimeter genau vermessen, indem man von Bodenstationen aus Laserblitze zu ihnen hochschießt, die dann von Spiegeln an ihren Außenwänden zur Erde reflektiert und am Boden wieder empfangen werden.

Die Allgemeine Relativitätstheorie sagt voraus, dass sich die Satellitenbahn pro Jahr um 0,048 Bogensekunden in Richtung der Erdrotation weiterdrehen sollte, ähnlich wie ein Ring, den man um die Durchmesserachse dreht. Das entspricht einer Differenz am Äquator von knapp drei Metern. Anders gesagt: In 27 Millionen Jahren würde die Bahn sich einmal komplett um die Erde drehen. Ein unglaublich kleiner Effekt, dessen Messung dadurch erschwert wird, dass die Abweichung der Erde von der perfekten Kugelform eine zehn Millionen Mal stärkere Bahndrehung hervorruft. Wie soll man diese Störung von dem eigentlich interessierenden Thirring-Lense-Effekt trennen? Die entscheidende Idee hatte Ignazio Ciufolini.

Lageos 1 umkreist die Erde auf einer Bahn, die um 110 Grad gegen den Äquator geneigt ist. Er läuft entgegen der Erddrehung, was man als retrograde Bahn bezeichnet. Die Bahn von Lageos 2 ist nur um 53 Grad gegen den Äquator geneigt, umkreist die Erde also in entgegengesetztem Umlaufsinn (prograd). Dies hat zur Folge, dass sich die Störung durch die abgeplattete Form der Erde für die beiden Satelliten in entgegengesetzter Richtung auswirkt und somit relativ zueinander aufhebt. Der Thirring-Lense-Effekt wirkt jedoch auf beide Bahnen in gleicher Weise in Drehrichtung der Erde.

Schließlich mussten Ciufolini und Pavlis für ihre Analyse zusätzliche Unregelmäßigkeiten im Erdschwerefeld berücksichtigen. Sie haben viele Ursachen, wie Berge und Täler oder Verdichtungen in der Erdkruste. Das genaueste Schwerefeld der Erde ließ sich mit den Satelliten Champ und Grace ermitteln, an deren Entwicklung das Geoforschungszentrum Potsdam entscheidend beteiligt war. Die Anordnung war so empfindlich, dass sogar zeitlich veränderliche Phänomene wie das Abtauen der Polkappen und der El-Niño-Effekt (eine Meeresströmung im Pazifik), die ebenfalls das Schwerefeld verändern, berücksichtigt werden mussten.

Im Jahr 2014 gaben Ciufolini und Pavlis das bislang beste Ergebnis bekannt. Demnach beträgt die gemessene Bahndrehung 0,0465 Bogensekunden pro Jahr, während die Theorie 0,049 vorhersagt. Im Rahmen der geschätzten Messgenauigkeit von zehn Prozent ist damit der Thirring-Lense-Effekt bestätigt. Mit dem 2012 gestarteten Nachfolgesatelliten Laser Relativity Satellite (Lares) soll die Messung weiter verbessert und eine Genauigkeit von einem Prozent erzielt werden.

Als spektakulär und gleichzeitig genial gescheitert gilt das Weltraumexperiment Gravity Probe B. Francis Everitt von der Stanford University hatte das 750 Millionen Dollar teure Projekt 25 Jahre lang vorangetrieben, bis es 2004 endlich in eine Erdumlaufbahn geschossen wurde. Gravity Probe B sollte die Drehung des Raumes auf geniale Weise bis auf ein Prozent genau messen. In dem erdumkreisenden Satelliten befanden sich vier Kugeln von der Größe eines Tischtennisballs, die sich sehr schnell drehten. Der Thirring-Lense-Effekt bewirkt dann, dass sich diese Kreisel um 0,039 Bogensekunden pro Jahr (ein Grad in 92 000 Jahren) neigen. Diese langsame Bewegung wollten Everitt und seine Mitarbeiter gegenüber dem Satelliten messen, der mit Hilfe von Steuerdüsen relativ zu einem Stern fest im Raum ausgerichtet wurde.

Das Experiment galt als Meisterstück der Messkunst. So waren die vier Kreisel die rundesten jemals auf der Erde hergestellten Kugeln. Doch in der Erdumlaufbahn traten dann mehrere Probleme auf: Teilchenstürme von der Sonne störten die Messung, dann luden sich die Kugeloberflächen elektrostatisch auf und Magnetfelder durchzogen sie. Dies hatte zur Folge, dass die Kugeln mehrere Male ihre Orientierung sprunghaft änderten und sich wegen der elektrischen und magnetischen Kräfte zusätzlich neigten.

Mehrere Jahre lang versuchte Everitts Team, diese starken Störeffekte aus den Messdaten herauszurechnen. Im Jahr 2011 hatten sie die Vorhersage der Thirring-Lense-Theorie mit einer Ungenauigkeit von zwanzig Prozent bestätigt. Zu dieser Zeit waren bereits die Ergebnisse der beiden Lageos-Satelliten genauer.

Schwarze Löcher rotieren

Thirring und Lense waren nur mit starken Vereinfachungen ihrer Rechnungen zum Ziel gelangt. Die allgemeine Lösung der Einstein-Gleichungen für das Gravitationsfeld einer rotierenden Kugel ist so kompliziert, dass sie erst 1963 gefunden wurde, und zwar von dem damals an der Universität von Austin, Texas, arbeitenden neuseeländischen Physiker Roy Kerr. Kerrs Lösung enthält diejenige von Schwarzschild, die nur für nicht rotierende Körper galt. Die Kerr-Lösung ist heute maßgeblich für alle Untersuchungen bei Vorgängen, die sich in der nahen Umgebung von Schwarzen Löchern abspielen. Sie bestätigt, dass der Raum von der rotierenden Masse mitgerissen wird.

Überraschenderweise taucht aber nicht nur *eine* Singularität auf, wie in Schwarzschilds Lösung einer statischen Kugel, sondern zwei. Diese beiden Singularitäten definieren zwei Flächen: Die äußere besitzt die Form einer abgeplatteten Sphäre oder eines Rotationsellipsoids, während die innere kugelförmig ist. An den Polen treffen die beiden Flächen zusammen. Größe und Form dieser beiden Oberflächen hängen ausschließlich von der Masse beziehungsweise der Rotationsgeschwindigkeit des Schwarzen Lochs ab. Der Äquatordurchmesser der äußeren Sphäre entspricht dem Schwarzschild-Radius des Schwarzen Lochs, wenn es nicht rotieren würde. Der polare Durchmesser ist umso kleiner, je schneller das

Schwarze Loch rotiert, kann aber nicht kleiner als der halbe Schwarzschild-Radius sein. Den Raum zwischen äußerem und innerem Ereignishorizont nennt man Ergosphäre. Ein Raumschiff, das sich außerhalb der äußeren Grenzfläche, auch statische Grenze genannt, aufhält, kann sich theoretisch von dem Schwarzen Loch entfernen, sofern es einen ausreichend starken Antrieb besitzt. Sobald es aber die statische Grenze durchquert und in die Ergosphäre gerät, ist die Rotation des Raumes so stark, dass sie das Raumschiff mitreißt und es auf eine Bahn um das Schwarze Loch zwingt. Das gilt sogar für Lichtstrahlen. Durchquert das Schiff den inneren Ereignishorizont, so ist es – genau wie im Schwarzschild-Loch – auf immer verloren und stürzt in die zentrale Singularität. Diese ist übrigens nicht punktförmig, wie bei der Schwarzschild-Lösung, sondern bildet einen Ring. Was das für den Zustand der Materie bedeutet, die in dieser Singularität steckt, ist unklar.

Der Begriff Ergosphäre geht auf ein Gedankenexperiment des Mathematikers Roger Penrose zurück. Er fand einen Weg, wie man einem rotierenden Schwarzen Loch sehr effizient Energie entziehen kann. Hierfür muss man einen Körper in die Ergosphäre hineinbringen und dafür sorgen, dass er sich darin in zwei Körper aufspaltet. Der eine Körper besitzt eine negative Energie und muss in das Schwarze Loch hineinstürzen. Dabei entzieht er dem Schwarzen Loch Rotationsenergie, die der andere der beiden Körper aufnehmen kann und damit in der Lage ist, aus der Ergosphäre zu entweichen. Interessanterweise besitzt er dann mehr Energie als beim Hineinfallen.

Ob dieser exotische Prozess bei irgendwelchen astrophysikalischen Prozessen eine Rolle spielt, ist ungewiss. Es wurde darüber spekuliert, ob sich damit die enorme Energiefreisetzung der Gammastrahlungsblitze (Gamma-Ray Bursts) erklären lässt, die Astronomen seit Jahrzehnten beobachten. Auch im Zusammenhang mit gebündelten Gasstrahlen, sogenannten Jets, die von supermassereichen Schwarzen Löchern in den Zentren aktiver Galaxien ausgehen, wird der Penrose-Mechanismus diskutiert.

Doch auch wenn der Penrose-Effekt hierfür keine Rolle spielen sollte, so ist doch der rasante Umschwung des Raumes in der Nähe eines rotierenden Schwarzen Lochs möglicherweise für »Jets« verantwortlich. Die zentralen Schwarzen Löcher sind wie schon beschrieben von heißen Gasscheiben umgeben, in denen die Atome zum Teil ionisiert sind. Das heißt, sie haben eins oder mehr ihrer Elektronen verloren und sind elektrisch geladen. Dadurch entsteht in einer solchen Scheibe ein Magnetfeld. Der herumwirbelnde Raum versetzt nun die Feldlinien in Rotation und quetscht sie zusammen. Dadurch verstärkt sich das Magnetfeld, das sich auch entlang der Rotationspole des Schwarzen Lochs konzentriert. Elektrisch geladene Teilchen können entlang dieser Feldlinien beschleunigt werden und mit nahezu Lichtgeschwindigkeit ins All hinausschießen. Solche Jets werden Millionen von Lichtjahren lang.

Himmelskörper können sich in ausreichend großer Entfernung vom Schwarzen Loch – wie die Planeten in unserem Sonnensystem – auf Kepler-Bahnen bewegen. Doch wenn sie dem Giganten zu nahe kommen, verhindert die starke Raumkrümmung solche stabilen Bahnen. Bei einem nicht rotierenden Schwarzen Loch ist dies innerhalb von etwa drei Schwarzschild-Radien der Fall, bei einem sehr schnell rotierenden Schwarzen Loch liegt die Grenze bei etwa einem Schwarzschild-Radius. Das ermöglicht es prinzipiell, aus der Beobachtung einer das Schwarze Loch umgebenden Gasscheibe auf die Rotation des unsichtbaren Zentralkörpers zu schließen. Befindet sich der Innenrand der Scheibe bei einem Schwarzschild-Radius, muss das Schwarze Loch schnell rotieren.

Mit Röntgenteleskopen lässt sich die Strahlung vom innersten, heißesten Bereich dieser Scheiben beobachten. Die Interpretation der Messdaten ist nicht einfach, doch in den bislang gemessenen Fällen scheinen die Schwarzen Löcher sehr schnell zu rotieren, einige sogar mit nahezu Lichtgeschwindigkeit.

Schwarze Löcher in Symbiose mit Galaxien

Die supermassereichen Schwarzen Löcher in den Zentren von Galaxien machen sich wie beschrieben durch die intensive Strahlung von der sie umgebenden Gasscheibe bemerkbar. Auf diese Weise haben Astronomen Schwarze Löcher entdeckt, die zehn Milliarden Mal so viel Materie enthalten wie unsere Sonne. Solche Giganten haben bereits im jungen Universum existiert, als sich die ersten Galaxien bildeten. Es ist eines der großen Rätsel der Kosmologie, auf welche Weise Schwarze Löcher innerhalb von einigen hundert Millionen Jahren nach dem Urknall zu solchen Größen anwachsen konnten.

Nach einer Theorie gingen sie aus den Explosionen früher Megasterne hervor. Das Universum enthielt anfangs nur die leichten Elemente Wasserstoff und Helium, keine schweren Substanzen wie Kohlenstoff, Stickstoff oder Eisen. Das hatte die scheinbar paradoxe Folge, dass die ersten Sterne durchschnittlich hundertmal schwerer waren als die heutigen. Sie verbrannten ihren Brennstoff rasend schnell, explodierten bereits nach wenigen Millionen Jahren als Supernova und kollabierten zu den ersten Schwarzen Löchern mit vielleicht hundert Sonnenmassen. Diese zogen weitere Materie aus der Umgebung an und wuchsen stetig an. Doch dieses Szenario hat einen Haken.

Die Megasterne leuchteten so hell, dass ihre Strahlung das meiste Gas aus ihrer Umgebung wegschob. Und bei den finalen Supernovae rissen die Explosionswolken den Rest der umgebenden Materie mit sich. Die Folge: Die aus den Megasternen entstandenen Schwarzen Löcher fanden keine Nahrung: Die Schwarzen Löcher wurden geboren, um zu hungern.

Dieses Problem ließe sich nach Meinung einiger Theoretiker umgehen. Sie nehmen an, dass im frühen Universum lokal Bedingungen geherrscht haben könnten, die zur direkten Entstehung eines Schwarzen Lochs mit bis zu hunderttausend Sonnenmassen führten – ohne das Zwischenstadium eines Sterns. Hierzu wäre es notwendig gewesen, dass sich riesige Gaswolken zusammenballten und unter dem Einfluss der Schwerkraft so schnell kontrahierten, dass im Zentrum dieser Wolke keine Zeit für das Einsetzen der Kernfusion blieb. Sobald diese nämlich anspringt, produziert der Stern Energie und baut einen Druck auf, der den weiteren Kollaps des Gases stoppt. Für diese Art der Entstehung von massereichen Schwarzen Löchern müssten aber sehr spezielle Bedingungen geherrscht haben. Bislang lässt sich dieses Szenario im Computer noch nicht mit ausreichender Genauigkeit vollständig simulieren, so dass unklar ist, ob es überhaupt funktioniert haben könnte.

Sehr wahrscheinlich war ein weiterer Vorgang für das rasche Wachsen der Schwarzen Löcher zumindest mit verantwortlich. Das junge Universum war kleiner als heute und die Himmelskörper enger gedrängt. Deswegen stießen in dieser Phase Schwarze Löcher öfter zusammen und verschmolzen miteinander: Wachstum durch Kannibalismus gewissermaßen.

Auf jeden Fall gab es sie, die riesigen Schwarzen Löcher mit bis zu zehn Milliarden Sonnenmassen. Sie haben sich in derselben Frühphase des Universums entwickelt wie die ersten Galaxien. So stellt sich unweigerlich die Henne-Ei-Frage: Was war zuerst da, die Schwarzen Löcher oder die Galaxien? Haben die dunklen Riesen vielleicht sogar wie Kondensationskeime gewirkt, um die herum sich die Sternsysteme gebildet haben? Schwarze Löcher gewissermaßen als Geburtshelfer – eine faszinierende Idee, doch die Astronomen sind vorsichtig. Schwarze Löcher und Sterne können sich nur dort bilden, wo viel Materie zusammenkommt, weswegen die Entstehung wohl nur gleichzeitig stattgefunden haben kann. Doch wie genau dieser Geburtsvorgang abgelaufen ist, weiß niemand zu sagen.

Unbestritten ist, dass die zentralen Schwarzen Löcher und die sie umgebenden Galaxien sich in Form einer Art Symbiose gegenseitig in ihrer Entwicklung beeinflussen. Dies betrifft zum Beispiel die Entstehung von neuen Sternen. In Spiralgalaxien wie unserer Milchstraße entstehen jedes Jahr einige wenige Sterne. Wenn sich aber zwei Galaxien sehr nahe kommen oder gar miteinander verschmelzen, dann verwirbelt das darin befindliche Gas, große Wolken stoßen zusammen und verdichten sich zu Sternen. Einer solchen kosmischen Hochzeit folgt ein Babyboom mit bis zu tausend neuen Sternen pro Jahr.

Bei einem derartigen kosmischen Crash strömt auch vermehrt Materie in die Zentralgebiete der Galaxien, wo sie letztlich ins Schwarze Loch stürzt. Gleichzeitig wird ein Teil dieses Gases in Form von zwei Jets in entgegengesetzte Richtungen ausgestoßen. Bei der Galaxie Centaurus A haben Astronomen beobachtet, dass ein solcher Gasstrahl auf umgebendes Gas traf und dieses verdichtete, so dass hier neue Sterne entstanden.

Doch nach einiger Zeit setzt eine negative Rückkopplung ein: Das in das Schwarze Loch hineinströmende Gas heizt sich enorm auf und leuchtet sehr hell. Die Strahlung fegt das umgebende Gas fort und vertreibt es. Das Schwarze Loch zerstört sein eigenes Nahrungsreservoir und wird inaktiv. In diesem Zustand befindet sich zur Zeit das Schwarze Loch im Zentrum unserer Milchstraße.

Diese Untersuchungen belegen, dass Schwarze Löcher keine spekulativen Kuriosa der Allgemeinen Relativitätstheorie sind, sondern aktive und offenbar sehr einflussreiche Akteure im kosmischen Geschehen.

Hawking-Strahlung

In den 1970er Jahren untersuchte Stephen Hawking Schwarze Löcher mit den Gesetzen der Quantenmechanik. Er erhoffte sich hiervon einen Weg, diese Theorie des Mikrokosmos mit der Allgemeinen Relativitätstheorie zu verbinden. Bei diesem Versuch war Hawking auf einen merkwürdigen Effekt gestoßen: Schwarze Löcher strahlen. Um dies zu verstehen, muss man sich mit der Physik des Vakuums beschäftigen.

Nach den Gesetzen der Quantenmechanik entstehen und

vergehen im Vakuum unablässig Teilchen. Das vermeintliche Nichts brodelt förmlich wie ein Lavasee. Physiker nennen diese Teilchen virtuell, weil sie nur für eine sehr kurze Zeitspanne existieren. Virtuelle Teilchen kommen stets als Teilchen-Antiteilchen-Paar zur Welt. Bildet sich ein solcher Zwilling in der Nähe des Ereignishorizontes eines Schwarzen Lochs, kann einer von ihnen darin verschwinden. Hawking zeigte, dass dieses Teilchen eine negative Energie besitzt, weshalb das Schwarze Loch beim Verschlucken Energie verliert. Wegen der Äquivalenz von Energie E und Masse m ($E = mc^2$) wird es leichter. Das andere Teilchen hat nun seinen Partner verloren und kann sich nicht mehr mit ihm verbinden, um ins Vakuum abzutauchen. Es wird real und entschwindet in den Weltraum. Dieser Vorgang wirkt so, als würde das Schwarze Loch strahlen.

Das reale Teilchen trägt die Energie, die ihm der kosmische Gigant mitgegeben hat, mit sich fort. Dadurch nimmt das Schwarze Loch ab und löst sich sehr langsam auf. Ein Schwarzes Loch mit der doppelten Sonnenmasse würde allerdings erst nach 10^{67} Jahren verschwinden. Das ist etwa 10^{57}-mal länger als das heutige Weltalter. Sind aber, wie Hawking vermutet, im Urknall Mini-Schwarze-Löcher mit Massen von einigen hundert Millionen Tonnen entstanden – entsprechend der Schwere eines mittelgroßen Berges –, so sollten sie sich in der jetzigen Phase des Weltalls auflösen. Hawking vermutet, dass sie explodieren und dabei Röntgenstrahlung aussenden.

Als Hawking von seinen Ergebnissen der strahlenden Schwarzen Löcher erstmals 1974 auf einer Tagung berichtete, waren die meisten Zuhörer entsetzt. Einer verließ sogar empört den Saal und verfasste umgehend eine Gegenschrift. Heute wird Hawkings Ergebnis weitgehend akzeptiert, doch die von ihm vorhergesagte Strahlung ließ sich bislang nicht nachweisen.

Mini-Schwarze-Löcher in Genf

Als Mitte der 1990er Jahre in den USA ein großer Teilchenbeschleuniger namens Tevatron anlief, tauchte plötzlich die Idee auf, dass bei den hochenergetischen Kollisionen – ähnlich wie von Hawking im Urknall vermutet – winzige Schwarze Löcher entstehen könnten. Es gab sogar die Befürchtung, dass sich ein solches Schwarzes Loch verselbständigen und alles um sich herum aufsaugen könne. Aktivisten versuchten deshalb, den Betrieb des Beschleunigers gerichtlich zu verhindern, und bildeten eine Mahnwache vor dem Institut. Dieselben Bedenken kamen während des Baus des Large Hadron Collider (LHC) im europäischen Teilchenlabor CERN in Genf auf.

Theoretiker gingen dieser Frage nach und kamen zu dem Ergebnis, dass die Produktion solcher Gebilde nicht ausgeschlossen werden kann. Nach derzeitigem Wissen zerfallen sie aber im Bruchteil einer Sekunde und senden dabei Hawking-Strahlung aus. Die wäre so charakteristisch, dass sie mit den Detektoren in den Beschleunigern problemlos entdeckt würde. Bislang wurde die Hawking-Strahlung in den Daten des LHC nicht gefunden.

Zu alles verschlingenden Monstern können die Mini-Schwarzen-Löcher ohnehin nicht werden, wie ein schlagendes Argument beweist. Seit Jahrmilliarden rasen nämlich Teilchen der kosmischen Strahlung in die Erdatmosphäre hinein, die zum Teil erheblich größere Energien besitzen als jene im LHC. Wie in einem riesigen natürlichen Beschleuniger stoßen diese Partikel mit Atomkernen zusammen und erzeugen dabei einen Schwarm neuer Teilchen. Wären dabei gefräßige Mini-Schwarze-Löcher entstanden, so gäbe es die Erde schon lange nicht mehr.

8: Und es expandiert doch

Von der Kosmologischen Konstante zur Dunklen Energie

Auf einen Blick

— Im Jahr 1917 fügte Einstein in seine Feldgleichungen die Kosmologische Konstante ein. Sie sollte ein statisches Universum garantieren.

— Willem de Sitter, Alexander Friedmann und Georges Lemaître fanden heraus, dass die Einstein'schen Feldgleichungen zu kontrahierenden und expandierenden Universen führen.

— Nachdem Edwin Hubble 1929 die Galaxienflucht entdeckt hatte, verwarf Einstein die Kosmologische Konstante und akzeptierte die Vorstellung eines expandierenden Universums.

— Heute lebt Einsteins Kosmologische Konstante in ähnlicher Form als Dunkle Energie wieder auf.

Kurz nach Vollendung der Allgemeinen Relativitätstheorie beschäftigte sich Einstein mit der Frage, wie sich das Universum im Rahmen seiner neuen Gravitationstheorie beschreiben lässt. Aus diesem Vorhaben entwickelte sich bis in die 1930er Jahre hinein eine spannende Diskussion, die letztlich zur Urknalltheorie führte. Die von Einstein hierbei eingeführte Kosmologische Konstante, später von ihm als »größte Eselei« bezeichnet, spielte nachfolgend immer wieder eine Rolle. Jüngst erlebte sie mit der Entdeckung der Dunklen Energie eine ungeahnte Auferstehung.

Zu Beginn des 20. Jahrhunderts hatten die Astronomen ein noch sehr eingeschränktes Bild vom Universum. Man wusste, dass die beobachtbaren Sterne in einem großen System vereint waren, der Milchstraße, auch Galaxis genannt, deren Durchmesser die Astronomen damals auf etwa 20 000 Lichtjahre schätzten. Seit langem schon beobachteten sie zudem kosmische Nebel, konnten deren Natur aber nicht klären. Handelte es sich um Gasnebel im Innern der Galaxis oder waren zumindest einige von ihnen Geschwister der Milchstraße, die so weit entfernt sind, dass sich die einzelnen Sterne darin nicht erkennen ließen?

Im ersten Fall bestand das sichtbare Universum also ausschließlich aus unserer Milchstraße, im zweiten enthielt es weitere Galaxien und viel mehr Sterne. Diese in die Wissenschaftsgeschichte eingegangene »Große Debatte« endete erst 1923, als Edwin Hubble entdeckte, dass der Andromeda-Nebel eine Million Lichtjahre entfernt ist und es sich dabei um eine ferne Galaxie handeln musste.

Streit um das Weltbild

Als Einstein sein kosmologisches Weltbild 1916 zu entwickeln begann, war dieser Disput also noch voll im Gange. Er ging bei seinen Überlegungen von der stark vereinfachten Annahme aus, dass das Universum zeitlich keinen Anfang besitzt, unendlich ausgedehnt und gleichmäßig mit Sternen ausgefüllt ist, die sich nur sehr langsam zueinander bewegen.

Diese Vorstellung war damals durchaus üblich, nur: Ein solches Universum konnte gar nicht stabil sein. Entweder müssten alle Sterne von der Schwerkraft angetrieben aufeinander zustreben und schließlich zu einem oder mehreren Riesensternen verschmelzen oder sich im unendlichen Raum zerstreuen wie ein freies Gas. In seinem Buch ›Über die spezielle und die allgemeine Relativitätstheorie (Gemeinverständlich)‹ machte er noch einmal auf dieses schon lange bekannte Newton'sche Gravitationsparadoxon aufmerksam. Wie in Kapitel 2 ausgeführt, hatten sich bereits gegen Ende des 19. Jahrhunderts einige Astronomen und Mathematiker damit befasst.

Im Frühjahr 1916 besuchte Einstein in Leiden den holländischen Astronomen Willem de Sitter. Der hatte sich bereits eingehend mit der Allgemeinen Relativitätstheorie beschäftigt und erste kosmologische Überlegungen angestellt. Zwischen ihm und Einstein entwickelte sich anschließend eine tiefgründige Diskussion über die Geometrie und zeitliche Entwicklung des Universums. Damit begann der erste Akt des Ringens um das neue Weltbild.

Dabei ging es von Anfang an um astronomische, mathematische und auch philosophische Aspekte. Aus mathematischer Sicht sind die Gleichungen der Allgemeinen Relativitätstheorie erheblich anspruchsvoller als die der klassischen Theorie Newtons. Will man beispielsweise die Anziehungskraft zwischen zwei Körpern ausrechnen, so braucht man in Newtons Formeln lediglich deren Massen und den Abstand einzugeben. Bei Einsteins Feldgleichungen ist das anders. Sie sind zwar eindeutig durch die Verteilung der Materie festgelegt, aber es müssen zudem sogenannte Randbedingungen vorgegeben werden. Selbst wenn man diese Größen kennt, liegt die Lösung noch längst nicht vor, denn bei den Feldgleichungen handelt es sich um Differentialgleichungen. Diese müssen mit komplizierten Rechnungen gelöst werden. Erst dann lässt sich beispielsweise die Bewegung von zwei Körpern wie Erde und Mond beschreiben.

Aus Briefen geht hervor, dass Einstein und de Sitter vor allem intensiv über die Randbedingungen diskutiert haben. Um die Feldgleichungen für das Universum lösen zu können, muss man nämlich die Verteilung der Sterne bis ins Unendliche eingeben. Hierfür sah Einstein zwei Möglichkeiten.

Zum einen konnten die Sterne in der Milchstraße konzentriert sein und außerhalb davon nur leerer Raum existieren. Diese Vorstellung behagte Einstein gar nicht. Sie widersprach nämlich dem Mach'schen Prinzip, wonach die Trägheit der Massen nicht gegenüber dem Raume existiert, sondern immer in Bezug auf andere Massen. Seine damalige Ansicht gegenüber dem leeren Raum hatte er schon Anfang 1916 Karl Schwarzschild geschildert: »Das Wesentliche meiner Theorie ist gerade, dass dem Raum als solchem keine selbständigen Eigenschaften gegeben werden können. Man kann es scherzhaft so ausdrücken. Wenn ich alle Dinge aus der Welt verschwinden lasse, so bleibt nach Newton der Galileische Trägheitsraum, nach meiner Auffassung aber *nichts* übrig.«[1]

Die zweite Möglichkeit entsprang einem mathematischen

Trick. Eine Lösung der Feldgleichungen erhielt man auch unter der Annahme, dass die Raumkrümmung im Unendlichen unendlich groß wird. Eine unphysikalische Annahme, die im Widerspruch zu der Beobachtung stand, denn in diesem Fall hätten sich die Sterne wesentlich schneller bewegen müssen, als es beobachtet wurde.

Auch de Sitter hielt von diesen Lösungsmöglichkeiten wenig:»Wir wissen nichts von der unendlich fernen Vergangenheit und der unendlich fernen Zukunft – also keine Beobachtung kann uns lehren, dass es immer eine Welt gegeben hat und immer eine Welt geben wird«,[2] schrieb er Einstein im November 1916. Also begab sich Einstein auf einen »holprigen Weg«, wie er später schrieb, an dessen Ende ein völlig neues und unerwartetes Weltbild stand. Er war davon selbst so überrascht, dass er seinem Freund Ehrenfest schrieb:»Ich habe auch wieder etwas verbrochen in der Gravitationstheorie, was mich ein wenig in Gefahr setzt, in einem Tollhaus interniert zu werden. Hoffentlich habt Ihr keines in Leiden, dass ich Euch ungefährdet wieder besuchen kann.«[3]

Die Frage nach der unbekannten Materieverteilung im Unendlichen löste Einstein mit einem Schlag, indem er das Universum endlich machte. Genauer gesagt: räumlich endlich, aber unbegrenzt. Die Materiedichte sollte so groß sein, dass der Raum in sich gekrümmt ist, ähnlich wie die Oberfläche einer Kugel. Als er diese Idee auf die Feldgleichungen übertrug, stieß er auf eine Schwierigkeit: Es gab keine Lösung für ein zeitlich unveränderliches, statisches Universum. Das aber – so glaubte Einstein – müsse der Fall sein, weil die damaligen astronomischen Beobachtungen zeigten, dass sich die Sterne nur mit kleinen Geschwindigkeiten relativ zur Sonne bewegten. Im Großen und Ganzen schienen sie sich weder voneinander zu entfernen noch aufeinander zuzustreben.

Einstein fand eine Lösung für ein statisches, in sich geschlossenes Universum, wenn er an den Feldgleichungen eine kleine, aber entscheidende Veränderung vornahm: Er konnte eine Konstante hinzufügen, ohne die Gültigkeit der Gleichungen zu ändern (für Fachleute: Es handelte sich um eine Integrationskonstante). In seiner Arbeit vom 8. Februar 1917 schrieb er am Schluss: Um zur Lösung eines statischen Raumes zu gelangen, »mussten wir allerdings eine neue, durch unser tatsächliches Wissen von der Gravitation nicht gerechtfertigte Erweiterung der Feldgleichungen der Gravitation einführen … Das letztere haben wir nur nötig, um eine quasistatische Verteilung der Materie zu ermöglichen, wie es der Tatsache der kleinen Sterngeschwindigkeiten entspricht.«[4] Der Schwachpunkt dieses Tricks war Einstein immer bewusst: Es war völlig unklar, welche physikalische Bedeutung diese Kosmologische Konstante haben sollte. Gerade darüber entbrannte eine heftige, bis heute währende Diskussion.

»Vom Standpunkt der Astronomie ist es natürlich ein geräumiges Luftschloss, das ich da gebaut habe«,[5] schrieb er de Sitter und fügte eine Abschätzung über die Größe des Universums bei. Aus astronomischen Beobachtungen über die Anzahl und Dichte der Sterne leitete Einstein eine mittlere Dichte ab und erhielt daraus einen Weltradius von zehn Millionen Lichtjahren. Da man nach seiner Meinung nicht weiter als etwa zehntausend Lichtjahre weit beobachten konnte, ließ sich die wahre Geometrie des Universums nicht feststellen. Dennoch fragte er sich, ob es möglich sei, Sterne am Himmel zu sehen, die sich genau auf der »anderen Seite« des Kugeluniversums befinden, also gewissermaßen stellare Antipoden sind. Man kann dies etwa so veranschaulichen: Man stelle sich Einsteins Universum wie die Oberfläche der Erde vor. Stehen wir nun an einem der beiden Pole, so sollte uns das Licht eines Leuchtturms, der am anderen Pol steht, aus allen Richtungen erreichen. Denn in diesem Bild, in dem man den dreidimensionalen Weltraum auf eine zweidimensionale Oberfläche reduziert, könnte sich Licht nur entlang der Oberfläche ausbreiten. Übrigens führt Einstein in diesem Brief an de Sitter selbst den bis heute und auch in diesem Buch beliebten Vergleich mit einem Tuch ein.

Drei Tage später antwortete de Sitter mit Skepsis: »Ja, wenn Sie Ihre Auffassung nur der Wirklichkeit nicht aufzwingen

Bild 1: *So würde man eine Straße in der Altstadt von Hildesheim wahrnehmen, wenn man sie mit 99 Prozent der Lichtgeschwindigkeit durchquerte.*

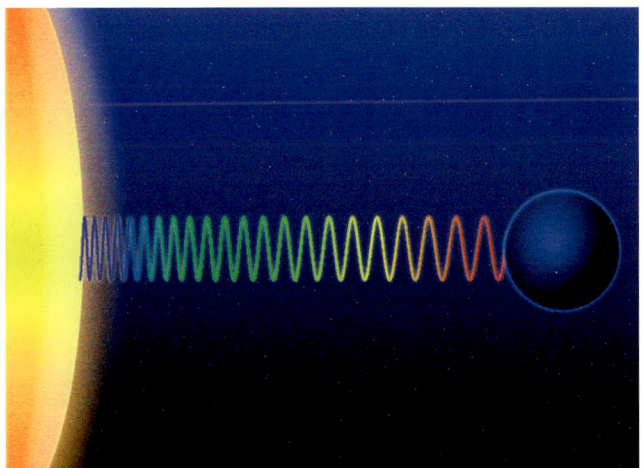

Bild 2: *Wenn ein Lichtstrahl von der Oberfläche der Sonne ins All entweicht, so vergrößert sich in deren Schwerefeld auf dem Weg zur Erde seine Wellenlänge. Physiker sprechen von der gravitativen Rotverschiebung.*

Bild 3: *Diese Grafik veranschaulicht, wie ein Schwarzes Loch im Zentrum einer Galaxie von einer heißen Gasscheibe umgeben ist, die extrem hell leuchtet.*

Bild 4: *So würde uns ein Schwarzes Loch vor den Sternen der Milchstraße erscheinen: Der gekrümmte Raum verzerrt den Hintergrund zu konzentrischen Kreisen.*

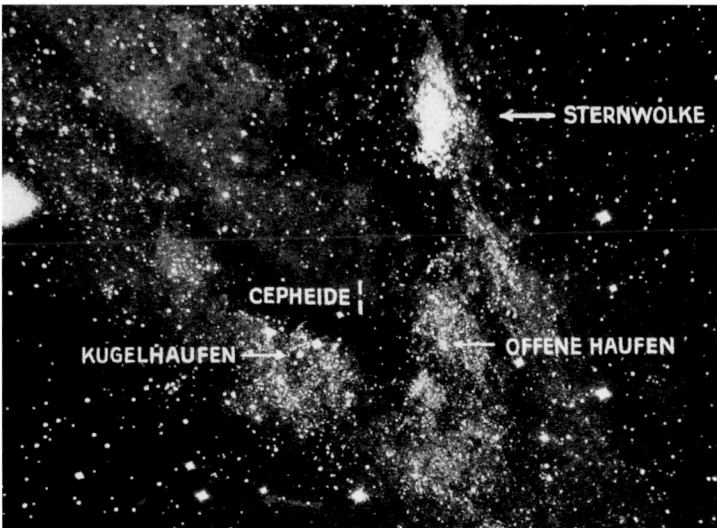

Bild 5: *Die Andromeda-Galaxie, wie sie auf Aufnahmen zu Hubbles Zeiten erschien. Die Ausschnittvergrößerung zeigt, wie schwierig es war, in diesem Sternsystem einen Vertreter der Cepheiden ausfindig zu machen.*

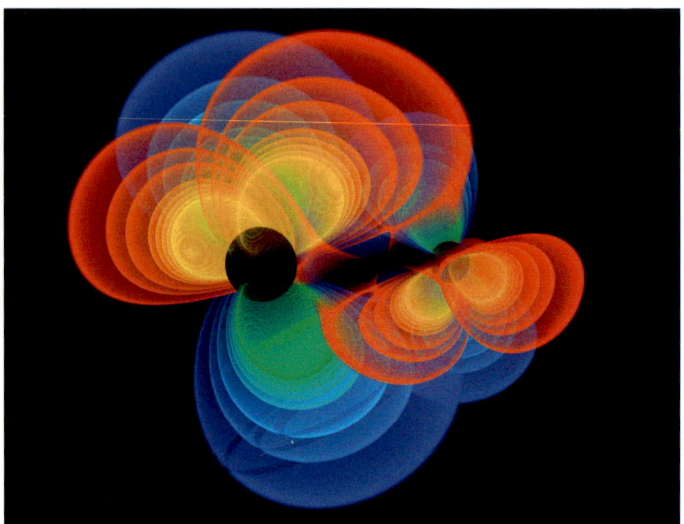

Bild 6: *Computersimulation von zwei einander umkreisenden Schwarzen Löchern, die zu einem neuen Schwarzen Loch verschmelzen. Dargestellt sind die scheinbaren Horizonte der Schwarzen Löcher und die abgestrahlten Gravitationswellen.*

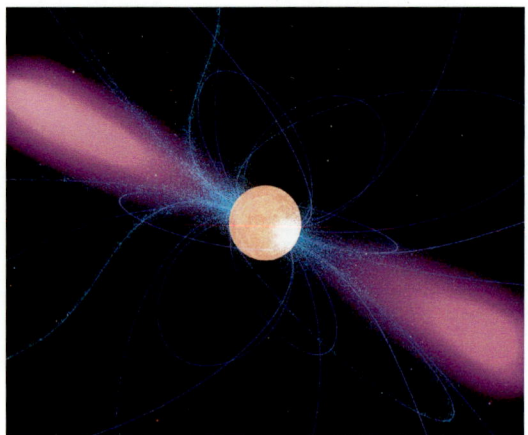

Bild 7: *Bei einem Pulsar ist die Magnetfeldachse gegenüber der Rotationsachse geneigt. Die entlang der Magnetfeldachse ausgesandte Strahlung streicht deswegen durchs All wie der Lichtkegel eines Leuchtturms.*

Bild 8: *Eine Gravitationswelle verzerrt in Erdnähe den Raum und verändert dadurch die Abstände zu fernen Pulsaren. Dies äußert sich in einer Änderung der Ankunftszeiten der Pulsarsignale.*

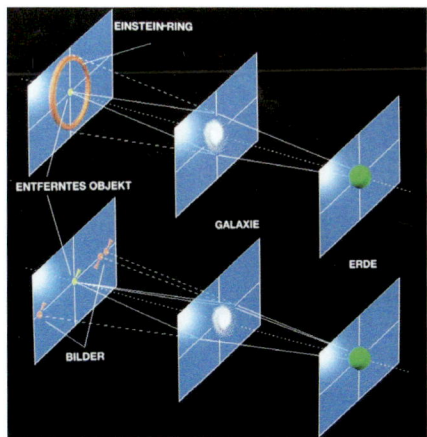

Bild 9: *Das Gravitationsfeld einer Galaxie kann wie eine Linse wirken. Hinter ihr stehende Objekte werden abhängig von der genauen Konstellation am Himmel mehrfach oder als Ring abgebildet.*

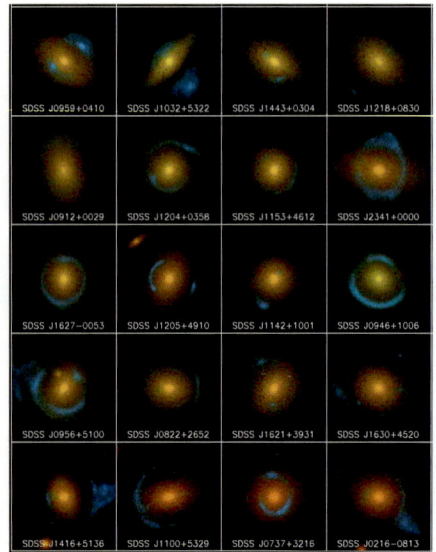

SDSS J0959+0410 SDSS J1032+5322 SDSS J1443+0304 SDSS J1218+0830

SDSS J0912+0029 SDSS J1204+0358 SDSS J1153+4612 SDSS J2341+0000

SDSS J1627−0053 SDSS J1205+4910 SDSS J1142+1001 SDSS J0946+1006

SDSS J0956+5100 SDSS J0822+2652 SDSS J1621+3931 SDSS J1630+4520

SDSS J1416+5136 SDSS J1100+5329 SDSS J0737+3216 SDSS J0216−0813

Bild 10: *Mit dem Weltraum-teleskop Hubble wurden sehr viele Gravitationslinsen gefunden, von denen einige als nahezu vollständiger Einstein-Ring erscheinen.*

Bild 11: *Das Gravitationsfeld des Galaxienhaufens Abell 2218 verzerrt hinter ihm befindliche Galaxien zu Bögen und erzeugt von ihnen Mehrfachbilder.*

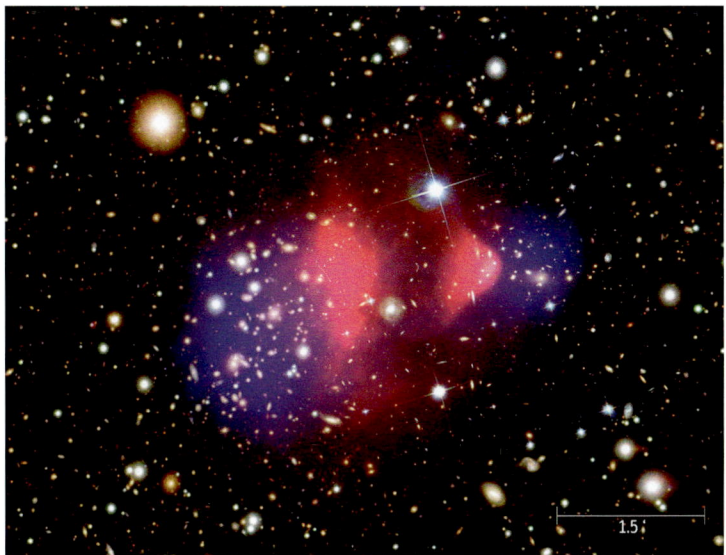

Bild 12: *Der Bullet-Cluster besteht aus zwei Galaxienhaufen, die sich gegenseitig durchdrungen haben. Das heiße Wasserstoffgas (rot) hat sich dabei verdichtet und besitzt rechts die Form einer Bugwelle. Die mit dem Gravitationslinseneffekt nachgewiesene Dunkle Materie (blau) hat den Crash hingegen unbeeinflusst überstanden und umgibt die beiden Galaxienhaufen.*

Bild 13: *In der Schleifen-Quantengravitation ist der Raum nicht mehr kontinuierlich glatt, sondern setzt sich auf kleinster Skala aus »Raumatomen« zusammen. Er besitzt also eine »Körnigkeit«.*

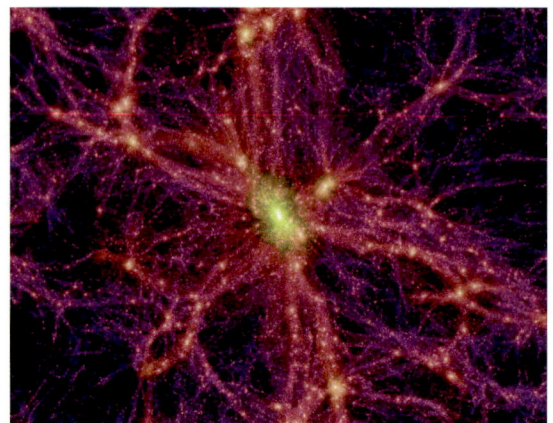

Bild 14: *Strukturen aus Dunkler Materie erzeugen ein kosmisches Netz, in dem sich auch die Galaxien und Galaxienhaufen ansammeln. Die Abbildung ist Teil der Millennium-Simulation.*

Bild 15: *Picassos Gemälde ›Les Demoiselles d'Avignon‹ aus dem Jahre 1907 gilt als Initialzündung für den Kubismus.*

wollen, dann sind wir einig.«[6] Er wolle den Rechnungen nicht zustimmen, solange er sie nicht nachgeprüft habe. Das tat er umgehend, und schon fünf Tage später überraschte er Einstein mit einer weiteren seltsamen Lösung. De Sitter hatte untersucht, wie ein Universum aussehen würde, in dem gar keine Materie vorhanden wäre. Dann, so sein Ergebnis, würde allein die Kosmologische Konstante zu einer Raumkrümmung führen, und ein Testteilchen, das man in dieses Universum einbringen würde, besäße eine Trägheit. Insbesondere dieser zweite Punkt widersprach natürlich Einsteins Credo des Mach'schen Prinzips, wonach dem Raum allein keine Realität zukommt. Deswegen versuchte er, de Sitter mathematische Fehler nachzuweisen. Insbesondere stieß er im Juni 1917 auf ein weiteres Detail, das er kritisierte: »Die räumliche Ausdehnung Ihrer Welt ... hängt in sonderbarer Weise von [der Zeit] t ab.«[7] Mit anderen Worten: Das Universum war nicht statisch, sondern dehnte sich aus. Einstein war überzeugt, dass de Sitters Lösungen nicht der Realität entsprechen konnten.

Selbstverständlich konnte de Sitters Vakuumlösung die Welt nicht vollständig beschreiben, denn schließlich enthält das Universum Materie in Form von Sternen, Planeten, Gas und Staub. Trotz dieser unübersehbaren Einschränkung und Einsteins beständiger Kritik begeisterte sich der belgische Astronom immer mehr für sein »Modelluniversum«. In der dritten Veröffentlichung hierzu versuchte er im November 1917, damalige astronomische Beobachtungen auf ihren kosmologischen Gehalt zu untersuchen. Schon zuvor hatte er Folgendes herausgefunden: Setzt man in das leere Universum zwei Probeteilchen hinein, so entfernen sich diese im Laufe der Zeit voneinander, wobei die Geschwindigkeit mit wachsender Entfernung voneinander wächst. In diesem De-Sitter-Effekt äußert sich der expandierende Raum.

Nun hatte man zur damaligen Zeit nur von wenigen Himmelskörpern mit Spektrographen Geschwindigkeiten messen können. Sterne bewegten sich nur mit kleinen Geschwindigkeiten von einigen Kilometern pro Sekunde. Sie sind der

Sonne relativ nahe. Die weiter entfernte Kleine Magellan'sche Wolke strebte aber schon mit 150 Kilometern pro Sekunde von uns fort. Und dann gab es noch Messdaten von drei Spiralnebeln, von denen de Sitter annahm, sie seien die entferntesten bekannten Objekte. Einer von ihnen, der Andromeda-Nebel, kam zwar mit 311 Kilometern pro Sekunde auf uns zu, doch die beiden anderen Nebel (NGC 1068 und NGC 4594) entfernten sich mit 925 beziehungsweise 1185 Kilometern pro Sekunde. Nahm de Sitter den Mittelwert dieser drei Werte von 600 Kilometern pro Sekunde und setzte diesen in sein Modell ein, so erhielt er einen Weltradius von fünf Millionen Lichtjahren.

Auf der Basis dieser drei sehr ungenauen Messwerte hatte dieses Ergebnis keinen praktischen Wert, wie er selbst feststellte. Doch wenn zukünftige Messungen bestätigen sollten, dass sich die Spiralnebel von uns entfernen und die Geschwindigkeiten mit wachsendem Abstand zunehmen sollten, so wäre das nach seiner Meinung ein Argument für sein Modell eines expandierenden Universums und gegen Einsteins statisches Universum.

De Sitter trat Einstein gegenüber immer selbstbewusster auf, was sich in einem Brief von ihm in dem süffisanten Satz äußerte: »Unsere ›Glaubensdifferenz‹ kommt darauf an, dass Sie einen bestimmten Glauben haben, und ich Skeptiker bin.«[8] Einstein nahm Bemerkungen dieser Art jedoch nicht übel, sondern griff den intellektuellen Fehdehandschuh gerne auf. So glaubte er bald darauf, in dem Modell seines Kontrahenten einen gravierenden Fehler gefunden zu haben: Seiner Meinung nach tauchten in dem Weltmodell unter bestimmten Bedingungen Singularitäten auf, also Situationen, in denen physikalische Größen unendlich groß wurden. Da die beiden Kontrahenten ihre hartnäckige Diskussion über die beiden Weltmodelle nicht nur in Briefen, sondern auch in Veröffentlichungen austrugen, mischten sich nach und nach auch andere Forscher ein, allen voran Hermann Weyl und Felix Klein, zwei Mathematiker ersten Ranges. Klein war es auch, der den Streit über die Singularitäten beilegte: Er bewies, dass diese nur bei der Wahl eines bestimmten Koordinatensystems auftraten und somit physikalisch keine Bedeutung hatten.

Im Juni 1918 gab sich Einstein geschlagen. In einem Brief an Felix Klein schrieb er:»Sie haben vollkommen recht. Die de Sittersche Welt ist an sich singularitätsfrei.« Doch die generelle Ablehnung blieb:»Aber diese Welt dürfte als physikalische Möglichkeit keinesfalls in Betracht kommen.«[9] Seinem Freund Ehrenfest schrieb er Ende 1918, dass ihm seine Kritik an de Sitters Rechnungen leidtäte. Doch er gab diesen Fehler nicht in einer Veröffentlichung zu.

Im Juni 1922 ging bei der ›Zeitschrift für Physik‹ die Arbeit eines Mathematikers und Meteorologen namens Alexander Friedmann aus Leningrad »Über die Krümmung des Raumes« ein. Friedmann hatte sich seit 1920 mit den Feldgleichungen der Allgemeinen Relativitätstheorie auseinandergesetzt und sie ohne die Einschränkungen von Einstein und de Sitter gelöst. Einsteins statisches Kugeluniversum und de Sitters Vakuumwelt waren in Friedmanns Lösungen als zwei Spezialfälle enthalten.

Ohne diese einschränkenden Vorgaben stieß Friedmann auf eine unendlich große Zahl theoretisch möglicher Lösungen für die Krümmung und die zeitliche Entwicklung des Universums. Zum einen traten sich ausdehnende Universen auf, die einen zeitlichen Beginn besaßen. Er schrieb dazu:»Die Zeit seit der Erschaffung der Welt ist die Zeit, die verflossen ist von dem Augenblicke, als der Raum ein Punkt war bis zum gegenwärtigen Zustande.«[10] Dieser Zeitraum konnte auch durchaus unendlich groß sein. Darüber hinaus stieß er aber auf andere Lösungen. Diese ließen ein Universum zu, das sich ausdehnt oder zusammenzieht. Er fand sogar eine Welt, die periodische Expansions- und Kontraktionszyklen durchläuft. Welche Lösung die Realität richtig beschreibt, hängt von der Größe der mittleren Materiedichte und der Kosmologischen Konstante ab. Da über Letztere nichts bekannt war, konnte sie entweder positiv oder negativ sein. Eine positive Kosmologische Konstante wirkt wie ein Druck, der den Raum auseinandertreibt und beschleunigt expandieren lässt. Eine negative Konstante unterstützt die Gravitation und bremst die Ausdehnung.

Friedmann stellte am Schluss fest, dass die astronomischen Kenntnisse »vollständig ungenügend« seien, um die Frage nach dem richtigen Weltmodell zu entscheiden. Er konnte jedoch der Versuchung nicht widerstehen, unter der groben Annahme einer bestimmten Gesamtmasse im Universum die »Lebensdauer« des zyklischen Universums zu berechnen, und kam auf zehn Milliarden Jahre.

Einstein reagierte darauf zwei Mal. Am 18. September 1922 ging bei der ›Zeitschrift für Physik‹ eine kurze Notiz von ihm ein, in der er schrieb: »Die in der zitierten Arbeit enthaltenen Resultate bezüglich einer nichtstationären Welt erschienen mir verdächtig. In der Tat zeigt sich, dass jene gegebene Lösung mit den Feldgleichungen nicht verträglich ist.«[11] Er unterstellte Friedmann also einen Rechenfehler.

Am 6. Dezember setzte Friedmann Einstein in einem Brief seine Rechnungen und Argumentation ausführlich auseinander. Von der Richtigkeit seiner Ausführungen überzeugt, bat er Einstein am Schluss, bei der ›Zeitschrift für Physik‹ eine Richtigstellung einzureichen. Einstein befand sich jedoch seit Oktober auf einer Japanreise, von der er erst im März 1923 zurückkehrte. Im Mai reiste er dann nach Leiden, wo ihn ein Freund Friedmanns, der theoretische Physiker Juri Alexandrowitsch Krutkow, nach einem Vortrag ansprach. Krutkow konnte Einstein zu einem Gespräch über Friedmanns Arbeiten überreden, doch blieb dieser noch skeptisch. Krutkow war hartnäckig. Eine Woche später traf er sich erneut mit Einstein, dieses Mal in Berlin und dieses Mal mit Erfolg. »Ich habe Einstein im Kampf für Friedmann besiegt. Petrograds Ehre ist gerettet«,[12] schrieb er kurz darauf nach Hause.

Am 31. Mai 1923 veröffentlichte Einstein in der ›Zeitschrift für Physik‹ eine Notiz, in der er sich korrigierte. »Ich habe in einer früheren Notiz an der genannten Arbeit Kritik geübt. Mein Einwand beruhte aber … auf einem Rechenfehler. Ich halte Herrn Friedmans Resultate für richtig und aufklärend. Es zeigt sich, dass die Feldgleichungen neben den statischen auch dynamische … Lösungen für die Raumstruktur zulassen.«[13] Doch wie schon bei de Sitter hielt er Friedmanns Lösungen expandierender oder oszillierender Universen nur aus rein mathematischen Betrachtungen heraus für möglich. Eine physikalische Bedeutung maß er ihnen nicht zu. Auch eine zweite Veröffentlichung Friedmanns im Jahre 1924 änderte an dieser Einstellung nichts.

Während Einstein an seinem Modell des statischen Universums eisern festhielt, bröckelte die Front der Mitstreiter. Hermann Weyl zum Beispiel sah darin keine unbedingte Notwendigkeit. So mussten die Werte der Materiedichte und der Kosmologischen Konstante exakt aufeinander abgestimmt sein, damit sie sich die Waage hielten und den Raum vor der Expansion oder Kontraktion bewahrten. Einsteins Lösung besaß ein labiles Gleichgewicht, und später stellte man sogar fest, dass das Kugeluniversum gar nicht stabil war. Außerdem wurde immer wieder die Frage diskutiert, was davon zu halten sei, dass Licht in einem solchen Raum auf geschlossenen Bahnen in sich zurücklaufen würde. In seinem 1918 erschienenen einflussreichen Buch ›Raum – Zeit – Materie‹ gibt Weyl zu bedenken, dass wir dann von »demselben Stern am Himmel mehrere Bilder erblicken, welche uns den Stern in Epochen zeigen, die durch ungeheure Zeiträume (während welcher das Licht einmal rund um den Raum läuft) voneinander getrennt sind. In dieser Welt gehen die ›Gespenster‹ des Längstvergangenen unter uns um.«[14]

Einstein hielt zwar noch bis 1931 an seinem Modell des statischen Universums fest. Doch so recht zufrieden war er mit der dafür notwendigen Einführung der Kosmologischen Konstante nie. Einfacher und schöner erschienen ihm die Feldgleichungen stets in ihrer ursprünglichen, »reinen« Form. Wohl auch deswegen schrieb er im Mai 1923 auf einer Postkarte an Hermann Weyl die schon legendären Worte: »Wenn schon keine quasi-statische Welt, dann fort mit dem kosmologischen Glied.«[15] Doch noch hielt Einstein an seiner unveränderlichen Kugelwelt fest.

Der nächste hartnäckige Angriff auf Einsteins statisches

Universum kam aus Belgien – von einem Priester. Der aus einer katholischen Familie stammende Georges Lemaître wollte Geistlicher werden, sein Vater bestand jedoch darauf, dass er ein Ingenieurstudium aufnehmen sollte. 1920 promovierte Lemaître in Physik und Mathematik und widmete sich bis an sein Lebensende der Kosmologie. Er wurde 1927 Professor an der Universität Löwen. Als Geistlicher in einem kirchlichen Amt hat er nie gearbeitet. Er legte auch großen Wert darauf, die physikalische Forschung und Glaubensfragen streng voneinander zu trennen.

Im Rahmen eines akademischen Jahres traf Lemaître in den USA mit den führenden Astronomen zusammen, darunter auch Arthur Eddington und Edwin Hubble. Schon während seines Priesterseminars hatte er sich mit der Allgemeinen Relativitätstheorie beschäftigt. Ähnlich wie Friedmann suchte er nach allgemein möglichen Lösungen. Im Jahr 1925 stieß auch er auf Lösungen der Feldgleichungen, in denen sich die Raumzeit ausdehnt. Die Veröffentlichung in einem unbedeutenden Journal wurde zunächst nicht zur Kenntnis genommen.

Im Jahr 1927 hoffte Lemaître, Einstein persönlich auf dem Solvay-Kongress in Brüssel von seinen Ergebnissen berichten zu können. Tatsächlich sprach Einstein ihn während eines Spaziergangs in einem Park an, weil er Lemaîtres Arbeit auf Anraten eines Freundes gelesen hatte. Wie schon in der Affäre Friedmann akzeptierte Einstein wohl die Ergebnisse, fand sie aber vom physikalischen Standpunkt aus abscheulich. Lemaître erzählte Einstein auch von einigen gemessenen Fluchtgeschwindigkeiten der Spiralnebel und gewann dabei den Eindruck, dass dieser in der aktuellen astronomischen Forschung nur schlecht Bescheid wusste. Vermutlich machte Einstein andererseits Lemaître auf Friedmanns Arbeiten aufmerksam, die dieser nicht kannte.

Lemaître verfolgte seine Forschung konsequent weiter und publizierte 1928 seine Ergebnisse in einem französischsprachigen Periodikum seiner Universität, das jedoch international keinerlei Beachtung fand. Drei Jahre später brachte dann die britische Fachzeitschrift ›Monthly Notices of the Royal

Astronomical Society‹ die Arbeit in englischer Übersetzung heraus. Doch dieser Veröffentlichung, die Lemaîtres Arbeiten endlich bekannt machte, ging eine Entdeckung in der beobachtenden Astronomie voraus, die der Debatte der Theoretiker eine entscheidende Wendung geben sollte.

Hubbles große Entdeckung

Edwin Hubble hatte 1923 die »Große Debatte« über die Natur der Spiralnebel beendet. Es war ihm gelungen, im Andromeda-Nebel und einigen anderen Spiralnebeln Sterne eines bestimmten Typs, sogenannte Delta-Cepheiden, ausfindig zu machen (s. Bild 5 im farbigen Mittelteil). Sie ermöglichten es ihm, die Entfernungen zu messen. Das Ergebnis: Die Spiralnebel waren Millionen von Lichtjahren entfernt. Damit musste es sich um Galaxien handeln, die aus Milliarden von Sternen bestehen und unserer Milchstraße ähneln.

Gleichzeitig ermittelten Hubble und andere Astronomen die Geschwindigkeiten, mit denen sich die Galaxien relativ zur Milchstraße bewegen. Diese kann man aus den Spektren der Sterne ablesen. Ab 1923 beschäftigten sich einige Astronomen mit der Frage, ob es einen Zusammenhang zwischen der Entfernung der Spiralnebel und ihren Geschwindigkeiten gibt. Die von Hubble genutzten Entfernungsmarker, die Delta-Cepheiden, ließen sich in dem Gewimmel von Milliarden anderer Sterne sehr schwer aufspüren. Fanden die Forscher keine, so gingen sie von der vereinfachenden Annahme aus, dass die Galaxien umso weiter entfernt sind, je kleiner sie uns erscheinen. Das setzt natürlich fälschlicherweise voraus, dass alle Galaxien an sich gleich groß sind.

Im Jahr 1924 fand der deutsche Astronom Carl Wirtz auf diese Art Hinweise darauf, dass sich die Spiralnebel umso schneller von uns fortbewegen, je kleiner sie erscheinen, das heißt, je weiter sie entfernt sind. Im selben Jahr veröffentlichte der schwedische Astronom Knut Lundmark ein Diagramm, das diesen Effekt ebenfalls andeutete. Wegen der zu stark vereinfachenden Annahmen gleicher Größe und Helligkeit der Spiralnebel waren die Angaben jedoch noch sehr ungenau und Lundmarks Diagramm zeigte eine starke Streuung der Werte. Dennoch sahen beide Astronomen in ihren Daten eine Bestätigung für de Sitters expandierendes Universum.

Einen Schlussstrich unter diese letzten Ungewissheiten zog Edwin Hubble Ende 1928. Bis dahin war es ihm gelungen, in 24 Spiralgalaxien Delta-Cephei-Sterne aufzuspüren und mit ihnen die Entfernungen zu bestimmen. Die Geschwindigkeiten erhielt er aus der Doppler-Verschiebung der Spektrallinien. Außerdem bestimmte er von weiteren 22 Spiralnebeln die Geschwindigkeiten und schätzte deren Entfernungen wie Wirtz und Lundmark aus den Größen und den scheinbaren Helligkeiten ab.

Am 29. Januar 1929 ging bei der National Academy of Sciences Hubbles Arbeit mit dem prosaischen Titel ›Eine Beziehung zwischen Entfernung und Radialgeschwindigkeit zwischen extragalaktischen Nebeln‹ ein. Sie zählt zu den bedeutendsten astronomischen Arbeiten des 20. Jahrhunderts. Entscheidend ist hierin ein Diagramm, das zeigt, wie die Geschwindigkeit der Galaxien linear mit ihrer Entfernung von der Milchstraße zunimmt. Das mit 6,5 Millionen Lichtjahren am weitesten entfernte Sternsystem rast mit tausend Kilometern pro Sekunde von uns fort.

Am Ende schrieb Hubble, dass die gefundene Beziehung die De-Sitter-Kosmologie bestätigen könnte. Auch in seinem 1936 erschienenen berühmten Buch ›The Realm of the Nebulae‹ diskutierte Hubble ausführlich die Frage, ob sich aus den bis dahin vorliegenden Beobachtungsdaten wichtige kosmologische Parameter wie die Größe des sichtbaren Universums und dessen Krümmungsradius ableiten lassen. Er war also der damaligen Diskussion durchaus aufgeschlossen. In erster Linie sah er sich jedoch stets als rein beobachtender Astronom. Bis zu seinem Lebensende hat er nie von sich behauptet, Wegbereiter der Urknalltheorie gewesen zu sein.

Aber natürlich war vielen, den modernen Ideen aufgeschlossenen Kosmologen sofort klar, dass sich Hubbles

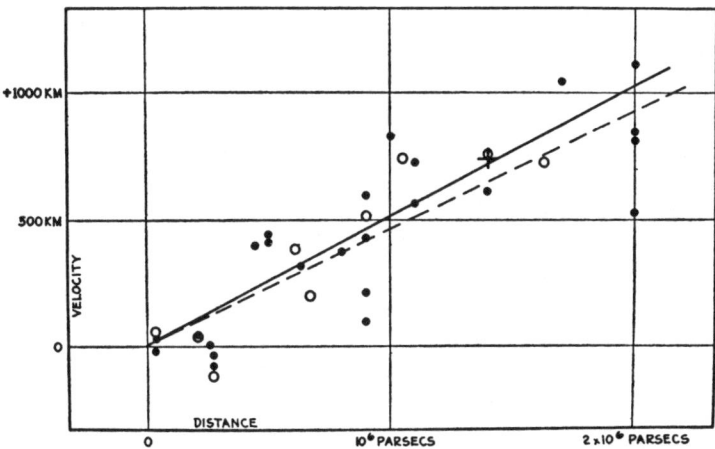

Eines der bedeutendsten Diagramme der Astrophysik im 20. Jahrhundert: Hubble entdeckt, dass sich die meisten Galaxien von uns wegbewegen und ihre »Fluchtgeschwindigkeit« mit der Entfernung wächst. Auf der y-Achse ist die Geschwindigkeit in Kilometer pro Sekunde aufgetragen, auf der x-Achse die Entfernung in Parsec, wobei 1 Parsec 3,26 Lichtjahren entspricht.

Beobachtung der Galaxienflucht im Lichte der Arbeiten von Friedmann, Lemaître und de Sitter als sichtbares Indiz für ein expandierendes Universum interpretieren ließ: Die Raumzeit dehnt sich aus, das heißt, dass alle Abstände zwischen Objekten im Universum sich vergrößern.

Lemaître ging in seiner Interpretation noch weiter und kam zu dem Schluss: Wenn sich das Universum heute ausdehnt, muss es vor Jahrmilliarden in einem Punkt begonnen haben. Am 9. Mai 1931 erschien in der Zeitschrift ›Nature‹ von Lemaître eine kurze Notiz, in der er erstmals die Urknalltheorie beschreibt. Hierin heißt es unter anderem: »Wir könnten uns den Beginn des Universums in Form eines einzigen Atoms vorstellen, dessen Atomgewicht der Gesamtmasse des Universums entspricht.«[16] Die Beweislage war erdrückend. In dieser Phase befasste sich Einstein sogar mit der Idee eines expandierenden Universums, in dem ständig neue Materie entsteht. Auf diese Weise würde die Materiedichte konstant bleiben. Damit nahm er die 1948 von dem Kosmologen Fred Hoyle veröffentlichte Steady-State-Theorie vorweg. Einstein veröffentlichte seine Rechnungen dazu jedoch nie. Historiker stießen erst 2014 auf seine Notizen, die sich im Einstein-Archiv der Hebräischen Universität in Jerusalem befinden.[17]

Schließlich verwarf Einstein seine Kosmologische Konstante, die er über zehn Jahre zuvor eingeführt hatte. Später bezeichnete er ihre Einführung laut dem Physiker George Gamow als seine »größte Eselei«[18] (»Biggest Blunder«). 1932 veröffentlichte er sogar zusammen mit de Sitter eine Arbeit. Darin erklären sie, dass die damaligen Beobachtungen die Annahme eines statischen Universums widerlegen. Heute bezeichnet man die Formeln, die ein expandierendes Universum beschreiben, als Friedmann-Lemaître-Gleichungen.

Das kosmische Altersparadoxon

Nach dieser wendungsreichen Diskussion hatte also der Erfinder selbst seine Kosmologische Konstante für tot erklärt. Und das sollte sie für ihn auch bleiben. Als Lemaître ihn 1947 noch einmal auf eine mögliche physikalische Ursache dieser geheimnisvollen Größe aufmerksam machte, erwiderte Einstein: »Ich bin nicht im Stande zu glauben, dass eine so widerwärtige Sache in der Natur verwirklicht werden könnte.«[19] Immer wieder versuchte Lemaître, Einstein darauf hinzuweisen, dass er die Kosmologische Konstante nicht einfach aus ästhetischen Gründen über Bord werfen sollte. Aber es half alles nichts. Drei Jahre nach Einsteins Tod resümierte Lemaître: »Die Klippe, an der der alte Einstein scheiterte, war vielleicht der Traum von einer vollständigen Theorie, dem er rastlos nachjagte und der ihn alles verwerfen ließ, was nicht mit dem ästhetischen Ideal übereinstimmte, das er dazu entworfen hatte.«[20]

Nicht alle Forscher pflichteten Einstein bei. Vor allem Eddington, Weyl und Lemaître sahen zunächst keine Notwendigkeit, die Kosmologische Konstante zu eliminieren. Sie führten vor allem ein überzeugendes Paradoxon an, sie beizubehalten: Nach den damaligen Messwerten müsste das Universum jünger sein als die ältesten Sterne. Hubble hatte nämlich aus den beobachteten Fluchtgeschwindigkeiten der Galaxien die Expansionsrate des Universums zu 500 Kilometern pro Sekunde und pro Megaparsec abgeleitet. Das bedeutet: Ein Entfernungsintervall von einem Megaparsec (entsprechend 3,26 Millionen Lichtjahren) vergrößert sich in jeder Sekunde um 500 Kilometer. Das entspricht der derzeitigen Ausdehnungsrate des Universums. Aus dem Wert dieser Hubble-Konstante ließ sich zurückrechnen, wann das Universum in einem Punkt vereinigt und im Urknall entstanden sein musste. Hubble erhielt ein Weltalter von zwei Milliarden Jahren. Damit wäre es jünger als die Erde gewesen. Und auch die ältesten Sterne wären nach damaligen Schätzungen rund hundertmal älter gewesen als die Welt – ein Unding.

Lemaître brachte die Kosmologische Konstante ins Spiel, um dieses Paradoxon zu lösen. Er betrachtete in seinem Modell des expandierenden Universums nicht nur die Wirkung der Gravitation aller Sterne, sondern auch der ebenfalls vorhandenen Strahlung auf die Expansion des Raumes. Diese übt einen Druck aus und wirkt so der Gravitation entgegen. Auf diese Weise konnte er Universen mit ungleichförmiger Expansion konstruieren: Zunächst expandierte der Raum, wobei die Gravitation der Sterne die Ausdehnung abbremste, bis diese nahezu zum Stillstand kam. Es folgte eine von Lemaître als Bummelphase bezeichnete Ära eines instabilen Gleichgewichts zwischen Gravitation und Kosmologischer Konstante, in dem der Raum sich fast gar nicht ausdehnte. Erst nach Milliarden von Jahren setzte die Expansion wieder ein und wurde durch die nun dominierende Kosmologische Konstante bis auf den heutigen Wert beschleunigt.

Ein solcher Verlauf hätte eine entscheidende Konsequenz. Die Hubble-Konstante kennzeichnet die heutige Ausdehnungsrate des Raumes. Nur wenn die Expansion vom Urknall bis heute mit konstanter Geschwindigkeit vor sich ging, lässt sich das Weltalter aus ihr einfach berechnen. Das ist so, als würde man ausrechnen, wie lange ein Auto für das Zurücklegen einer hundert Kilometer langen Strecke benötigt hat, wenn man am Ziel eine Geschwindigkeit von fünfzig Kilometern pro Stunde misst. Die Zeitspanne wächst aber, wenn man eine Bummelphase mit einkalkuliert, in der der Fahrer eine Pause eingelegt hat.

Das Paradoxon des zu jungen Universums schien sich aufzulösen, als man einerseits feststellte, dass man die Hubble-Konstante zu groß und somit das Weltalter zu gering eingeschätzt hatte. Andererseits mussten die Astrophysiker das Alter der Sterne wesentlich nach unten korrigieren. Die beiden Altersangaben näherten sich schließlich im Rahmen der Ungenauigkeiten so weit aneinander an, dass man die Kosmologische Konstante wieder fallen lassen konnte – zumindest eine Zeit lang.

Ende der 1980er Jahre befanden sich die Forscher plötzlich in einer ähnlich unbequemen Lage wie fünfzig Jahre zuvor. Wieder ging es um die Hubble-Konstante, deren Messung so heftig umstritten war, dass sich zwei unversöhnliche Lager ausgebildet hatten. Die einen vertraten einen kleinen Wert von 50 km/s · Mpc, die anderen einen von mindestens 80 km/s · Mpc. Berechnete man daraus das Weltalter, so ergaben sich im ersten Fall 15 bis 20 Milliarden und im zweiten acht bis elf Milliarden Jahre.

Andererseits hatten Astronomen aus Beobachtungen abgeleitet, dass die ältesten Sterne über 13 Milliarden Jahre alt sind. Diese Werte erhielten sie aus den Häufigkeitsverhältnissen bestimmter radioaktiver Elemente in den Sternen. Rechnet man noch einmal grob eine Milliarde Jahre vom Urknall bis zum Entstehen dieser ersten Sterngeneration hinzu, so kommt man auf ein Weltalter von über 14 Milliarden Jahren. Dieser Wert ist nur mit der kleinen Hubble-Konstante vereinbar, andernfalls wäre das Universum jünger als die ersten Sterne.

Diese wichtige Streitfrage zu lösen war eine der vornehmlichen Aufgaben des 1990 gestarteten Weltraumteleskops

Hubble. Genauso wie sein Namensgeber rund sechs Jahrzehnte zuvor sollte auch das Weltraumteleskop Delta-Cephei-Sterne in Galaxien aufspüren und dabei bis in viel größere Entfernungen vorstoßen, als es Hubble vermocht hatte. Die Aufregung war deshalb groß, als 1994 die neuen Beobachtungen den großen Hubble-Wert, also das »junge« Universum, bestätigten und das Altersparadoxon wieder aufleben ließen.

In dieser Zeit dachten die Kosmologen wieder vermehrt darüber nach, ob Einstein damals wirklich eine »große Eselei« verzapft hatte. Ein Universum, das wegen der Kosmologischen Konstante eine längere Bummelphase eingelegt hatte und somit älter wäre als gedacht, würde dieses Problem lösen.

Die Entdeckung der Dunklen Energie

Im Jahre 1988 begannen amerikanische Astrophysiker ein Projekt, um die Expansion des Universums auf andere Weise zu vermessen. Ziel war es herauszufinden, mit welcher Rate die Expansion auch zu früheren Zeiten abgelaufen war. So wie Hubble Cepheiden als Entfernungsmarker genutzt hatte, sollten nun explodierende Sterne eines bestimmten Typs zum Einsatz kommen, sogenannte Supernovae Typ Ia. Sie leuchten unvermittelt in irgendeiner Galaxie auf, ihre Helligkeit steigt innerhalb von Tagen an und fällt dann wieder ab. Voraussetzung für das Gelingen war die Annahme, dass diese Supernovae an sich immer in etwa gleich hell sind, etwa so wie Straßenlaternen derselben Art. Aus der Helligkeit, mit der sie am Himmel erscheinen, lässt sich dann ihre Entfernung errechnen: Je weiter entfernt, desto lichtschwächer erscheinen sie, genau so wie die Laternen entlang einer Straße. Zusätzlich maßen die Astronomen die Geschwindigkeiten, mit denen die Supernovae sich auf Grund der Ausdehnung des Universums von uns entfernen. Beide Informationen zusammen spiegeln die vergangene Expansion wider.

Ziel war es, möglichst viele Supernovae in unterschiedlichen Entfernungen zu messen – ein schwieriges Unterfangen, weil niemand weiß, in welcher Galaxie der nächste Stern explodiert. Möglich wurde dies, indem die Astronomen mit einem Teleskop jede Nacht ein großes Himmelsfeld ablichteten, in dem sich mehrere tausend Galaxien befanden. Auf diese Weise entdeckten sie bis 1994 ganze sieben Supernovae – zu wenig für eine aussagekräftige Analyse.

1994 startete ein australisch-amerikanisches Team ein ähnliches Projekt. Im Laufe des Jahres 1998 veröffentlichten beide Gruppen auf der Basis von 16 beziehungsweise 42 Supernovae ihr erstaunliches Ergebnis: Bis etwa zur Hälfte des heutigen Weltalters hat die Materie mit ihrer Schwerkraft tatsächlich wie bis dahin angenommen die Ausdehnung des Raumes gebremst, doch dann setzte eine Beschleunigung ein, und seitdem dehnt sich das Universum mit wachsender Geschwindigkeit aus.

Ursache für dieses Verhalten ist eine unbekannte Energieform, Dunkle Energie genannt. Wie Wasserdampf in einem Druckkochtopf treibt sie das Universum auseinander. Als die Teamleiter Saul Perlmutter, Adam Riess und Brian Schmidt für diese Entdeckung 2011 mit dem Physik-Nobelpreis geehrt wurden, erinnerte sich Schmidt in einem Telefoninterview:»Wir waren anfangs sehr erschrocken über dieses Ergebnis und fanden es zu verrückt, um wahr zu sein.«

Bis heute wurden weit mehr als tausend Supernovae vermessen, und alle bestätigen das ursprüngliche Ergebnis. Nach diesem Kenntnisstand wird das Universum wegen der Dunklen Energie bis in alle Ewigkeit mit immer größerer Geschwindigkeit expandieren. Irgendwann wird diese Ausdehnung jede Art von Materiezusammenballung verhindern, womit auch keine neuen Sterne mehr entstehen können. Das Universum endet dann als dunkler, kalter und toter Raum.

Aus physikalischer Sicht entspricht die Dunkle Energie Einsteins Kosmologischer Konstante, aber sie ist größer und treibt deshalb das Universum auseinander. Worum es sich dabei handelt, ist hingegen völlig unklar. Einstein hatte sich schon 1919 mit dieser Frage auseinandergesetzt und sich gefragt, ob die Gravitation auch im Reich der Elementarteilchen eine Rolle spielt – genauer gesagt, ob das Elektron von der Schwerkraft zusammengehalten wird. Mit dieser Annahme stand er am Beginn seiner jahrzehntelangen Suche nach einer Vereinheitlichung der elektromagnetischen Kraft und der Gravitation zu einer übergeordneten Theorie. Bei diesem ersten Versuch sah er die Elementarteilchen gewissermaßen als Energiekondensationen des elektromagnetischen Feldes und der Gravitation an. Im Rahmen dieser Überlegungen glaubte er eine physikalische Begründung der Kosmologischen Konstante gefunden zu haben, obwohl er am Ende der Arbeit einige Unzulänglichkeiten seiner Theorie einräumte. Heute wissen wir, dass die Schwerkraft viel zu schwach ist, um maßgeblich am Zusammenhalt der Elementarteilchen beteiligt zu sein.

Doch die Kosmologische Konstante muss eine physikalische Bedeutung haben. Viele Theoretiker identifizieren sie mit einer Grundenergie des Vakuums. Während man sich normalerweise unter einem Vakuum einen absolut leeren Raum vorstellt, sehen Physiker darin etwas ganz anderes.

Auf Grund einer quantenmechanischen Grundregel, der Heisenberg'schen Unschärferelation, können im Vakuum ständig Teilchen entstehen und wieder verschwinden. Da sie nur für den Bruchteil einer Sekunde existieren, widerspricht dies nicht dem Energiesatz, der die Entstehung von Materie oder Energie aus dem Nichts verbietet. Dieser brodelnde Partikelsee im Mikrokosmos stellt ein Energiefeld dar, das sich auch experimentell nachweisen lässt. 1958 konnte ein Druck gemessen werden, den die Vakuumenergie auf zwei eng benachbarte Platten ausübt. Vorhergesagt hatte diesen Effekt der niederländische Physiker Hendrik Casimir im Jahre 1948.

Allerdings lässt sich aus Experimenten dieser Art grundsätzlich nicht die Stärke des Vakuumfeldes, sprich der Kosmologischen Konstante, ermitteln. Die Elementarteilchenphysiker sind aber in der Lage, ihren Wert unter bestimmten Annahmen theoretisch abzuschätzen. Sie finden die unglaubliche Größe von etwa 10^{92} Gramm pro Kubikzentimeter. Der tatsächliche Wert liegt aber bei 10^{-23} Gramm pro Kubikzentimeter! Diese um 115 Zehnerpotenzen falsche Voraussage hat der emeritierte Professor für Theoretische Physik der Universität Zürich und Kenner der Relativitätstheorie Norbert Straumann einmal als absoluten Weltrekord in der theoretischen Physik bezeichnet. Lägen die Quantenphysiker mit ihrer Abschätzung richtig, so gäbe es unsere Welt in der heutigen Form gar nicht.

Niemand weiß, warum die Kosmologische Konstante so klein ist. Theoretisch denkbar wäre, dass sie sich aus mehreren positiven und negativen Beiträgen verschiedener Teilchensorten zusammensetzt und sich dabei einige Anteile gegenseitig aufheben. Sollte dies der Fall sein, so würde man eher erwarten, dass sich die Einzelwerte genau zu null oder zu einem sehr großen Wert ausgleichen. Dass aber ein winziger Rest übrig bleibt, erscheint vielen Forschern als sehr unwahrscheinlich. Bisherige Beobachtungen deuten überdies darauf hin, dass die Dunkle Energie für alle Zeit dieselbe Dichte behalten hat. Demnach müsste ihr Wert bereits im Urknall festgelegt worden sein. Norbert Straumann sieht in der Kosmologischen Konstante eines der grundlegenden Probleme der modernen Physik.

Da nach der Einstein'schen Formel $E = mc^2$ Energie eine Form von Materie ist, besitzt auch die Dunkle Energie eine Masse. Nach dem heutigen Wissensstand stellt sie mit 72 Prozent den Löwenanteil der insgesamt im Universum vorhandenen Masse. Rund 23 Prozent macht die ebenfalls unbekannte Dunkle Materie aus, nur knapp 5 Prozent steuert die uns bekannte Materie bei, aus der alle Sterne, Planeten und auch wir Menschen bestehen. 95 Prozent der im Universum vorhandenen Masse sind demnach unsichtbar und physikalisch bislang unerklärbar.

Die beschleunigende Wirkung der Dunklen Energie macht die Expansionsgeschichte etwas komplizierter. Der Raum dehnte sich zwar immer aus, aber die Geschwindigkeit nahm anfangs ab. In dieser ersten Phase überwog die Schwerkraft der im Universum vorhandenen Materie und wirkte der Ausdehnung entgegen. Vor etwa acht Milliarden Jahren wurde die expansiv wirkende Dunkle Energie der Gravitation immer

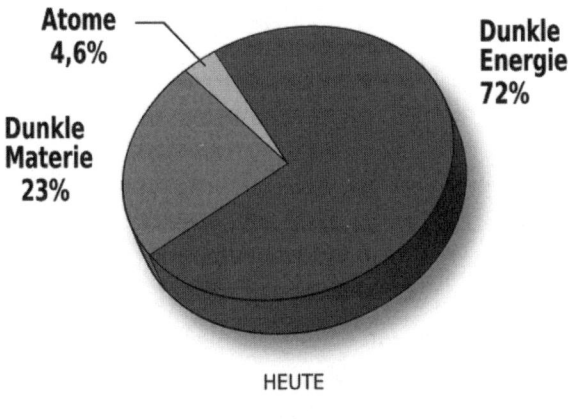

HEUTE

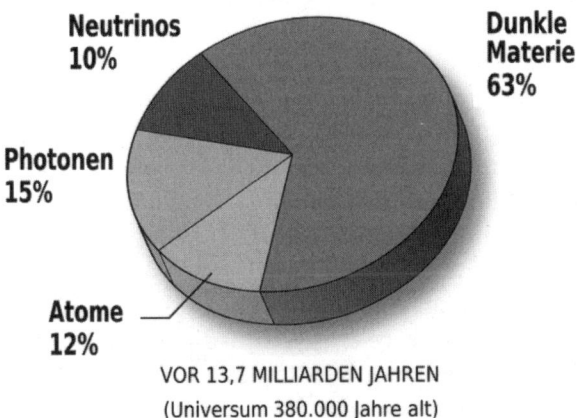

VOR 13,7 MILLIARDEN JAHREN
(Universum 380.000 Jahre alt)

Die Materieanteile im heutigen Universum (oben) und 380000 Jahre nach dem Urknall (unten). Diese Werte basieren auf Beobachtungen der kosmischen Hintergrundstrahlung mit dem Weltraumobservatorium Planck.

mehr ebenbürtig, so dass die kosmische Expansion eine Weile mit fast konstanter Geschwindigkeit verlief. Nach weiteren zwei Milliarden Jahren (also vor etwa sechs Milliarden Jahren) übertrumpfte dann die Dunkle Energie die Gravitation, und die kosmische Expansion ging in die beschleunigte Phase über, in der sie sich heute noch befindet.

Das inflationäre Universum

Interessanterweise liegt die Summe der drei Materiearten (normale Materie + Dunkle Materie + Dunkle Energie) bei der kritischen Dichte. Das Weltall ist also weder positiv gekrümmt und in sich geschlossen, wie es sich Einstein vorgestellt hatte, noch ist es hyperbolisch, negativ gekrümmt etwa wie ein Sattel. Es besitzt eine euklidische Geometrie ohne Krümmung. Diese Erkenntnis wird heute sogar bei der Analyse astronomischer Beobachtungsdaten wie denen des Weltraumobservatoriums Planck vorausgesetzt.

Die Flachheit gilt nur für den Raum als Ganzes, nicht für die Umgebung von Himmelskörpern. In der zweidimensionalen Vereinfachung kann man sich das Universum also wie ein ebenes Tuch vorstellen, in dem schwere Kugeln (die Himmelskörper) mehr oder weniger tiefe Mulden erzeugen.

Die Flachheit des Universums erscheint auf den ersten Blick wie ein unglaublicher Zufall. Zum einen gibt es unendlich viele denkbare Möglichkeiten einer negativen oder positiven Krümmung. Doch damit ein euklidisches Universum vorliegt, muss die mittlere Materiedichte genau einen bestimmten Wert besitzen. Zufall oder Notwendigkeit?

Im Jahre 1983 entwickelte der amerikanische Physiker Alan Guth eine Theorie, die genau dieses unverständliche »Finetuning« erklären könnte. Es ist die Theorie des inflationären Universums.

Guth schlug vor, dass sich der Raum in einer sehr frühen Phase, beginnend 10^{-35} Sekunden nach dem Zeitpunkt null, nicht gleichförmig, sondern explosionsartig aufblähte. Alle 10^{-35} Sekunden verdoppelte sich sein Durchmesser. Diese Expansion erfolgte mit Überlichtgeschwindigkeit. Dies steht nicht im Widerspruch zur Speziellen Relativitätstheorie, weil der Raum an sich expandiert und nicht Objekte im Raum sich mit dieser Geschwindigkeit bewegen. Nach diesem Modell dauerte diese inflationäre Phase (nach dem Englischen »to inflate«, aufblasen) mindestens 10^{-32} Sekunden. Innerhalb dieser winzigen Zeitspanne wuchs der Durchmesser von etwa 10^{-50} Zentimetern (das ist um nahezu vierzig Größenordnungen kleiner als ein Atomkern) bis etwa auf den Durchmesser einer Pampelmuse an. Erst danach erfolgte die Expansion langsam. Mit allen Größenangaben ist hier immer jener Teil des Universums gemeint, der heute für uns sichtbar ist.

Im Rahmen der Theorie des inflationären Universums erfährt die Flachheit des Universums eine sehr elegante Lösung. Man stelle sich die Welt vor der Inflation beispielsweise als winzigen Ballon vor, auf dem wir uns irgendeinen beliebigen Punkt herausgreifen. Nun bläht sich der Ballon plötzlich exponentiell auf mit der Folge, dass der Ereignishorizont um diesen Punkt herum langsamer anwächst, als sich die Welt ausdehnt. Der Ereignishorizont grenzt genau das Gebiet ab, aus dem ein gedachter Beobachter in dem Punkt Informationen erhalten kann, die sich höchstens mit Lichtgeschwindigkeit bewegen. Das heißt, am Ende dieser inflationären Epoche ist dieses ihm zugängliche Gebiet nur noch ein kleiner Teil des Universums. Alle Punkte außerhalb des Ereignishorizontes sind durch die exponentielle Expansion so weit von ihm entfernt, dass von ihnen ausgehendes Licht nicht genug Zeit hatte, um bis zu uns zu gelangen.

Ist Guths Idee richtig, so ist unser erkennbares Universum heute nur ein winziger Bereich auf dieser riesigen Kugel, deren Krümmung wir kaum mehr wahrnehmen können. Es erscheint uns flach. Die Situation ist vergleichbar mit derjenigen eines Landvermessers, der auf der Fläche eines Fußballfeldes die Krümmung der Erdkugel bestimmen soll. Auch er wird feststellen, dass die Erde im Rahmen seiner Messgenauigkeit eben ist.

Die gedachte Kugel ist aber nur *eine* mögliche Raumform, an der sich das Gedankenexperiment besonders anschaulich durchführen lässt. Doch nach Guth hatte der Raum vor der inflationären Expansion irgendeine Krümmung, über die wir nichts wissen. Das beobachtbare Universum hatte seinen zeitlichen Beginn erst nach der inflationären Phase. Deswegen bezeichnen Kosmologen diese Phase der Inflation als den eigentlichen Urknall.

Folgen der Inflation sollten in der kosmischen Hintergrundstrahlung nachweisbare Spuren hinterlassen haben. Tatsächlich sprechen bisher alle Beobachtungen für dieses Szenario. Den vielleicht überzeugendsten Hinweis erbrachten Messungen mit einem Teleskop am Südpol namens »BICEP2« (Background Imaging of Cosmic Extragalactic Polarization). Hiermit fanden Astrophysiker heraus, dass die Strahlung zu einem gewissen Teil polarisiert ist. Sollte sich dieses diffizile Messergebnis bestätigen lassen, so bliebe für dessen Interpretation wohl nur ein Schluss übrig: In der kurzen Phase der Inflation sind Gravitationswellen entstanden, welche die Strahlung polarisiert haben. Dieses Muster hat sich in die kosmische Hintergrundstrahlung, die erst 380 000 Jahre nach dem Urknall entstanden ist, »durchgepaust«.

Kosmologen sehen in dem Nachweis von Gravitationswellen – so er sich bestätigen wird – den bedeutendsten Hinweis auf die Richtigkeit der Theorie des inflationären Universums (s. Interview mit Claus Kiefer im Anschluss an Kapitel 11). Zudem stecken in der Hintergrundstrahlung einzigartige Informationen über das Energiefeld, welches das Universum inflationär aufgebläht hat, und über die Frage, ob sich Quantenmechanik und Allgemeine Relativitätstheorie zu einer Quantengravitation vereinigen lassen. Kurz vor Drucklegung dieses Buches kamen jedoch Zweifel an dem Ergebnis von »BICEP2« auf.

Blick zum kosmischen Horizont

Obwohl seit Jahrzehnten bekannt, bleibt die Vorstellung eines expandierenden Universums für viele Menschen unvorstellbar. Wohin dehnt sich der Raum aus, und geht die Expansion ewig weiter? Wird die Erde durch die Expansion größer, und entfernen sich die Planeten immer weiter voneinander? Dies sind nur einige der oft gestellten Fragen.

Das Universum hat keinen Rand, es ist räumlich unbegrenzt. Wenn es eine Grenze gäbe, befände sich etwas dahinter. Es dehnt sich auch nicht in einen anderen Hyperraum aus, sondern der Raum an sich expandiert. Die Vorstellung eines Hyperraumes liegt nahe, wenn wir die Analogie eines Luftballons bemühen, den wir aufpusten. Hier dehnt sich die zweidimensionale Ballonhülle in die dritte Dimension aus. Es gibt aber keinerlei Hinweise auf eine vierte Raumdimension, in die hinein sich das dreidimensionale Universum ausdehnt.

Der Ballon ist allerdings nur eine Veranschaulichung mit begrenzter Aussagefähigkeit. Das Universum kann prinzipiell durchaus ein endliches Volumen besitzen, wie die Oberfläche des Ballons. Auf ihm kann man unendlich lange umherlaufen, ohne an eine Grenze zu stoßen, aber ihre Fläche ist endlich. Ein sphärisches Universum wäre deshalb räumlich unbegrenzt, aber endlich. Die derzeitigen Beobachtungsergebnisse deuten darauf hin, dass das Universum »flach« ist, also keine Krümmung besitzt, und unendlich ausgedehnt ist. Doch ist hier wie gesagt Vorsicht geboten. Genau genommen lassen die heutigen Messdaten nur den Schluss zu, dass der Krümmungsradius des Universums größer als siebzig Milliarden Lichtjahre ist. Theoretisch kann er also sowohl ganz geringfügig positiv oder auch negativ gekrümmt sein. Dieselben Daten belegen gleichzeitig, dass das Volumen des Universums mindestens zwanzigmal größer ist als das des beobachtbaren Universums. Diese Abschätzung erinnert an Karl Schwarzschilds Versuch aus dem Jahr 1900, die Geometrie des Universums aus Sternbeobachtungen einzuschränken (s. Kapitel 2).

Wie immer in der Relativitätstheorie muss man die Zeit als vierte Dimension mit einbeziehen. Hier wissen wir, dass das Universum eine zeitliche Grenze besitzt, nämlich den Urknall. Ob es sich zukünftig bis in alle Ewigkeit ausdehnen wird, ist nicht bekannt. Derzeit deuten die Beobachtungsergebnisse darauf hin, dass die Dunkle Energie für eine beschleunigte Expansion des Universums und damit also eine unendlich lange andauernde Expansion sorgt. Das bedeutet unweigerlich, dass das Universum den Kältetod sterben wird. Irgendwann werden alle Sterne verglüht sein und sich das Gas, aus dem neue Sterne entstehen könnten, so weit verflüchtigen, dass die Schwerkraft es nicht mehr zu neuen Sternen verdichten kann. Doch auch hier ist wieder eine Einschränkung nötig: Die zukünftige Expansion hängt von der Entwicklung der Dunklen Energie ab. Wenn ihr Wert konstant bleibt, ist die beschleunigte Expansion bis in alle Ewigkeit unausweichlich. Doch wenn ihr Wert sich zukünftig verringert, lässt auch ihre beschleunigende Wirkung nach. Auch deswegen ist es so wichtig, die Natur dieser geheimnisvollen Energie zu ergründen (s. das anschließende Interview mit Norbert Straumann).

Im heutigen Universum macht sich der Einfluss der Expansion auf Himmelskörper nicht bemerkbar. Solange die Bindungskräfte innerhalb der Materie größer sind als die Kräfte des expandierenden Raumes, bleiben sie unbeeinflusst. Das trifft auf alle Körper wie die Sterne und Planeten zu. Abschätzungen zeigen, dass sogar die Schwerkraft innerhalb der Galaxien und Galaxienhaufen die Expansion überwiegt. Erst auf Skalen von Supergalaxienhaufen macht sich die kosmische Expansion bemerkbar.

Ein expandierendes Universum hält auch im Zusammenhang mit der Tatsache, dass sich das Licht mit endlicher Geschwindigkeit ausbreitet, einige Überraschungen bereit. Im nahen Universum ist alles noch ganz einfach. Astronomen verwenden als Entfernungsmaßstab die Lichtgeschwindigkeit. Ein Lichtstrahl benötigt zum Beispiel vom Mond zur Erde etwa 1⅓ Sekunde. Er ist damit 1⅓ Lichtsekunden von uns entfernt. Die Entfernung der Sonne beträgt 500 Lichtsekunden oder etwas mehr als acht Lichtminuten. Die Andromeda-Galaxie ist bereits 2,5 Millionen Lichtjahre entfernt. Selbst bei dieser enormen Distanz stimmen Zeit- und Entfernungsmaß der Lichtgeschwindigkeit überein.

Doch wenn die Astronomen noch viel weiter entfernte Galaxien beobachten, spielt die kosmische Expansion eine zunehmende Rolle. Die am weitesten entfernten bekannten Galaxien sandten ihr heute empfangenes Licht aus, als das Universum rund 700 Millionen Jahre alt war. Bei einem Weltalter von 13,7 Milliarden Jahren war das Licht dieser Himmelskörper 13 Milliarden Jahre unterwegs, bevor es die Erde erreichte. Kosmologen nennen dies die Rückblickzeit.

Dennoch ist diese Galaxie nicht 13 Milliarden Lichtjahre entfernt, sondern mehr. Der Grund ist: Während das Licht das Universum durcheilte, dehnte es sich aus. Die insgesamt vom Licht zurückgelegte Strecke ist also länger als 13 Milliarden Lichtjahre. Kosmologen sprechen von der mitbewegten Entfernung. Wie groß der Wert ist, hängt von der zeitlichen Entwicklung der Expansion, also dem Weltmodell ab. Nach dem derzeitigen Modell besitzt das sichtbare Universum keine Krümmung, und die Expansion wird von Dunkler Energie dominiert. In diesem Fall beträgt die mitbewegte Entfernung dieser Galaxie etwa dreißig Milliarden Lichtjahre.[21] Kosmologen kennen noch weitere Entfernungsmaße. Sie beruhen zum Beispiel auf der Winkelausdehnung einer Galaxie oder deren scheinbarer Helligkeit. Diese wollen wir jedoch nicht weiter betrachten.

Die kosmische Expansion hat auch Auswirkungen auf das Licht. Während ein Lichtstrahl das Universum durchquert, »spürt« er die Ausdehnung des Raumes, die ja nichts anderes ist als die Vergrößerung von Abständen. Deshalb vergrößert sich auch die Wellenlänge des Lichts. Man kann sich das wieder mit unserem Luftballon veranschaulichen, der aufgeblasen wird. Zeichnet man auf dessen Oberfläche symbolisch für eine Lichtwelle eine sinusförmige Kurve, so vergrößert sich deren Wellenlänge beständig. Da sichtbares Licht bei Vergrößerung der Wellenlänge immer röter wird, sprechen die Forscher von der kosmologischen Rotverschiebung z. Sie lässt sich im Spektrum einer Galaxie messen und liefert zusammen mit dem Weltmodell deren Entfernung. So besitzt die Wellenlänge von Licht, das von einer Galaxie ausgesandt wurde, als das Universum etwa halb so alt war wie heute ($z \approx 1$), bei ihrem heutigen Empfang etwa die doppelte Wellenlänge, die sich aus $z+1$ berechnet.

Die jüngste Kunde aus dem jungen Universum stammt von der kosmischen Hintergrundstrahlung. Ihre Wellenlänge ist etwa um das Tausendfache gedehnt ($z \approx 1000$). Das Universum hat sich also seit damals um das Tausendfache vergrößert, während ihre mitbewegte Entfernung 45 Milliarden Lichtjahre beträgt. Die kosmische Hintergrundstrahlung besitzt ihre größte Intensität heute bei Wellenlängen um zwei Millimeter, bei ihrer Entstehung betrug sie demnach etwa zwei Mikrometer. Das entspricht der Wellenlänge einer Schwarzkörperstrahlung, wie sie ein mehrere tausend Grad heißes Gas abgibt.

Expansion und endliche Lichtgeschwindigkeit haben zudem zur Folge, dass wir nicht das gesamte Universum sehen können. Die Hubble-Konstante besitzt einen Wert von 70 km/s·Mpc, entsprechend 230 km/s·MLj. Das bedeutet: Mit jeder Million Lichtjahre Entfernung nimmt die Geschwindigkeit, mit der sich Bereiche im Universum von uns entfernen, um 230 km/s zu. Das hat zur Folge, dass sich Himmelskörper ab einer bestimmten Entfernung mit Überlichtgeschwindigkeit von uns entfernen. Das widerspricht nicht der Speziellen Relativitätstheorie, nach der die Lichtgeschwindigkeit die oberste Grenze für jede Form von Bewegung darstellt, denn hier spiegelt sich die Expansion des Raumes wieder, nicht die Bewegung einer Galaxie im Raum.

Der Bereich um uns herum, innerhalb dessen der Raum mit Unterlichtgeschwindigkeit expandiert, nennt man Hubble-Sphäre. Nach dem heutigen Weltmodell beträgt der Radius dieser Sphäre elf Milliarden Lichtjahre ($z = 1,5$). Es erscheint nun verwirrend, dass die Astronomen Galaxien beobachten, die weiter entfernt sind (bis zu $z = 10$) und sich außerhalb der Hubble-Sphäre mit Überlichtgeschwindigkeit von uns entfernen. Das ist möglich, weil die Expansion in der Ära, als diese fernen Galaxien das heute empfangene Licht aussandten, abgebremst verlief. Dadurch gelangte deren Licht wieder in die Hubble-Sphäre hinein. Wäre die Expansion von Beginn an beschleunigt verlaufen, wären diese Galaxien heute nicht sichtbar.

Es gibt im Universum verschiedene Sichtbarkeitshorizonte, wobei wir uns nur den sogenannten Partikelhorizont anschauen wollen. Er ist definiert als diejenige Distanz, die Licht vom Urknall bis zu einem beliebigen Zeitpunkt zurückgelegt haben kann. Damit ist der Partikelhorizont abhängig von dem Zeitpunkt in der Evolution des Universums. Er beträgt heute 46 Milliarden Lichtjahre. Das ist der Radius des heute beobachtbaren Universums. Was sich jenseits davon befindet, wissen wir nicht.

Interview mit Norbert Straumann
»Es gibt da etwas, das wir grundsätzlich nicht verstehen.«

 Norbert Straumann, geboren 1936 im schweizerischen Niedererlinsbach, studierte Physik und Mathematik an der ETH in Zürich, wo er unter anderem bei Wolfgang Pauli Vorlesungen hörte. Im Bereich der theoretischen Physik setzte er sich anfänglich mit modernen Feldtheorien auseinander und ging Fragen der Teilchenphysik nach, wobei er unter anderem am europäischen Teilchenlabor CERN forschte. Seit Beginn der 1970er Jahre widmete er sich der Gravitation und leistete wesentliche Beiträge zur Allgemeinen Relativitätstheorie. Besonderes Augenmerk legte er auch stets auf die Astrophysik und Kosmologie und die Theorie Schwarzer Löcher. Straumann verbindet damit profunde Kenntnisse der Quantentheorie und der Gravitation und zählt zu den bedeutendsten Kennern von Einsteins Theorie inklusive ihrer Geschichte.

Wie haben Sie reagiert, als zwei Forscherteams 1998 die Entdeckung der Dunklen Energie verkündeten?
Ich war sehr überrascht, dass man die beschleunigte Expansion des Universums mit Beobachtungen von Supernova-Explosionen messen konnte. Die Physik von Supernovae ist sehr komplex, und ich wunderte mich schon, dass diese Ereignisse für so genaue Entfernungsmessungen verwendet werden können. Kurz nach der Veröffentlichung habe ich einen der Teamleiter, Saul Perlmutter, auf einer Tagung getroffen und gefragt, weshalb die Methode so genau funktioniert. Seine Antwort: »I have no idea, but it works.« Heute sind die Messdaten so überzeugend, dass aus meiner Sicht kein Zweifel am beschleunigt expandierenden Universum besteht.

Ist die Dunkle Energie die Nullpunktsenergie des Vakuums?
Nach unserer derzeitigen Vorstellung trägt sie zumindest dazu bei. Es kann aber sein, dass die Dunkle Energie in Form eines Energiefeldes seit dem frühen Universum existiert und die Energiedichte des Vakuums hinzukommt. Das große Mysterium ist aber deren extrem kleiner Wert.

Warum ist das erstaunlich?
Es gibt verschiedene Ansätze, diese Vakuumenergie abzuschätzen. In der klassischen Physik besitzen Teilchen am absoluten Nullpunkt keine Bewegungsenergie mehr. In der Quantenmechanik ist das wegen der Heisenberg'schen Unschärferelation anders. Hier besitzen sie auch im Grundzustand noch eine Energie. Wolfgang Pauli hat zu Beginn der 1920er Jahre als Erster versucht, diese Energie zu berechnen. Er fragte sich, ob vielleicht die Nullpunktsenergie des elektromagnetischen Feldes ein Gravitationsfeld erzeugen könnte. Die so gewonnene Energiedichte setzte Pauli versuchsweise in die Grundgleichung für das statische, kugelförmige Einstein-Universum ein und stellte amüsiert fest: »Das Universum reicht nicht einmal bis zum Mond.« Ich habe Paulis Rechnung selbst als Student nachvollzogen mit dem Ergebnis: Der Wert der Vakuumenergie ist so groß, dass unser Universum

eine Ausdehnung von gerade einmal dreißig Kilometern haben müsste. Ein völlig absurdes Ergebnis, das Pauli nie veröffentlicht hat! Das war wohl die schlechteste Abschätzung in der gesamten Geschichte der Physik.

Sie sagten, es gäbe weitere moderne Methoden, die Vakuum-Grundenergie abzuschätzen. Liefern diese vergleichbare Ergebnisse?
Ja, definitiv. Die Vakuumenergie setzt sich aus der Summe aller Teilchen und Teilchensorten sowie der Strahlung zusammen. Man hat auch untersucht, wie das kürzlich nachgewiesene Higgs-Feld dazu beiträgt. Auch im Innern der Atome spielt die Vakuumenergie nachweislich eine große Rolle. Wir nennen das Vakuumpolarisation. Alle diese Rechnungen liefern einen um mindestens dreißig bis vierzig Größenordnungen zu großen Wert. Es gibt da etwas, das wir grundsätzlich nicht verstehen.

Können Teilchenbeschleuniger wie der LHC etwas zum Verständnis der Vakuumenergie beitragen?
Es gibt die Theorie der Supersymmetrie, nach der es zu jeder uns bekannten Teilchensorte einen Partner gibt, der sich lediglich im Spin unterscheidet. Also: Zu jedem Boson gibt es einen Fermionpartner und zu jedem Fermion einen Bosonpartner. Nach diesen Teilchen sucht man mit dem LHC. Nun hätte es dank dieser Symmetrie sein können, dass die Grundzustands-Energien der jeweiligen Partner gleich groß sind, aber entgegengesetzte Vorzeichen besitzen. Dann würden sich deren Grundenergien gerade gegenseitig aufheben und die gesamte Vakuumenergie wäre null. Wenn diese beiden Partnerfamilien aber nicht exakt spiegelsymmetrisch, sondern ein klein wenig unterschiedlich sind, dann könnte in der Summe ein kleiner Rest übrig bleiben. Das würde die Kleinheit der Kosmologischen Konstante erklären. Wir haben bislang aber noch kein einziges supersymmetrisches Teilchen gefunden. Wenn diese existieren, müssen sie mindestens hundertmal schwerer sein als ihre bekannten Partner. Der Symmetriebruch wäre so stark, dass sich auch die Grundzustands-

Energien der normalen und der supersymmetrischen Materie erheblich unterscheiden und die Summe dieser beiden keinen kleinen Rest ergibt – er müsste im Gegenteil riesig sein.

Gibt es denn keine experimentelle Möglichkeit, die kosmologisch wirksame Vakuum-Energiedichte im Laboratorium zu messen?
Nein, das ist nicht möglich. Ein Beispiel: Wenn man zwei elektrisch neutrale Metallplatten ganz nahe zusammenbringt, dann erzeugt die Vakuumenergie zwischen ihnen eine Anziehung. Nach ihrem theoretischen Entdecker nennt man dies die Casimir-Kraft. Diese Kraft hat man sehr genau gemessen, aber daraus können wir lediglich die Abhängigkeit der Vakuumenergie vom Abstand der beiden Platten berechnen, jedoch nicht deren absoluten kosmologisch relevanten Wert.

Was können uns astronomische Beobachtungen über die Dunkle Energie lehren?
Es wäre sehr wichtig herauszufinden, ob die Dunkle Energiedichte schon bald nach dem Urknall einen konstanten Wert angenommen hat oder sich zeitlich änderte. Falls Letzteres der Fall sein sollte, dann wäre die Kosmologische Konstante nicht der einzige Beitrag zur Dunklen Energie. Bis jetzt sind alle Daten verträglich mit einer festen Kosmologischen Konstante als Dunkle Energie. Aber die Messungen sind diesbezüglich noch recht ungenau.

Und was kann zukünftig die Theorie zur Lösung dieses fundamentalen Problems beitragen?
Ich vermute, dass erst eine zukünftige vereinheitlichte Theorie aller fundamentalen Wechselwirkungen dieses Rätsel lösen kann. Die Stringtheorie beispielsweise ist mit dem Vorsatz angetreten, die Werte der Naturkonstanten ausrechnen zu können. Dann müsste sie das für die Kosmologische Konstante auch leisten können. Aber ich bin überzeugt, dass wir davon noch sehr weit entfernt sind.

9: Wellen kräuseln die Raumzeit
Himmelskörper strahlen Gravitationswellen ab

Auf einen Blick
- Einstein war sich lange Zeit unsicher, ob es Gravitationswellen geben kann. 1937 veröffentlichte er seine letzte Arbeit darüber.
- Joseph Weber behauptete 1969, Gravitationswellen im Labor nachgewiesen zu haben. Nachträglich erwies sich das als Messfehler.
- Joseph Taylor und Russell Hulse wiesen bei dem Doppelpulsar 1913+16 indirekt das Abstrahlen von Gravitationswellen nach.
- Heute laufen weltweit mehrere Laserinterferometer zum Nachweis von Gravitationswellen.

Eine faszinierende Vorhersage der Allgemeinen Relativitätstheorie sind Gravitationswellen. Sie entstehen, wenn sich Materie beschleunigt bewegt. Das können beispielsweise zwei sich umkreisende Himmelskörper sein. Diese senden dann Wellen aus, die sich mit Lichtgeschwindigkeit ausbreiten. Anders als etwa Radiowellen bewegen sie sich jedoch nicht im Raum, sondern sie sind Verformungen des Raumes selbst. Sie »kräuseln« ihn, ähnlich wie Wellen das Wasser auf einem Teich, in den man einen Stein geworfen hat. Gravitationswellen konnten bislang nur indirekt nachgewiesen werden, eine direkte Messung mit einem Gravitationswellen-Detektor steht bis heute aus.

Einstein brauchte eine Weile, bis er die Existenz dieser Wellen theoretisch vorhersagen konnte, und verirrte sich dabei mehrmals in den Fallstricken seiner noch jungen Theorie. Unmittelbar nach deren Vollendung suchte er nach speziellen Lösungen der Feldgleichungen. Im Februar 1916 schrieb er Schwarzschild: »Es gibt also keine Gravitationswellen, welche Lichtwellen analog wären.«[1] Doch schon vier Monate später war er zu einer anderen Lösung gelangt und trug den Mitgliedern der Preußischen Akademie vor, dass es sie sehr wohl geben müsse. Bei der Diskussion mit Kollegen, insbesondere mit Willem de Sitter und Karl Schwarzschild, kamen ihm allerdings Zweifel an der Richtigkeit seiner Rechnungen. Vor allem gab ihm die Tatsache zu denken, dass es offenbar drei Arten von Gravitationswellen gab, von denen jedoch zwei keine Energie zu transportieren in der Lage waren. Was konnte das bedeuten?

Erst 1918 wurde ihm klar, dass er in eine der typischen Fallen der Allgemeinen Relativitätstheorie getappt war: Wenn man ein Koordinatensystem falsch oder ungünstig wählt, tauchen Lösungen oder auch Singularitäten auf, die es in der Natur nicht gibt. So auch hier. Obwohl Einstein klarstellte, dass es Gravitationswellen geben muss und zwar nur einen Typ, hielten sich auch die beiden anderen Arten selbst unter Kennern der Materie hartnäckig. So erwähnte sie Arthur Eddington noch 1922 in einer Veröffentlichung.

Richtig anfreunden mochten sich die Physiker mit den Gravitationswellen ohnehin nicht. Viele Fragen blieben offen, und ihr Nachweis – so sie denn überhaupt existieren sollten – schien unmöglich.

Bevor die moderne Forschung Einsteins Gedanken aufgriff, kam er selbst noch einmal auf seine Entdeckung zurück. In Princeton arbeitete er eine Weile mit Nathan Rosen zusammen. Gemeinsam untersuchten sie erneut die Feldgleichungen im Hinblick auf Gravitationswellen. Wieder kam es zu Interpretationsfehlern, die Einstein jedoch nach Rosens Abreise nach Russland mit dem ebenfalls in Princeton forschenden Kollegen Howard Percy Robertson klärte. Nun schickte er die Arbeit zur Veröffentlichung an das renommierte Fachjournal ›Physical Review‹. Der dortige Herausgeber leitete die Arbeit zur Begutachtung an einen anderen, anonymen Physiker weiter. Als Einstein seine Arbeit mit Anmerkungen des kritischen Kollegen zurückerhielt, war er – offenbar nicht mit diesem üblichen Gutachtersystem vertraut – sehr verstimmt. Er zog die Arbeit zurück und bot sie kurzerhand dem wenig verbreiteten ›Journal of the Franklin Institute‹ an, das es ohne Begutachtung veröffentlichte. Die ›Physical Review‹ war für ihn

seitdem tabu.[2] Das war im Jahr 1937. Danach passierte lange
Zeit nichts.

Das Zittern der Raumzeit im Labor

Die grundlegenden Eigenschaften von Gravitationswellen
waren zu dieser Zeit bekannt. Einstein hatte von Beginn an
die Verwandtschaft von Elektromagnetismus und Gravitation
vor Augen. Deshalb gibt es auch für fast jede Eigenschaft von
elektromagnetischen Wellen eine vergleichbare Eigenschaft
bei den Gravitationswellen. So wie beschleunigte elektrische
Ladungen in einem Draht um sich herum ein elektromagnetisches Feld erzeugen, das sich mit Lichtgeschwindigkeit
durch den Raum bewegt, senden beschleunigte Massen Gravitationswellen aus. Und so wie elektromagnetische Wellen in
einer Antenne elektrische Ladungen zum Schwingen bringen,
können auch Gravitationswellen Materie zum Pendeln bringen. Beide Arten von Wellen besitzen Energie. Eine Gravitationswelle ist auch transversal, das heißt, sie schwingt senkrecht
zu ihrer Ausbreitungsrichtung. In dieser Richtung dehnt und
staucht sie abwechselnd den Raum. Nach dem Durchgang
der Welle nimmt er wieder seine ursprüngliche Form an. Das
bedeutet, dass zwei Körper, deren Verbindungslinie nicht parallel zur Ausbreitungsrichtung der Welle liegt, ihren Abstand
kurzzeitig plötzlich vergrößern und verkleinern. Räumlich
kann man sich dies in etwa so vorstellen wie einen mit Wasser
gefüllten Ballon, dessen Form zwischen der eines Rugby-Balls
und einer Kugel hin und her schwingt.

Dieses Verhalten ermöglicht prinzipiell den direkten Nachweis von Gravitationswellen. Aber eben nur im Prinzip, denn
die Längenänderungen sind so klein, dass es aussichtslos erscheint, sie messen zu wollen.

Eine starke Quelle von Gravitationswellen sind zwei sich
umkreisende Neutronensterne. Nehmen wir als Beispiel an,
sie besäßen beide jeweils 1,4 Sonnenmassen und würden sich
im Abstand von nur hundert Kilometern umkreisen. Dann

benötigten sie für einen Umlauf eine Hundertstel Sekunde. Die abgestrahlte Gravitationswelle besäße eine Energie von 10^{45} Watt. Befindet sich dieses rasant rotierende Sternpaar in dem 28 000 Lichtjahre entfernten Zentrum der Milchstraße, so würden die Wellen auf der Erde immer noch eine Leistungsdichte von 100 000 Watt pro Quadratmeter eintragen – rund siebzigmal mehr als das Sonnenlicht. Dennoch würden die Gravitationswellen den Raum nur unmerklich stauchen und dehnen: Eine Strecke von der Größe der Erde würde nur um einen Hundertmillionstel Millimeter, entsprechend einem Zehntel Atomdurchmesser, pulsieren – und das mit einer Frequenz von hundert Hertz, also hundert Mal pro Sekunde. Wie soll man das messen?

Als in den 1960er Jahren die Allgemeine Relativitätstheorie wieder verstärkt in den Fokus der Forschung gelangte, unternahm der Physiker Joseph Weber an der Universität von Maryland, USA, den ersten Versuch, Gravitationswellen nachzuweisen. Als »Antenne« verwendete er zwei etwa mannsgroße, 1,5 Tonnen schwere Aluminiumzylinder. Durchquert eine Gravitationswelle diese Körper, so schwingen sie kurzzeitig, was extrem empfindliche Messgeräte auf der Zylinderoberfläche aufzeichnen sollten. Weber musste das Gerät vor jeder Art von Erschütterungen schützen, gänzlich ausschließen konnte er äußerliche Einflüsse jedoch nicht. Deswegen wäre auch das Zittern eines einzigen Zylinders kein überzeugender Beweis für die Existenz von Gravitationswellen gewesen. Um solche Fehlinterpretationen weitgehend auszuschließen, installierte er in seinem Labor fünf baugleiche Geräte und ein sechstes in dem fast tausend Kilometer entfernten Argonne National Laboratory. Nur wenn alle Detektoren gleichzeitig ansprangen und ein ähnliches Signal lieferten, konnte Weber eine kosmische Quelle als Ursache für die Erschütterung der Zylinder annehmen.

Fast zehn Jahre lang arbeitete der akribische Physiker an seinem Experiment. Endlich, im Jahr 1969, berichtete er von ein paar Signalen, die in allen Detektoren gleichzeitig aufgetreten sein sollten. Weber war davon überzeugt, als Erster

Gravitationswellen nachgewiesen zu haben. Nach seiner Meinung entstanden sie im Zentrum der Milchstraße, wobei jedes Jahr Materie mit der tausendfachen Sonnenmasse in Gravitationswellen umgewandelt werden müsste – eine gigantische Zahl, für die es keine astrophysikalische Erklärung gab.

Damals gab es noch keine digitalen Aufzeichnungsgeräte, sondern die Messdaten wurden auf Papierstreifen geschrieben. Die größte Fehlerquelle war thermisches Rauschen, das heißt, der Zylinder »zitterte« unablässig durch die Wärmebewegung der Atome. Dementsprechend zeichnete das Gerät ein »Gezappel« auf den Streifen, in dem ab und zu ein etwas stärkerer Ausschlag auftauchte. Erschienen diese zeitgleich in allen Detektoren, so wertete Weber dies als Signal einer Gravitationswelle (Abbildung nächste Seite). Doch viele Kollegen sahen in den schwachen Übereinstimmungen einzelner Ausschläge nichts weiter als Zufall. Noch Jahre nach der Veröffentlichung diskutierten sie heftig über Webers Ergebnisse und bauten selbst solche Detektoren – ohne erfolgreichen Nachweis.

Schließlich kam man überein, dass Weber einem Messfehler aufgesessen war. Weber weigerte sich jedoch, dies anzuerkennen, und kämpfte leidenschaftlich für seine vermeintliche Entdeckung. Hartnäckig arbeitete er weiter an dem Thema, und im Jahre 1987 betrat er erneut die Bühne der Gravitationswellenphysiker. In der Großen Magellan'schen Wolke war eine Supernova explodiert. Mit einer Entfernung von 160 000 Lichtjahren war es die erdnächste Sternexplosion seit 1604. Da solche Ereignisse als Quelle von Gravitationswellen angesehen werden, war man sehr gespannt auf die Messdaten.

Zu dieser Zeit liefen jedoch nur zwei Detektoren vom Weber'schen Typ, einer in Maryland von Weber selbst und ein anderer in Rom. Beide waren ungekühlt, weshalb die Messdaten ein starkes Rauschen aufwiesen. Gleichzeitig liefen in drei Laboren Neutrinodetektoren, und diese registrierten tatsächlich Neutrinos von der Supernova. Die beiden Gravitationswellen-Detektoren empfingen in diesem Moment kein außergewöhnliches Signal. Lediglich in einem Zeitintervall

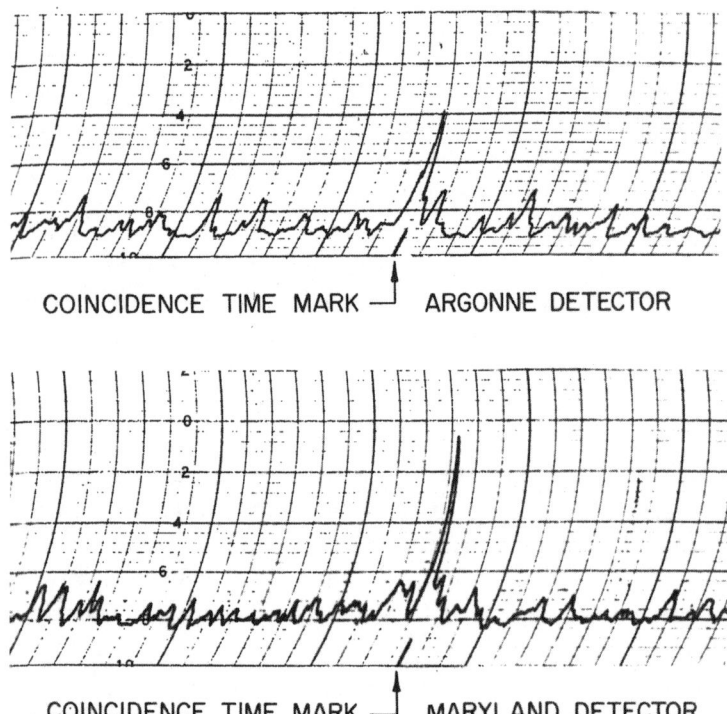

COINCIDENCE TIME MARK ⎤ ARGONNE DETECTOR

COINCIDENCE TIME MARK ⎤ MARYLAND DETECTOR

Zwei Registrierstreifen von Joseph Webers Gravitationswellen-Detektoren in Argonne (oben) und Maryland (unten). Die beiden Spitzen hielt er für Signale einer Gravitationswelle.

von sieben Stunden um das Neutrinoereignis herum zeigten die Antennen schwache Ausschläge, die Weber und Kollegen mit einer Wahrscheinlichkeit von 96,5 Prozent Gravitationswellen zuschrieben. Wieder kam es zu heftigen Diskussionen, bis auch in diesem Fall die Physiker die Messdaten für eine zufällige Übereinstimmung hielten.

Im Jahr 1996 versuchte es Weber ein drittes Mal: Dieses Mal fand er vermeintliche Korrelationen zwischen Gammastrahlen-Blitzen und Ausschlägen seines Detektors. Viele Theoretiker waren schon damals davon überzeugt, dass zwei kollidierende Neutronensterne Ursache der mysteriösen

Gammastrahlen-Ausbrüche sein könnten. Bei einem solchen Ereignis müssten auch starke Gravitationswellen entstehen. Doch wie schon in den zwei Fällen zuvor glaubte niemand an Webers vermeintliche Entdeckung. Weber selbst blieb davon bis an sein Lebensende im Jahr 2000 überzeugt.

Aus heutiger Sicht scheint es klar, dass Webers Anlagen gar nicht empfindlich genug waren, um Einsteins Raumzeit-Wellen aus dem Kosmos nachzuweisen. Heutige Detektoren arbeiten nach einem anderen Prinzip. Es handelt sich um sogenannte Laser-Interferometer, die ganz ähnlich funktionieren wie jenes von Michelson und Morley zur Messung der Lichtgeschwindigkeit. Herz einer solchen Anlage ist ein leistungsstarker Laserstrahl, der im Innern einer Vakuumröhre läuft. Zunächst wird er an einem halbdurchlässigen Spiegel in zwei Strahlen aufgespalten, die senkrecht zueinander in zwei Richtungen voneinander wegstreben. Am Ende der beiden Laufstrecken hängt jeweils ein Spiegel, der das Licht zurückreflektiert. Die beiden Strahlen gelangen erneut auf den halbdurchlässigen Spiegel, der sie wieder zusammenführt und in einem gemeinsamen Punkt eintreffen lässt. Hier überlagern sich die Laserstrahlen zu einem Interferenzmuster, wie die Physiker sagen, dessen Helligkeit ein Instrument misst.

Solange die Anordnung ungestört ist, leuchtet das Interferenzmuster unverändert. Rauscht aber eine Gravitationswelle über sie hinweg, wird der Raum etwas gestaucht und gedehnt. In dem Moment durchlaufen die beiden Laserstrahlen nicht mehr einen ebenen, sondern einen verbogenen Raum. Das hat zur Folge, dass diese Strahlen ähnlich wie ein Surfer auf einer Welle kurzzeitig unterschiedlich lange Wegstrecken zurücklegen, und das äußert sich in dem Interferenzmuster als kurzes Flimmern. Das Interferenzmuster zeigt also an, wenn sich bei einem oder beiden Strahlen die Weglänge kurzzeitig geändert hat. Je länger die Arme des Interferometers sind, desto empfindlicher ist die Anlage.

Was sich im Prinzip einfach anhört, liegt an der Grenze des technisch Machbaren. Läuft der Laserstrahl über eine Distanz von einem Kilometer, so verändert eine Gravitationswelle die

Strecke lediglich um den Milliardstel Teil eines Atomdurchmessers, der selbst nur etwa einen Zehnmillionstel Millimeter beträgt! Ein auf den ersten Blick völlig aussichtsloses Unterfangen. Eines der größten Probleme besteht darin, jede Art von Erschütterung in der Apparatur oder Schwankung im Laserstrahl zu verhindern. Im Rahmen dieser Forschung wurden die weltweit stabilsten Lasersysteme entwickelt.

Derzeit sind fünf Gravitationswellen-Antennen dieser Art installiert: zwei in den USA (LIGO, Armlänge je vier Kilometer), eine in Italien (VIRGO, drei Kilometer), eine in Deutschland (GEO600, 600 Meter) und eine in Japan (TAMA, 300 Meter). GEO600 ist so empfindlich, dass es die Brandung der 200 Kilometer entfernten Nordseewellen spürt! Die Antennen laufen etwa seit dem Jahr 2006 – bislang ohne Entdeckung einer Gravitationswelle. Das hat einige Physiker überrascht, denn sie hatten mit mehreren Ereignissen pro Jahr gerechnet. Doch die Schätzungen hängen von den Voraussagen der Theoretiker ab, und die haben sich stark geändert.

Die Reichweite der Gravitationswellen-Detektoren hängt natürlich von der Art der Quelle ab. Unter den Forschern gilt als Bezugsmarke immer das Ereignis von zwei sich umkreisenden Neutronensternen, die sich einander auf einer spiralförmigen Bahn nähern, schließlich verschmelzen und vermutlich als Gammastrahlen-Blitz aufleuchten. Ein solches Doppelsystem strahlt in der letzten Phase so viel Energie in Form von Gravitationswellen ab wie unsere Sonnen im Verlauf von einer Milliarde Jahren in Form von Licht und anderer elektromagnetischer Strahlung (s. Bild 6 im farbigen Mittelteil).

Derzeit liegt die Reichweite der Laser-Antennen bei rund fünfzig Millionen Lichtjahren. In diesem Umkreis befinden sich nur die verhältnismäßig wenigen Galaxien der sogenannten Lokalen Gruppe. Der Virgo-Galaxienhaufen mit seinen rund 2000 Mitgliedern beginnt in 65 Millionen Lichtjahren Entfernung. Bis zum Jahr 2015 werden die beiden LIGO-Antennen mit empfindlicherer Technik ausgestattet. Die neuen Laser hierfür haben Physiker vom Laserzentrum Hannover entwickelt und gebaut.

An der Suche nach diesen Kräuselungen der Raumzeit können sich übrigens auch Laien beteiligen. Einstein@Home heißt das gemeinsam vom Max-Planck-Institut für Gravitationsphysik in Golm bei Potsdam (Albert-Einstein-Institut) und der Universität von Milwaukee, US-Bundesstaat Wisconsin, ins Leben gerufene Projekt auf http://einstein.phys.uwm. edu. Die Datenpakete werden vom Einstein@Home-Server an den PC verschickt. Der analysiert diese in der freien Zeit und sendet das Ergebnis zurück. Für den ersten Nachweis von Gravitationswellen wird es sicher den Physik-Nobelpreis geben. Hobbyforscher könnten erstmals dazu beitragen.

Für manche kosmischen Ereignisse haben sich die Vorhersagen, insbesondere für die Intensität der von ihnen ausgesandten Wellen, stark geändert, zum Beispiel für Supernovae vom Typ II. Sie leuchten auf, wenn ein massereicher Stern am Ende seines Lebens zusammenbricht und explodiert. Astronomen wissen, dass sich solche Supernovae in einer durchschnittlichen Galaxie wie der Milchstraße zwei bis drei Mal pro Jahrhundert ereignen. Aber die Vorhersagen über die Signalstärke haben in den letzten 15 Jahren um sieben Zehnerpotenzen, also einen Faktor von zehn Millionen, variiert. Der Grund ist: Gravitationswellen werden nur abgestrahlt, wenn der Kollaps nicht vollkommen symmetrisch verläuft. Das ist eine Vorhersage der Einstein'schen Theorie: Wenn ein kugelförmiger Stern völlig symmetrisch in sich zusammensackt, sendet er keine Gravitationswellen aus. Es muss eine Asymmetrie, das heißt eine Abweichung von der perfekten Kugelform vorliegen. Bis etwa zum Jahr 2000 dachten Theoretiker, dass das Äquivalent von einer Sonnenmasse in Form von Gravitationswellen abgestrahlt wird. Heute liegt der Wert eher bei einer Zehnmillionstel Sonnenmasse. Wenn das stimmt, dann lassen sich nur Supernovae innerhalb unserer Milchstraße nachweisen. Der Virgo-Haufen läge dann weit jenseits der Reichweite, was auch erklärt, warum noch kein Supernova-Ereignis registriert wurde.

Bei verschmelzenden Neutronensternen sind hingegen mittlerweile die Signalstärke und die zu erwartende Signal-

form aus Computersimulationen sehr genau bekannt. Hier
schwanken aber die Vorhersagen für die Ereignisrate um Faktoren von hundert bis tausend. Ab 2015 sollen mit den verbes-
serten LIGO-Detektoren solche Ereignisse bis in den Virgo-
Haufen hinein nachweisbar sein. Dann erwarten die Forscher
zwischen einem pro Monat und mehreren Dutzend pro Tag
messbare Ereignisse.

Wie schon bei Joseph Webers Experiment sind mehrere Anlagen nötig, um ein Signal eindeutig einer Gravitationswelle
zuordnen zu können. Darüber hinaus ist es auch möglich, die
Richtung zu bestimmen, aus der die Welle kam. Damit können die Forscher sogar die Position der Quelle am Himmel
orten.

Gravitationswellen können sehr unterschiedliche Frequenzen besitzen. Beim Verschmelzen von zwei Schwarzen Löchern oder Neutronensternen entstehen Wellen mit Frequenzen von einigen hundert bis tausend Hertz, entsprechend
Wellenlängen von hundert bis tausend Kilometern. Eine Supernova vom Typ II sollte Wellen mit Frequenzen um 1000
Hertz erzeugen. Diese Signale dauern also nur einige Hundertstel bis Tausendstel Sekunden. Hierfür sind die beschriebenen Detektoren optimiert. Allerdings lässt die Empfindlich-
keit bei Frequenzen unterhalb von etwa hundert Hertz nach,
weil hier seismische Vibrationen stören. Oberhalb von wenigen tausend Hertz überlagern vor allem technische Signale
der Elektronik das Messsignal.

Es gibt jedoch auch Himmelskörper, die Gravitationswellen mit extrem großen Wellenlängen, sprich kleinen Frequenzen, aussenden. Dazu gehören zwei sich umkreisende supermassereiche Schwarze Löcher in den Zentren von Galaxien.
Sie besitzen so kleine Frequenzen, dass das Signal von mehreren Tagen bis zu mehreren Monaten dauern kann. Auch aus
der frühen Phase des Universums, kurz nach dem Urknall,
erwarten Theoretiker ein wahres Konzert von Gravitationswellen. Diese Wellen lassen sich wegen der seismischen Stö-
rungen mit erdgebundenen Detektoren nicht nachweisen.
Hierfür muss man in den Weltraum gehen. Indirekt ist der

Nachweis eventuell bereits mit der Entdeckung von Polarisation der kosmischen Hintergrundstrahlung mit dem Teleskop BICEP2 gelungen (s. Kapitel 8 und das Interview mit Claus Kiefer).

Das weltweit einzige Projekt mit diesem ehrgeizigen Ziel ist eLISA (evolved Laser Interferometer Space Antenna). Es blickt auf eine lange, wechselvolle Geschichte zurück. Ursprünglich waren dafür drei baugleiche Satelliten vorgesehen, die fern von der Erde um die Sonne fliegen und an den Spitzen eines gedachten gleichseitigen Dreiecks sitzen. Laserstrahlen sollten die Instrumente verbinden und sie zu einem gigantischen Interferometer mit fünf Millionen Kilometer langen Armen machen. Der Abstand der Spiegel im Innern der Satelliten muss extrem genau kontrolliert werden, denn eine Gravitationswelle wird diesen geringfügig verändern.

Hoffnung setzten im Jahr 1999 die Wissenschaftler um den Projektleiter Karsten Danzmann vom Max-Planck-Institut für Gravitationsphysik auf einen Start im Jahr 2009. Zwischenzeitlich hat das ehrgeizige Projekt diverse Turbulenzen überstanden, in denen beispielsweise die USA als Partner absprangen. Nun liegt eine neue, abgespeckte Version von eLISA vor, die unter der Ägide der Europäischen Weltraumorganisation ESA gebaut wird. eLISA besteht immer noch aus drei Satelliten, die aber nur noch eine Million Kilometer voneinander entfernt fliegen. Die drei Satelliten werden nun nur noch mit zwei Laserstrahlen verbunden sein, wobei die Abstände der Spiegel im Innern der Satelliten bis auf einen Milliardstel Millimeter genau gemessen und kontrolliert werden müssen. eLISA soll Gravitationswellen mit Frequenzen zwischen einem Zehntausendstel und einem Hertz messen können. Der Start ist für 2028 geplant. Schon 2015 soll die Testmission LISA-Pathfinder besonders kritische Komponenten im Weltraum testen, insbesondere die Abstandskontrolle.

Kosmische Uhren ticken für Einstein

Mit dem direkten Nachweis von Gravitationswellen hätten die Physiker einen der letzten noch unbewiesenen Bausteine der Allgemeinen Relativitätstheorie gefunden. Doch bereits in den 1980er Jahren wiesen die beiden Radioastronomen Joseph Taylor von der Universität Princeton und sein Doktorand Russell Hulse dieses Phänomen auf indirekte Weise nach – und erhielten dafür 1993 den Physik-Nobelpreis.

Einen Monat, nachdem Joseph Taylor an der Universität Harvard promoviert hatte, gelang die Entdeckung des ersten Pulsars. Diese extremen Himmelskörper zeichnen sich durch eine schnelle Folge von Radiopulsen aus, die mit außerordentlicher Gleichmäßigkeit eintreffen. Taylor entwickelte neue Suchstrategien für diese aufregenden Himmelskörper und gewann hierfür einige Jahre später den Doktoranden Russell Hulse. Taylor hoffte auf den Bau eines neuen Radioteleskops, doch bis es so weit war, suchten er und Hulse mit dem 300-Meter-Radioteleskop von Arecibo, Puerto Rico, den Himmel nach Pulsaren ab.

Wie Hulse in seiner späteren Nobelpreisrede erzählte, war dieses Unterfangen damals alles andere als einfach. Um die kurzen, in schneller Folge ankommenden Signale zu identifizieren, mussten die beiden Radioastronomen einen speziell für diese Aufgabe konstruierten Computer bauen. Hulse hatte ihn in zwei schlichten Holzkisten verpackt nach Arecibo gebracht. Dieses Gerät besaß einen Kernspeicher mit 16 kbit, die Daten wurden auf Magnetbändern gespeichert, der Ausdruck erfolgte auf Papierstreifen. Bei der Beobachtung traten die größten Probleme durch Störsignale auf. So entpuppte sich ein ungewöhnlich langsamer »Pulsar« als Warnlampe für Flugzeuge auf einem der Strukturmasten des Radioteleskops. »Und wenn die US-Marine beschloss, nahe der Küste Übungen abzuhalten, brauchte ich gar nicht erst zu versuchen, Daten zu nehmen – ich saß dann bloß im Kontrollraum und verfolgte Signale der Marine-Radars (oder was auch immer), die in dem Spektrumanalysierer herumsprangen«,[3] erklärte Hulse.

Am 2. Juli 1974 entdeckte er im Sternbild Adler einen neuen Pulsar. Doch weitere Beobachtungen belegten, dass mit diesem etwas nicht stimmte. Seine Signale kamen nicht mit der üblichen Regelmäßigkeit an. Die Pulsfolge schwankte so stark, dass es sich nicht um einen Messfehler handeln konnte. »Was ist hier falsch?«, fragte sich Hulse.

Er verfolgte das Signal weiter, bis ihm klar wurde, dass der Pulsar nicht alleine steht, sondern einen Begleiter besitzt. Beide Körper umkreisen einander, was zu einer Doppler-Verschiebung der Pulsarsignale führt. Am 18. September teilte er die Entdeckung seinem Doktorvater Joseph Taylor mit. Die große Leistung von Taylor und Hulse bestand darin, dass sie die Einmaligkeit dieses Doppelsystems als Testfall für die Allgemeine Relativitätstheorie erkannten. Deshalb beobachteten sie den Doppelpulsar mit der Bezeichnung PSR 1913+16 über Jahrzehnte hinweg. Schauen wir uns dieses Paar mit historischer Bedeutung genauer an.

Pulsare entstehen, wenn ein massereicher Stern seinen Brennstoff verbraucht hat. Dann stößt er seine äußere Gashülle ins All ab, die als Supernova hell aufleuchtet. Der Kernbereich stürzt in sich zusammen und endet als extrem kompakter Neutronenstern, der schnell um seine Achse rotiert. Ein Neutronenstern besitzt einen Durchmesser von etwa zwanzig Kilometern, beinhaltet aber etwa die Masse unserer Sonne. Damit sind Neutronensterne die am stärksten verdichteten Himmelskörper: Ein Stück Materie von der Größe eines Würfelzuckers würde auf der Erde rund eine Milliarde Tonnen wiegen.

Außerdem ist ein Neutronenstern von einem starken Magnetfeld umgeben, das – ähnlich wie bei der Erde – im Wesentlichen eine bipolare Struktur besitzt. Entlang der Magnetfeldachse senden diese Körper innerhalb eines engen Kegels Strahlung aus. Wenn Rotationsachse und Magnetfeldachse zueinander geneigt sind, hat dies zur Folge, dass der Strahl wie bei einem Leuchtturm durchs All streift. Trifft er dabei zufällig auf die Erde, so registriert man dort kurze Pulse, deren Frequenz der Rotationsfrequenz des Himmelskörpers entspricht. Neutronensterne, die sich auf diese Weise bemerkbar machen, heißen Pulsare (s. Bild 7 im farbigen Mittelteil). PSR 1913+16 rotiert etwa 17-mal pro Sekunde um seine Achse. Pulsar und begleitender Neutronenstern umkreisen einander in einem Abstand von etwa 960 000 Kilometern, wofür sie 7¾ Stunden benötigen. Der zweite Neutronenstern tritt jedoch nicht als Pulsar in Erscheinung, vermutlich, weil sein Strahlungskegel nicht die Erde überstreicht. Nach Einsteins Vorhersage müssen diese beiden Körper Gravitationswellen abstrahlen. Da diese eine Form von Energie darstellen, geht diese auf Kosten der Bahnenergie mit der Folge, dass sich die beiden Körper langsam auf einer spiralförmigen Bahn nähern, und zwar um lediglich 3,5 Meter pro Jahr. Dies ist natürlich nicht direkt beobachtbar – wohl aber indirekt. Da die Pulse von PSR 1913+16 mit extremer Regelmäßigkeit auf der Erde ankommen, lassen sie sich wie das Ticken einer Atomuhr auffassen. Die Astronomen mussten also, einfach gesagt, die Anzahl der Pulse pro Umlauf zählen und wussten dann, wie lange die beiden Körper für einen gegenseitigen Umlauf benötigen.

Nach mehreren Jahren der Beobachtungen entdeckten Hulse und Taylor, dass sich die Umlaufzeit jedes Jahr um eine 75 Millionstel Sekunde verringerte, was sich wie erwartet durch die Annäherung der Neutronensterne erklären ließ. Je länger die Astronomen den Pulsar beobachteten, desto präziser wurde dieser Wert. Er entspricht heute bis auf 0,2 Prozent genau der Vorhersage der Einstein'schen Theorie. Diese glänzende Übereinstimmung lässt keinen Astrophysiker daran zweifeln, dass Hulse und Taylor indirekt die Existenz von Gravitationswellen nachgewiesen haben. Manche halten dies sogar für einen direkten Nachweis.

Im Jahr 2003 entdeckten Radioastronomen das erste Doppelsystem, in dem beide Körper als Pulsare erscheinen. Damit avancierte PSR J0737-3039 zum aktuellen Topfavoriten, um Vorhersagen der Allgemeinen Relativitätstheorie zu testen. Beide Körper sind etwa gleich schwer und beinhalten 1,3 Sonnenmassen. Der eine von ihnen benötigt für eine Umdrehung um die eigene Achse 23 Tausendstel Sekunden, der andere 2,8 Sekunden. In einem gegenseitigen Abstand von 900 000 Kilometern umkreisen sie einander mit einer Geschwindigkeit von rund einer Million Kilometern pro Stunde in nicht einmal 2 ½ Stunden. Durch das Abstrahlen von Gravitationswellen nähern sich die beiden Körper um 2,5 Meter pro Jahr an. Bei diesem System ließ sich die Vorhersage bis auf etwa 0,1 Prozent genau bestätigen.

Die Doppelsysteme erlauben darüber hinaus auch Tests anderer Vorhersagen der Allgemeinen Relativitätstheorie. Zum Beispiel dreht sich die Umlaufbahn der beiden Pulsare im Raum. Dieser Effekt tritt in unserem Sonnensystem besonders stark bei dem innersten Planeten Merkur auf. Die Erklärung dieser Periheldrehung war der erste Triumph von Einsteins Theorie. Doch während Merkur drei Millionen Jahre für eine komplette Umdrehung des Perihels benötigt, geschieht dies bei dem Doppelpulsar PSR J0737-3039 in nur 21 Jahren.

Außerdem haben die Astronomen das Glück, dass sie hier fast exakt auf die Kante der Umlaufbahn schauen. Deshalb stehen die beiden Pulsare bei jedem Umlauf nahezu exakt hintereinander. In dieser Situation läuft das Signal des hinteren Pulsars in nur 20 000 Kilometer Entfernung vom vorderen vorbei. Da es hierbei dessen Raummulde durchqueren muss, verlängert sich der Weg, was sich in einer Verzögerung der Ankunftszeit der Pulse um eine Zehntausendstel Sekunde äußert. Wegen des extremen Gleichlaufs der beiden »Pulsar-Uhren« ist dieser Shapiro-Effekt präzise messbar. Das Ergebnis: Periheldrehung und Laufzeitverlängerung bestätigen die Allgemeine Relativitätstheorie bis auf einige Promille genau.

Schließlich ließ sich mit PSR J0737-3039 sogar eine Alternative zur Allgemeinen Relativitätstheorie überprüfen. Alternativen sind auf unterschiedliche Weise motiviert. Bekanntestes Beispiel dürfte wohl die Theorie MOND (Modifizierte Newton'sche Dynamik) des israelischen Physikers Mordechai Milgrom sein. Der hatte bereits vor dreißig Jahren das Newton'sche Gravitationsgesetz so abgeändert, dass es die Rotation von Spiralgalaxien ohne die Annahme der hypothetischen Dunklen Materie erklärt (s. Kapitel 13). Der Theoretiker Jacob Bekenstein verlieh dieser Theorie im Jahr 2004 eine relativistische Form. Allerdings musste er hierfür zusätzlich zur Raumkrümmung zwei weitere Hilfsfelder einführen.

Bekensteins Alternative namens TeVeS (Tensor-Vektor-Skalar-Gravitationstheorie) weicht von der Einstein'schen Theorie in der Vorhersage der abgestrahlten Gravitationswellen ab, wobei die Unterschiede besonders in starken Feldern hervortreten. Deswegen eignet sich der Doppelpulsar PSR J0737-3039 in einzigartiger Weise für die Nagelprobe. Das Ergebnis ist eindeutig: Die Messwerte stimmen bis auf 0,05 Prozent mit der Vorhersage der Allgemeinen Relativitätstheorie überein. Bekenstein kann sie nur dann erklären, wenn er sehr spezielle, unphysikalische Bedingungen annimmt. Damit ist aus Sicht vieler Physiker TeVeS widerlegt.

Übrigens machen Einsteins Formeln noch eine weitere Vorhersage: Die beiden Neutronensterne im Hulse-Taylor-System und in PSR J0737-3039 werden in 400 Millionen beziehungsweise 85 Millionen Jahren kollidieren und in einem gigantischen Feuerball miteinander verschmelzen.

Weltraumüberwachung mit Pulsaren

Wie geschildert, sind irdische Gravitationswellen-Antennen für Frequenzen zwischen einigen zehn und tausend Hertz empfindlich. Sie sollten vorwiegend von verschmelzenden Neutronensternen und Schwarzen Löchern sowie explodierenden Sternen erzeugt werden. Diesen Bereich will ein internationales Team von Radioastronomen auf Millionstel Hertz ausdehnen. Das entspricht Wellenlängen von einigen zehn Lichtjahren. Hier erwarten die Forscher vor allem Signale von zwei verschmelzenden, supermassereichen Schwarzen Löchern, wie sie wahrscheinlich in den Zentren von Galaxien existieren. Solche dramatischen Vorgänge sollten sich vorwiegend im jungen Universum ereignet haben, als die Galaxien noch näher beisammen waren als heute. Doch wie kann man dies mit Pulsaren feststellen?

Nähert sich eine Gravitationswelle der Erde, so verzerrt sie den Raum in der Umgebung des Sonnensystems und verändert die Abstände zwischen den ankommenden Pulsarsignalen (s. Bild 8 im farbigen Mittelteil). Dies äußert sich in einer Änderung der Ankunftszeiten der Signale: Während die Signale aus der einen Richtung früher eintreffen als im Normalfall, kommen die Signale aus einem um neuzig Grad versetzten Himmelsbereich später an.

Für diese ausgefallene Suche nach Gravitationswellen benötigen die Astronomen ein Netz von rund vierzig Pulsaren am gesamten Himmel. Nur wenige eignen sich für dieses Vorhaben, denn die Signale müssen über Jahre hinweg mit einer Genauigkeit von weniger als einer Zehnmillionstel Sekunde aufgezeichnet werden. Außerdem müssen die Astronomen in ihre Analyse die Raumkrümmung mit einbeziehen, welche die Sonne und die Planeten in unserem Sonnensystem verursachen. Auch sie verzögern die Ankunftszeit der Signale.

Zurzeit nutzen die Radioastronomen mehrere weltweit verteilte Teleskope für die Beobachtungen. Teil dieses Pulsar Timing Arrays ist das Hundert-Meter-Radioteleskop in Effelsberg. Ab dem nächsten Jahrzehnt wird ihnen das neue Square Kilometre Array (SKA) zur Verfügung stehen, das in Südafrika und Australien errichtet wird. Im Endausbau wird es hundertmal empfindlicher sein als der Riese von Effelsberg. Spätestens damit sollte der Nachweis von Gravitationswellen gelingen. Andernfalls stimmen die Modelle der Kosmologen über das Verschmelzen von Schwarzen Löchern im jungen Universum nicht – oder Einstein hatte mit der Vorhersage der Gravitationswellen doch nicht recht. Das scheint aber nach dem indirekten Nachweis mit den Doppelsystemen undenkbar.

Interview mit Luciano Rezzolla

»Einstein würde unser virtuelles Labor lieben.«

Der 1967 in Mailand geborene Luciano Rezzolla begeisterte
sich schon früh für Astrophysik,
insbesondere für katastrophale
Vorgänge wie Explosionen und
Kollisionen. Gleichzeitig fühlte er sich zu der Schönheit mathematischer Physik hingezogen.
Die Relativitätstheorie verband
für ihn beide Aspekte. »Nur die
Relativitätstheorie stellt das mathematische und physikalische
Rüstzeug zur Verfügung, um
Körper wie Neutronensterne
oder Schwarze Löcher zu beschreiben«, sagt er. Diese Leidenschaft vertiefte er während seines Studiums und der Pro-
motion an der Universität Triest über ein Problem der relativistischen Astrophysik. Nach Gastaufenthalten in den USA
ging er 2006 an das Max-Planck-Institut für Gravitationsphysik (Albert-Einstein-Institut) in Golm/Potsdam. Dort leitete
er bis 2014 die Gruppe »Numerische Relativität«, die sich mit
verschmelzenden Neutronensternen und Schwarzen Löchern
sowie den hierbei entstehenden Gravitationswellen beschäftigt. Seit 2013 ist er Professor für Theoretische Astrophysik an
der Universität Frankfurt.

*Sie befassen sich mit der Simulation von Schwarzen Löchern und
Neutronensternen. Was macht diese Rechnungen so schwierig und
aufwendig?*
Aus mathematischer Sicht haben wir es mit hoch nicht-
linearen gekoppelten Differentialgleichungen zu tun. Nicht-
linear bedeutet, dass es sehr schwierig ist, eine Lösung der
Gleichungen zu finden oder vorherzusagen. Schon kleinste Änderungen in den physikalischen Anfangsbedingungen

können zu völlig anderen Lösungen führen. Im Grunde äußert sich die Nichtlinearität in dem Satz: Die Materie diktiert die Krümmung der Raumzeit, und die Raumzeit diktiert die Bewegung der Materie. Die gegenseitige Abhängigkeit von Raumzeit-Krümmung und ihrer Ursache (der Materie oder Energie) ist es, die die Lösung der Einstein-Gleichungen so sehr erschwert.

Welche Rolle spielt die Wahl des Koordinatensystems?
Das ist ein wichtiger Punkt. Die Allgemeine Relativitätstheorie ist kovariant. Das heißt, sie benötigt kein speziell gewähltes Koordinatensystem, sondern gilt in allen Koordinatensystemen. Aber: Wenn wir mit dem Computer eine numerische Lösung für ein spezielles Problem suchen, müssen wir ein Koordinatensystem festlegen. Das ist unabdingbar. Die Wahl entscheidet darüber, ob wir eine Lösung finden oder ob das Computerprogramm auf eine sogenannte Singularität stößt und zusammenbricht. Leider tauchen Singularitäten häufig genau dort auf, wo viel passiert. Hier müssen wir bei der Wahl des Koordinatensystems besonders vorsichtig sein. Wir benötigen dann sogenannte Eichungen, die es erlauben, der Singularität so nahe wie möglich zu kommen, ohne letztlich in sie hineinzufallen.

Können Sie die Dynamik der Raumzeit anhand von zwei sich umkreisenden und schließlich kollidierenden Neutronensternen oder Schwarzen Löchern verdeutlichen?
Zwei solche Körper verbiegen die Raumzeit um sich herum, ähnlich wie schwere Kugeln ein Gummituch eindellen, auf dem sie liegen. Diese Mulden bewegen sich nun mit den Kugeln umeinander. Bei der Berechnung dieses Vorgangs müssen wir berücksichtigen, dass sich die Raumzeitkrümmung zeitlich verändert und gleichzeitig genau diese Raumkrümmung die Bewegung der beiden Körper vorschreibt. Wir können diese Situation entfernt mit einem Fluss vergleichen, der einen Berg hinabströmt. Die Bewegung des Wassers ließe sich relativ einfach beschreiben, wenn es in einem bereits vorhan-

denen Flussbett fließt. Sie ist aber wesentlich komplizierter, wenn es kein Flussbett gibt und das Wasser sich ein solches mitsamt allen Windungen erst während des Hinabströmens selbst schafft.

Noch vor wenigen Jahren war es nicht möglich, mehr als zwei Umläufe von zwei Neutronensternen und Schwarzen Löchern zu simulieren. Heute ist das kein grundsätzliches Problem mehr. Was gab den Ausschlag für diesen Fortschritt?

Hierfür sind mindestens drei Gründe verantwortlich. Zunächst mussten wir lernen, dass sich nicht alle möglichen mathematischen Formulierungen der Einstein-Gleichungen für die Lösung eines speziellen Problems eignen. Jahrelang haben wir uns auf eine ungeeignete Formulierung konzentriert. Mathematisch gesprochen war diese nur schwach hyperbolisch. Deshalb brachen unsere Simulationen schnell zusammen. Außerdem haben wir gelernt, gute Eichungen, also geeignete Koordinatensysteme, zu finden. Und drittens nutzen wir die heute verfügbaren Ressourcen von Parallel-Supercomputern optimal aus. Unsere Simulationen laufen dann so ab, dass wir einen Großteil der kostbaren und teuren Computerzeit auf die Nähe der kompakten Objekte konzentrieren. Hier benötigen wir die höchste Auflösung, um schnelle Änderungen der Raumzeit zu berechnen. Gleichzeitig berechnen wir die in größerer Entfernung entstehenden Gravitationswellen. Diese drei wichtigen Lektionen beherzigen mittlerweile mehrere Gruppen weltweit. Sie haben uns in den letzten zehn Jahren eine Fülle neuer Erkenntnisse geliefert und unser Verständnis der relativistischen Vorgänge von einer stark dynamischen und gekrümmten Raumzeit vertieft.

Wie gehen Sie bei solchen Simulationen vor?

Das hängt davon ab, wofür wir uns interessieren. Wenn wir das Aussenden von Gravitationswellen studieren wollen, konzentrieren wir uns auf die letzten 15 bis 20 Umläufe der beiden Körper, bevor sie verschmelzen. In dieser Phase senden sie Signale im Bereich von einigen hundert bis tausend

Hertz aus, wie sie mit heutigen Gravitationswellen-Detektoren messbar sein sollten.

Wenn die beiden Neutronensterne kollidieren, spielen sich die wichtigen Vorgänge auf räumlichen Skalen von wenigen hundert Metern ab. Die Gravitationswellen erhalten jedoch ihre endgültige Form erst in sehr großer Entfernung von etwa tausend Kilometern. Wir haben Jahre gebraucht, um dieses Problem der stark unterschiedlichen Größenskalen durch geschickt gewählte Maschengrößen unseres Simulationsprogramms zu überbrücken. Übrigens tritt dieses Problem der Nah- und Fernfelder genauso bei elektromagnetischen Wellen auf. Ganz in der Nähe eines Radiosenders kann man kein Programm empfangen.

Entscheidend ist, dass unsere Computercodes eine Art von virtuellen Laboratorien sind. Wir verwenden keine Teleskope oder Beschleuniger. Für uns sind die Gleichungen die experimentellen Instrumente. Einstein war berühmt für seine Gedankenexperimente, die er aus verschiedenen Gründen nicht real ausführen konnte. Mit unserem virtuellen Labor können wir Hunderte solcher Gedankenexperimente ausführen – und das unglaublich realistisch und präzise. Einstein würde unsere Labore lieben.

Wie groß ist der Aufwand für solche Simulationen?
Sie gehören zu dem Anspruchsvollsten, was die Physik zu bieten hat. Unserer Gruppe ist es erst Ende 2008 erstmals gelungen, das Verschmelzen von zwei Neutronensternen bis zum Ende durchzuspielen. Dabei muss man sich vor Augen halten, dass die beiden Körper so eng umeinander kreisen, dass sie die letzten 15 Umläufe in 0,2 Sekunden vollenden. Sie rasen dann schon mit einem erheblichen Bruchteil der Lichtgeschwindigkeit umeinander. Dann berühren sich ihre Oberflächen, und im nächsten Augenblick kommt es zum Crash. Für die Simulation dieser Fünftelsekunde benötigen wir auf einem Supercomputer sechs Wochen.

Und hierbei verfolgen Sie das Ziel, die Signalform und die Stärke der abgegebenen Gravitationswellen zu berechnen?

Ja, denn es ist einfacher, in den Messdaten der Gravitationswellen-Detektoren nach einem Signal mit bekannter Form zu suchen als nach einem mit unbekannter Signatur. Wir dürfen nicht vergessen, dass die erwarteten Signale der Gravitationswellen extrem schwach sind und sich nur wenig aus dem allgemeinen Datenrauschen herausheben werden. Stellen Sie sich vor, Sie sollten aus einem Chor eine bestimmte Stimme heraushören. Diese anspruchsvolle Aufgabe vereinfacht sich, wenn Sie die Stimme kennen und wissen, was die Person singt. Wir versuchen nun, gewissermaßen alle möglichen Liedkompositionen für Gravitationswellen und alle möglichen Stimmen, die diese singen können, zu berechnen. Auf diese Weise wollen wir einen Katalog für alle oder zumindest die meisten Quellen von Gravitationswellen erstellen.

Die Entdeckung von Gravitationswellen wäre bereits eine Sensation. Könnte man aus der Signalform schließlich auch über die gewaltigen Vorgänge beim Verschmelzen von zwei Neutronensternen etwas lernen?

Davon sind wir überzeugt. Wenn sich zwei Neutronensterne sehr nahe kommen, verformen sie sich gegenseitig. Der Grad dieser Verformung ist von ihrem inneren Aufbau abhängig. Das sollte sich im Gravitationswellensignal widerspiegeln. Außerdem zeigen unsere Simulationen, dass die beiden verschmelzenden Körper kurzzeitig ein Zwischenstadium bilden. Wir nennen es hypermassereicher Neutronenstern. Wegen seiner extrem schnellen Rotation verhindert die Fliehkraft kurzzeitig den Kollaps. Aber der »hypermassereiche Neutronenstern« strahlt weiter Gravitationswellen ab. Dadurch verliert er Energie und schließlich kollabiert er zum Schwarzen Loch. Dieser Vorgang spielt sich im Bruchteil einer Sekunde ab, in der die Materie Milliarden von Grad heiß ist. Wir vermuten zudem, dass verschmelzende Neutronensterne die kurzen Gammastrahlen-Ausbrüche erklären, die Astronomen seit Jahrzehnten beobachten. Das Gravitationswellensignal beinhaltet Informationen über diesen Vorgang, den wir auf keine andere Weise erhalten können.

Neutronensterne besitzen extrem starke Magnetfelder. Was passiert mit ihnen beim Kollaps zum Schwarzen Loch?
Während des Übergangsstadiums des hypermassereichen Neutronensterns nimmt das Magnetfeld eine sehr komplexe Struktur an. Aber offenbar können in ihm Teilchen bis nahe an die Lichtgeschwindigkeit beschleunigt werden. Wenn das Schwarze Loch entstanden ist, fallen die Magnetfelder in es hinein oder sie entweichen in Form von elektromagnetischer Strahlung. Schwarze Löcher selbst können keine Magnetfelder besitzen.

Neutronensterne sind extreme Himmelskörper, doch kommen wir nun zu noch außergewöhnlicheren Objekten, den Schwarzen Löchern. Können auch sie in Doppelsystemen vorkommen und verschmelzen?
Wir kennen heute rund ein Dutzend Doppel-Neutronensterne, sicher gibt es viel mehr in der Milchstraße. Ebenso häufig sollten aus theoretischer Sicht auch Paare aus einem Neutronenstern und einem Schwarzen Loch sowie aus zwei Schwarzen Löchern existieren. Derzeit kennen wir kein Doppel-Schwarzes-Loch. Aber das ist auch nicht verwunderlich, denn zwei solche Körper bewegen sich im Vakuum umeinander und senden keine Strahlung aus, anhand derer man sie nachweisen könnte. Es gibt allerdings Hinweise auf doppelte supermassereiche Schwarze Löcher in den Zentren von ein, zwei Galaxien.

Was passiert beim Verschmelzen von zwei Schwarzen Löchern?
Ein solcher Vorgang wäre für normale Teleskope unsichtbar, weil hierbei keine elektromagnetische Strahlung frei wird. Aber es entstehen starke Gravitationswellen. In der letzten Phase werden bis zu zehn Prozent der beiden Massen in diese Form von Energie umgewandelt. Man kann sich kaum einen anderen Vorgang vorstellen, der so viel Energie freisetzt.

Gilt das auch für supermassereiche Schwarze Löcher in Galaxienzentren?
Diese könnten von Wolken oder Scheiben aus Gas umgeben sein, die beim Verschmelzen der Schwarzen Löcher kollidieren. Hierbei könnte auch elektromagnetische Strahlung frei werden.

Die schnelle Rotation spielt bei dem Verschmelzen von zwei Neutronensternen eine wichtige Rolle. Können Schwarze Löcher auch um die eigene Achse rotieren?
Wenn zwei Schwarze Löcher verschmelzen, entsteht ein neues Schwarzes Loch. Hierbei passiert etwas sehr Interessantes: Das neu entstandene Schwarze Loch rotiert schneller als seine beiden Vorgänger. Wenn die Rotationsgeschwindigkeit einen bestimmten Wert überschreitet, müsste es sogar seinen Ereignishorizont verlieren. Das würde aber bedeuten, dass die Singularität, die vorher im Innern des Schwarzen Lochs verborgen war, nun offenliegen würde. Wir sprechen in diesem Fall von einer nackten Singularität. Die darf es aber nicht geben. Unsere Simulationen zeigen nun, dass zwei Schwarze Löcher genügend Drehimpuls besitzen könnten, so dass das aus ihrer Verschmelzung entstehende Schwarze Loch rein rechnerisch die kritische Rotationsgrenze überschreiten könnte. Aber die beiden Schwarzen Löcher verlieren in den letzten Umläufen vor ihrem Verschmelzen so viel Drehimpuls, dass das neu entstehende Schwarze Loch unter der kritischen Grenze rotiert. Das ist ein gutes Beispiel dafür, wie sehr die Nichtlinearität der Einstein-Gleichungen das Abschätzen einer Lösung erschwert. Erst genaue Simulationen zeigen, was wirklich passiert.

Kann man sich den Ereignishorizont so ähnlich vorstellen wie eine halbdurchlässige Membran, die das Universum vom Innern des Schwarzen Lochs trennt?
So ungefähr. Tatsächlich ist diese Membran auch nicht steif. Wenn ein Schwarzes Loch beispielsweise einen Stern verschlingt, dann schwingt der Ereignishorizont wie eine an-

geschlagene Glocke. Wenn wir die bei einem solchen Vorgang ausgesandten Gravitationswellen messen könnten, ließen sich daraus Informationen über Masse und Rotation des Schwarzen Lochs ermitteln.

Wie behandeln Sie die Singularität im Zentrum des Schwarzen Lochs?
Wir lösen die Einstein-Gleichungen sowohl innerhalb als auch außerhalb des Ereignishorizonts. Wir wissen aber nicht, was mit der Sternmaterie am Ende des Kollapses im Zentrum passiert. Dieser Zustand lässt sich weder mit der Allgemeinen Relativitätstheorie noch mit der Quantenphysik beschreiben. Theoretisch herrscht hier eine unendlich hohe Dichte. Das ist aber unphysikalisch und würde unsere Rechnungen unweigerlich abstürzen lassen. Wir lösen das Problem, wie ich schon sagte, durch eine geschickte Wahl des Koordinatensystems. Es nähert sich mit abnehmender Geschwindigkeit der Singularität, erreicht sie aber nie. Das ist so ähnlich, als würde man auf eine Wand zulaufen und dabei die Geschwindigkeit stetig so weit verlangsamen, dass man erst in unendlich langer Zeit gegen die Mauer prallen würde.

Die Allgemeine Relativitätstheorie einerseits und Beobachtungen von Gas und Sternen, die massereiche, unsichtbare Himmelskörper umkreisen, andererseits belegen die Existenz von Schwarzen Löchern. Wird es irgendwann möglich sein, ein solches Objekt wirklich zu beobachten?
Genau dieses Ziel verfolgen wir mit dem Projekt BlackHole-Cam. Es gibt eine Reihe von Hinweisen darauf, dass im Zentrum der Milchstraße ein Schwarzes Loch mit etwa vier Millionen Sonnenmassen existiert. Das wollen wir beweisen. Hierzu schalten wir mehrere Radioteleskope zu einem weltweiten Verbund zusammen, um eine Art Foto vom Schwarzen Loch im Zentrum unserer Milchstraße aufzunehmen. Das ist umgeben von heißem Gas, und wenn es einen Ereignishorizont gibt, müsste sich dieser als schwarzer Schatten vor der leuchtenden Gasscheibe bemerkbar machen. Aus

der Form des Schattens können wir dann etwas über den Rotationszustand aussagen. Außerdem könnte es möglich sein, zwischen Vorhersagen der Allgemeinen Relativitätstheorie und konkurrierender Gravitationstheorie zu unterscheiden. Dieses Projekt ist wirklich eine große Herausforderung, dessen Erfolg von vielen Faktoren abhängt. Aber der Nachweis des Ereignishorizonts wäre eine fundamentale Entdeckung. Schließlich ist er eine der wichtigsten Vorhersagen der Allgemeinen Relativitätstheorie.

Wann rechnen Sie mit ersten Daten?
Die Anforderungen sind wirklich enorm. Nur ein Vergleich: In der Entfernung zum Galaktischen Zentrum erscheint das Schwarze Loch im Zentrum der Milchstraße nur etwa so groß wie ein Apfel auf dem Mond, den man von der Erde aus betrachtet. Wir hoffen aber, 2016 mit den ersten Beobachtungen zu beginnen und vielleicht bis zum Ende dieses Jahrzehnts das erste Bild zu erhalten.

10: Linsen aus Raum und Zeit
Der Gravitationslinseneffekt macht die Raumkrümmung
sichtbar

Auf einen Blick
— Im Jahr 1936 veröffentlichte Einstein eine Arbeit über den Gravitationslinseneffekt, hielt ihn aber für unbeobachtbar.
— Einstein hatte bereits 1912 über diesen Effekt nachgedacht, andere Physiker
  wie Orest Chwolson und Arthur Eddington machten ebenfalls vor 1936 darauf
  aufmerksam.
— Im Jahr 1979 wurde das erste Doppelbild eines Quasars, 1987 leuchtende
  Bögen in einem Galaxienhaufen entdeckt. In beiden Fällen handelt es sich
  um Gravitationslinsen. 2004 wurde mit dem Mikro-Gravitationslinseneffekt
  ein Exoplanet gefunden.

Ende des Jahres 1936 erschien in der Zeitschrift ›Science‹ von
Einstein eine Arbeit mit dem Titel: »Linsenähnliche Wirkung
eines Sterns durch die Ablenkung von Licht im Gravitationsfeld«. In dem Begleitschreiben an den Herausgeber ent-
schuldigte sich Einstein geradezu mit den Worten: »Ich dan-
ke Ihnen noch sehr für das Entgegenkommen bei der kleinen
Publikation, die Herr Mandl aus mir herauspresste. Sie ist
wenig wert, aber dieser arme Kerl hat seine Freude davon.«[1]
Einstein hatte darin den Fall untersucht, dass zwei Sterne am
Himmel zufällig direkt hintereinander stehen. Dann wird das
Licht des hinteren Sterns beim Durchqueren des Gravitationsfeldes des vorderen Sterns von seinem geraden Weg abgelenkt. Liegen die beiden Sterne und die Erde genau auf
einer Linie, so sollte der hintere Stern als leuchtender Ring
erscheinen, in dessen Zentrum der vordere Stern steht. Heute spricht man vom Einstein-Ring. Sind die beiden Sterne geringfügig gegeneinander versetzt, so müsste der hintere Stern
doppelt erscheinen. Außerdem wäre eines der Bilder heller
als ohne diesen Effekt. »Diese offensichtliche Verstärkung ...
durch die linsenähnliche Wirkung des Sterns ist der merkwür-

digste Effekt«, schrieb Einstein und fügte hinzu: »Selbstverständlich gibt es keine Hoffnung, dieses Phänomen direkt zu beobachten.«[2] Doch hier irrte der geniale Physiker. Der Gravitationslinseneffekt ist heute ein bedeutendes Werkzeug der Astrophysik geworden.

Der von Einstein erwähnte Rudi Mandl war ein tschechischer Ingenieur mit etwas krausen Ideen, die bei den Fachleuten nicht so recht ankamen. Mandl war nämlich selbst auf die linsenähnliche Wirkung eines Sterns gekommen und hatte darauf aufbauend eine gewagte Hypothese erdacht: So glaubte er, dass die rund zwanzig Jahre zuvor entdeckte kosmische Strahlung ebenfalls durch diesen Effekt fokussiert wird. Könnte es nicht sein, so Mandl, dass die Erde in der Vergangenheit mehrfach in solche Brennpunkte hineingelaufen sei und damit einer erhöhten Dosis der kosmischen Strahlung ausgesetzt gewesen war? Als Folge davon hätte es Sprünge in der Evolution gegeben. Damit bezog sich Mandl auf Experimente, in denen der Genetiker Hermann Joseph Muller die Fruchtfliege *Drosophila melanogaster* intensiver Röntgenstrahlung ausgesetzt und daraufhin eine starke Mutationsrate beobachtet hatte. Vielleicht ließe sich mit einem besonders starken Beschuss durch die kosmische Strahlung das Aussterben der Dinosaurier erklären, so Mandl.

Mandl war mit dieser Hypothese bei vielen Wissenschaftlern, die er um Stellungnahme bat, abgeblitzt. Schließlich getraute er sich, seine Idee dem berühmten Einstein vorzutragen – und der hörte ihm zu. Zwar riet er ihm dringend von einer Veröffentlichung seiner gewagten Evolutionshypothese ab, wollte sich aber mit dem Gravitationslinseneffekt gerne befassen. In kurzer Zeit leitete Einstein im Rahmen seiner Allgemeinen Relativitätstheorie einfache Formeln für den Ablenkungsgrad und den Lichtverstärkungseffekt her und reichte die Arbeit wie beschrieben bei ›Science‹ ein. Mandl selbst hatte als absoluter Außenseiter in der Physikerszene geringe Chancen auf eine Veröffentlichung.

Diese Arbeit aus dem Jahr 1936 gilt als der Beginn der Gravitationslinsenforschung. In Wahrheit ist dieses Phänomen bereits Jahrzehnte zuvor von verschiedenen Physikern untersucht und beschrieben worden – auch von Einstein selbst. Schon in seiner Prager Zeit im April 1912, also mehr als drei Jahre vor Vollendung der Allgemeinen Relativitätstheorie, hatte er sich mit der Lichtablenkung im Gravitationsfeld beschäftigt. Sie ergab sich bereits allein aus dem Äquivalenzprinzip. Während eines Besuchs in Berlin, bei dem Einstein sich mit Erwin Freundlich traf, führte er einige Rechnungen aus, bei denen er auf die Möglichkeit der doppelten Abbildung eines Sterns sowie die Lichtverstärkung stieß.

Es ist klar, dass Einstein diese Überlegung im Zusammenhang mit der Lichtablenkung in Sonnennähe anstellte. Doch diese Beobachtung war schwierig, denn sie konnte nur während einer totalen Sonnenfinsternis gelingen. Deshalb hatte er die Lichtablenkung auch bei anderen Sternen und sogar bei Planeten untersucht. Enttäuscht von der Winzigkeit der zu erwartenden Lichtablenkung schrieb er Freundlich schon Ende 1911: »Wenn wir nur einen ordentlich größeren Planeten als Jupiter hätten! Aber die Natur hat es sich nicht angelegen sein lassen, uns die Auffindung ihrer Gesetze bequem zu machen.«[3]

Einstein veröffentlichte seine Berechnungen jedoch nicht, vermutlich weil er sie für grundsätzlich nicht nachprüfbar hielt. Erst 1997 entdeckten die Historiker Jürgen Renn, Tilmann Sauer und John Stachel die Rechnungen in einem von Einsteins Notizbüchern. Doch bereits vor Einsteins historischer Veröffentlichung im Jahre 1936 hatten Physiker auf die Linsenwirkung von Sternen hingewiesen. Zum Beispiel erwähnte Arthur Eddington in seinem Buch ›Space, Time and Gravitation‹ die Möglichkeit von Doppelbildern, vermutete aber fälschlich, dass diese Bilder lichtschwächer wären als im Normalfall.

Interessant ist auch eine Veröffentlichung des sowjetischen Physikers Orest Chwolson, der 1924 in den ›Astronomischen Nachrichten‹ einen kurzen Artikel mit dem Titel »Über eine mögliche Form fiktiver Doppelsterne« veröffentlichte. Darin führte er richtig aus, dass ein Hintergrundstern je nach Position relativ zu einem Vordergrundstern und der Erde doppelt oder ringförmig erscheinen könne. »Ob der hier angegebene Fall eines fiktiven Doppelsternes auch wirklich vorkommt, kann ich nicht beurteilen«,[4] endete er den Beitrag. Interessant ist diese Veröffentlichung nicht nur wegen der Vorhersage des Gravitationslinseneffekts, sondern auch, weil direkt unter ihr eine Veröffentlichung von Einstein stand, in der es um etwas völlig anderes ging, nämlich um die Eigenschaften eines Elektronengases. Hat Einstein Chwolsons Veröffentlichung nicht gesehen, oder war es seine Skepsis, man könne dieses Phänomen nie beobachten, die ihn davon abhielt, das Thema weiter zu vertiefen?

In der Tat ist der Effekt sehr klein. Der Durchmesser des Rings beziehungsweise der Abstand der Bilder hängt von der Masse des Vordergrundsterns (der »Gravitationslinse«) sowie den relativen Abständen der beiden Sterne voneinander und von der Erde ab (s. Bild 9 im farbigen Mittelteil). In den meisten Fällen liegt der Winkelabstand am Himmel im Bereich von Millionstel Bogensekunden und ist damit mit optischen Teleskopen nicht erkennbar. Beide Bilder oder der Ring werden stets als Punkt erscheinen. Dennoch sollte der Gravitationslinseneffekt Jahrzehnte später eine ungeahnte Auferstehung feiern.

Bereits ein Jahr nach Einsteins Veröffentlichung beschäftigte sich am California Institute of Technology in Pasadena der Astronom Fritz Zwicky mit diesem neuen Thema. Zwicky war 1925 aus der Schweiz in die USA emigriert und konnte das große 2,5-Meter-Teleskop auf dem Mount Wilson für Beobachtungen verwenden. Er galt als unkonventioneller Forscher, der vor Ideen nur so sprudelte – auch wenn diese nicht alle überzeugend waren.

Schon 1933 hatte Zwicky herausgefunden, dass die meiste Materie in Galaxienhaufen nicht die Sternsysteme selbst beitrugen. Nach seinen Berechnungen musste eine unsichtbare Materieform das Gros zur Gesamtbilanz beisteuern. Zwicky prägte damals den Begriff »Dunkle Materie«, der später auch bei den Gravitationslinsen eine entscheidende Rolle spielen sollte. Damals schenkte man seiner Veröffentlichung jedoch keine Beachtung.

Im Januar 1937 veröffentlichte Zwicky eine kurze Arbeit, in der er sich auf Einstein bezog. Allerdings nahm er als Linse nicht einen Stern an, sondern eine ganze Galaxie. Wegen der milliardenfach größeren Masse müsste der Durchmesser des Einstein-Rings beziehungsweise der Abstand zweier Bilder wegen des stärkeren Schwerkraftfeldes wesentlich größer sein als im Fall der Sternenlinse. Zum anderen ist die Galaxiendichte in manchen Haufen so groß, dass in einigen Fällen zwei Galaxien auf der Sichtlinie zufällig hintereinander stehen müssten. Und da das Bild der hinteren Galaxie beim Durchlaufen der vorderen Gravitationslinse auch noch aufgehellt würde, sollte sich die Wahrscheinlichkeit, diesen Effekt beobachten zu können, noch erhöhen. Zwicky schätzte ab, dass in einem Haufen etwa jede hundertste Galaxie als Linse wirken müsste. Im berühmten Coma-Haufen hätte man deshalb mit nahezu zehn solcher Linsenbilder zu rechnen.

Zwicky erkannte damals, dass der Gravitationslinseneffekt einerseits einen Test für die Allgemeine Relativitätstheorie darstellte, andererseits aber auch dafür genutzt werden könnte, um aus der Stärke der Lichtablenkung die Masse der jeweiligen Vordergrundgalaxie zu bestimmen. Darüber hinaus würde man wegen der Lichtverstärkung auch noch Galaxien sehen können, die ansonsten wegen ihrer großen Entfernung zu lichtschwach sind. Als Zwicky daraufhin die Fotoplatten von Galaxienhaufen absuchte, fand er auch einige nebulöse Objekte, die ihm verdächtig erschienen. Um den Verdacht zu bestätigen, es handele sich um ein Gravitationslinsenbild, hätte er aber das Licht dieser Himmelskörper spektral zerlegen müssen, um aus der Rotverschiebung deren Entfernung abzuleiten. Bei diesem Unterfangen wurde Zwicky nicht fündig.

Rund dreißig Jahre lang blieb das Phänomen unbeachtet, bis sich ihm 1964 einige wenige Theoretiker widmeten, darunter der norwegische Astronom Sjur Refsdal, der ab 1979 an der Hamburger Sternwarte die Theorie dazu vorantrieb. Er fand heraus, dass es die Beobachtung von Gravitationslinsen ermöglichen müsste, unabhängig von den anderen Methoden die Expansionsrate oder die mittlere Dichte des Universums abzuleiten. Er sagte auch voraus, dass man den Effekt vermutlich bei Quasaren am ehesten beobachten könnte. Quasare sind extrem leuchtkräftige, punktförmig erscheinende Zentralgebiete von Galaxien. Sie sind deshalb bis in sehr große Entfernungen beobachtbar. Die Strahlung stammt von einer heißen Gasscheibe, die ein zentrales, supermassereiches Schwarzes Loch umgibt. Wegweisend war zudem eine Veröffentlichung der beiden amerikanischen Astrophysiker William Press und James Gunn in den 1970er Jahren, in denen sie die Wahrscheinlichkeit für das Auffinden von Gravitationslinsenbildern berechneten und Vorschläge für eine systematische Suche danach machten.

Mehrfachbilder, leuchtende Bögen und Einstein-Ringe

Abgesehen von diesen wenigen theoretischen Arbeiten betrachteten die meisten Astronomen das Thema Gravitationslinseneffekt als weitgehend esoterisch. Das änderte sich schlagartig im Jahr 1979, als die britischen Astronomen Robert D. Walsh und Robert F. Carswell sowie Ray J. Weymann aus den USA die erste Gravitationslinse entdeckten. Es handelte sich um zwei nur sechs Bogensekunden voneinander entfernt stehende Quasare. Prinzipiell konnte es sich natürlich auch um zwei Himmelskörper handeln, doch Quasare sind nicht so häufig, so dass ein derart enges Paar unwahrscheinlich war. Das ausschlaggebende Argument für ein Gravitationslinsen-Doppelbild lieferten Spektren. Sie waren identisch, was die Wahrscheinlichkeit für zwei unabhängige Quasare gegen null tendieren ließ. Etwa ein Jahr später entdeckte man dann zwischen den beiden Bildern eine Galaxie, die etwa halb so weit von der Erde entfernt ist wie der Quasar. Sie ist die Linse.

Wie bereits erwähnt, hatte Fritz Zwicky nach der Linsenwirkung im Coma-Haufen gesucht, aber keine Galaxienbilder gefunden. Es war wohl das Highlight auf dem 169. Treffen der Amerikanischen Astronomischen Union, als die in den USA forschenden Astronomen Roger Lynds und Vahe Petrosian im Januar 1987 berichteten, dass sie bei einer Untersuchung von 57 Galaxienhaufen in zwei Fällen merkwürdige, bis dahin nie gesehene leuchtende Bögen entdeckt hätten. Spätere spektroskopische Beobachtungen bestätigten die Vermutung, dass es sich um die gesuchten Linsenbilder entfernter Galaxien handelte. Seitdem hat es viele weitere Entdeckungen in Galaxienhaufen gegeben, insbesondere das Weltraumteleskop Hubble lieferte phantastische Aufnahmen und Messergebnisse (s. Bild 10 im farbigen Mittelteil).

Meistens handelt es sich um Bögen, die das Zentrum des Galaxienhaufens umspannen, oder kleine, sichelförmige »Arclets«. Auch mit Radioteleskopen konnten Galaxienbilder aufgespürt werden, darunter die ersten Einstein-Ringe. Sie haben Durchmesser von ein bis zwei Bogensekunden. Bis heute sind mehr als hundert Fälle bekannt, in denen eine einzelne Galaxie oder ein ganzer Haufen als Gravitationslinse wirkt.

Damit hat sich Zwickys Hoffnung endlich erfüllt. Auch seine Prophezeiung, dass uns die Beobachtungen solcher Gravitationslinsenbilder eine neue Methode zur Bestimmung der Galaxienmassen an die Hand geben, erwies sich als richtig. Die Möglichkeit, die Masse von Galaxienhaufen mit Licht zu »wiegen«, ist ebenso faszinierend wie wichtig. Wie bewerkstelligen Astrophysiker diese Aufgabe?

Zunächst messen sie den Radius des Einstein-Rings, was sich ganz einfach auf einer Aufnahme bewerkstelligen lässt. Dann benötigen sie die Entfernung des abgebildeten Himmelskörpers im Hintergrund sowie diejenige des abbildenden im Vordergrund. Diese Informationen enthält das Spektrum. Dies kann sehr schwierig und langwierig sein, weil die Ringe häufig lichtschwach sind.

Erschwerend kommt hinzu, dass es die Astronomen weder bei der Linse noch bei dem gelinsten Objekt mit Punktquellen zu tun haben, sondern mit ausgedehnten Galaxien und Galaxienhaufen. Dann setzt sich die Linsenwirkung aus

verschiedenen Komponenten zusammen, und das Bild wird
sehr komplex. Im Allgemeinen sind die Linsen nicht vollständig symmetrisch, und die Objekte stehen nicht genau hinter
deren Mittelpunkt. Deshalb erscheinen auf den Aufnahmen
vornehmlich Ringbögen. Um aus dieser Vielfalt die Eigenschaften der Linse herauszufinden, erstellen Astrophysiker im
Computer ein räumliches Modell der Materieverteilung im
Haufen. Dieses Modell wird so lange variiert, bis es die beobachteten Bögen so wiedergibt, wie sie auf der Aufnahme
erscheinen.

Ein prominentes Beispiel ist der 2,3 Milliarden Lichtjahre
entfernte Galaxienhaufen Abell 2218 (s. Bild 11 im farbigen
Mittelteil), der Tausende von Mitgliedern zählt. Beobachtungen vom Erdboden aus sowie mit dem Weltraumteleskop
Hubble offenbaren in ihm mehr als hundert leuchtende Bögen – verzerrte Bilder von Galaxien, die sich weit hinter Abell
2218 in sechs und acht Milliarden Lichtjahren Entfernung
von der Erde befinden.

Der Gravitationslineneffekt wird durch die Gesamtmasse
des Galaxienhaufens hervorgerufen. Dieser besteht aus unterschiedlichen Komponenten. Am auffälligsten sind natürlich die vielen Galaxien. Mit Röntgenteleskopen findet man
jedoch zusätzlich ein mehrere zehn Millionen Grad heißes
Gas, das zwischen den Galaxien verteilt ist. Es besitzt fünf-
bis zehnmal mehr Masse als die Sternsysteme, die gewissermaßen in einem riesigen Meer heißen Gases schwimmen.
Wenn man nun die Gesamtmasse des Galaxienhaufens mit
dem Gravitationslineneffekt bestimmt, kommt man auf einen Wert, der rund zehnmal größer ist als derjenige von Galaxien und Gas zusammen. Astrophysiker ziehen daraus den
Schluss, dass rund neunzig Prozent der vorhandenen Materie
unsichtbar sind. Das ist die Dunkle Materie. Sie macht sich
ausschließlich über die Schwerkraftwirkung bemerkbar.

Eine Analyse von mehr als zehn Galaxienhaufen ergab folgendes Bild: Die Galaxien stellen lediglich ein bis sieben Prozent der gesamten Materie, während das heiße intergalaktische Gas zehn bis vierzig Prozent dazu beiträgt. Demnach

bleiben je nach Haufen sechzig bis neunzig Prozent Dunkle Materie übrig.

Eine aufsehenerregende Entdeckung machten Astrophysiker im Jahre 2006 bei einem Galaxienhaufen mit der Bezeichnung 1E0657-56 im Sternbild Schiffskiel. Bei Beobachtungen mit dem amerikanischen Weltraumteleskop »Chandra« entdeckten sie im Lichte von Röntgenstrahlen bis zu 200 Millionen Grad heißes Gas, das die Form einer Bugwelle hat, ähnlich wie sie ein Geschoss in der Luft hervorruft. Deshalb erhielt der 3,4 Milliarden Lichtjahre entfernte Galaxienhaufen den Beinamen »Bullet Cluster« (s. Bild 12 im farbigen Mittelteil). Ursache für dieses Phänomen ist ein gewaltiger kosmischer Crash, bei dem zwei Galaxienhaufen zusammengestoßen sind und sich gegenseitig durchdrungen haben. Die Galaxien haben diesen Vorgang unbeschadet überstanden, nicht jedoch das heiße intergalaktische Gas. Das wurde bei dem Crash mit einer Geschwindigkeit von etwa 3500 Kilometern pro Sekunde wie in einer Luftpumpe zusammengedrückt und hat die Form einer Geschosswelle angenommen. Während die Galaxien nach wie vor in zwei Haufen konzentriert sind, wurde das Gas dazwischen in einer kosmischen Knautschzone verdichtet.

Der Bullet Cluster wirkt auch als Gravitationslinse, was es Astrophysikern ermöglicht hat, die Verteilung der Dunklen Materie zu ermitteln. Das Ergebnis war zunächst überraschend: Anders als das heiße Gas ist die Dunkle Materie nicht in einer Bugwelle verdichtet, sondern bildet zwei runde Wolken, welche die beiden Galaxienhaufen umschließen. Die Astronomen schließen hieraus, dass diese beiden Wolken sich während der Kollision ungestört durchdrungen haben müssen.

Die Forscher erklären dies mit gänzlich unterschiedlichen Eigenschaften des heißen Gases und der Dunklen Materie. Ersteres besteht aus Wasserstoff- und Helium-Atomen, die wegen der enormen Temperatur ihre Elektronen verloren haben. Sie sind also elektrisch geladen und bilden physikalisch gesprochen ein Plasma. Die zwischen den Teilchen wirkenden elektrischen Kräfte haben zu dem Verdichten der Wolke geführt. Die Teilchen der Dunklen Materie sind dagegen nicht elektrisch geladen und wirken einzig über die Schwerkraft. Deswegen durchdringen sie sich nahezu ungestört und sind an ihren jeweiligen Galaxienhaufen gebunden geblieben. Insgesamt beinhaltet die Dunkle Materie im Bullet Cluster etwa fünfmal mehr Materie, als in Form von heißem Gas und Sternen nachweisbar ist.

Auch der Lichtverstärkungseffekt konnte in Galaxienhaufen mittlerweile mehrfach mit spektakulären Ergebnissen genutzt werden. In Abell 2218 beispielsweise untersuchten Astronomen im Jahre 2004 das Bild einer besonders lichtschwachen Galaxie. Das erhaltene Spektrum bewies, dass sie das heute empfangene Licht zu einer Zeit aussandte, als das Universum gerade einmal 750 Millionen Jahre alt war. Im Jahr 2008 gelang in dem 2,2 Milliarden Lichtjahre entfernten Galaxienhaufen Abell 1689 der Nachweis einer noch etwas weiter entfernten Galaxie. Sie ist das derzeit jüngste bekannte Sternsystem. Ohne die Lichtverstärkung um das 25- beziehungsweise Zehnfache durch den Gravitationslinseneffekt wären diese beiden Himmelskörper aus der Frühzeit des Universums nicht nachweisbar.

Einzelne Galaxien treten ebenfalls wie schon erwähnt als Gravitationslinsen auf. Bekanntestes Beispiel ist das 1986 von dem amerikanischen Astronomen John Huchra entdeckte Einstein-Kreuz. Hier befindet sich ein knapp zehn Milliarden Lichtjahre entfernter Quasar hinter dem Zentralgebiet einer 400 Millionen Lichtjahre entfernten Spiralgalaxie. Der Quasar und das Zentrum der Vordergrundgalaxie sind von der Erde aus gesehen geringfügig um nur 0,05 Bogensekunden gegeneinander versetzt. Die Materie im Galaxienzentrum spaltet das Quasarlicht in vier Bilder auf, die nahezu symmetrisch um das Galaxienzentrum erscheinen. Vielfältige Beobachtungen haben eine Reihe von Aufschlüssen sowohl über den Quasar als auch über die Galaxie ermöglicht.

Mikrolinsen, Machos und Exoplaneten

Einstein war also in der Annahme, Gravitationslinsen ließen sich wegen ihrer Seltenheit niemals beobachten, zu pessimistisch gewesen. Recht behalten sollte er dagegen, dass die Linsenwirkung eines Sterns für eine Beobachtung zu klein ist. Da die Aufspaltung in zwei Bilder im Bereich von Millionstel Bogensekunden liegt, sprechen Astronomen vom Mikro-Gravitationslinseneffekt. Beobachtbar ist aber die Lichtverstärkung.

Erstmals zum Einsatz kam sie gegen Ende der 1990er Jahre. Astronomische Beobachtungen hatten zu der Vermutung geführt, dass die Milchstraße von einer riesigen Wolke aus Dunkler Materie umgeben ist. Dieses etwa kugelförmige Volumen nennen die Forscher Halo. Völlig unklar war jedoch, woraus die Dunkle Materie besteht. Theoretisch möglich erschien es, dass es sich um sehr kleine, dunkle Himmelskörper handelt, die die Milchstraße umkreisen, wegen ihrer großen Entfernungen aber nicht auffindbar sind. Das konnten extrem lichtschwache Sterne, Braune Zwerge oder planetenähnliche Himmelskörper sein. Astronomen tauften diese hypothetischen Dunkle-Materie-Kandidaten Massive Compact Halo Objects, kurz Machos.

Nachweisen wollten zwei Gruppen diese Machos mit dem Gravitationslinseneffekt. Zieht ein unsichtbarer Macho vor einem weiter entfernten Stern vorbei, so wird sich dessen Helligkeit für etwa einen Tag stark erhöhen und dann wieder auf den ursprünglichen Wert abfallen. Da ein solches Ereignis sehr selten eintreten dürfte, mussten die Astronomen gleichzeitig die Helligkeiten von sehr vielen Sternen über Jahre hinweg regelmäßig messen. Dieses Vorhaben war nur mit automatisch arbeitenden Teleskopen zu bewerkstelligen. Die Messdaten mussten ebenfalls von einer autonom arbeitenden Software ausgewertet werden.

Mit einem Teleskop des Mount-Stromlo-Observatoriums in Australien beobachtete die Macho-Forschergruppe ständig zwölf Millionen Sterne in der Großen Magellan'schen Wolke.

Das ist eine Begleitgalaxie der Milchstraße in 170 000 Licht-jahren Entfernung. Damit sollte sie sich außerhalb des ver-muteten Dunkle-Materie-Halos befinden.

Nach knapp sechs Jahren unablässigen Suchens verkünde-te die Kollaboration den Nachweis von etwa 15 Mikro-Gra-vitationslinsenereignissen. Die verursachenden Himmels-körper sollten einige Zehntel Sonnenmassen besitzen und zwanzig Prozent der theoretisch berechneten gesamten Ha-lomasse ausmachen. Das überraschte viele Kollegen, denn es war weitgehend unklar, um welche Art von Himmelskörpern es sich dabei handeln sollte. In diesem Massenbereich würde man Rote Zwergsterne erwarten. Doch nach den Berechnun-gen der Macho-Gruppe müssten sich im Halo mehr als hun-dert Milliarden von ihnen aufhalten, und diese Menge müsste man mit Teleskopen eigentlich sehen. Heute sind die Astrono-men der Meinung, dass die Macho-Gruppe ihre Daten falsch interpretiert hat und es keine bedeutende Menge von Him-melskörpern im Halo der Milchstraße gibt. Nach heutigem Kenntnisstand besteht die Dunkle Materie aus einer noch un-bekannten Sorte von Elementarteilchen, die unsere Milch-straße und andere Galaxien wie eine riesige Wolke umgibt.

Letztlich ließ sich der Mikro-Gravitationslinseneffekt doch noch beobachten und führte auf einem ganz anderen Gebiet zu interessanten Entdeckungen: den extrasolaren Planeten.

Die Idee ist einfach: Wenn ein Vordergrundstern vor einem weiter entfernten Stern entlangzieht, wird der Hintergrund-stern wegen der Gravitationslinsen-Verstärkung heller. Ist der Vordergrundstern von einem Planeten umgeben, so wirkt die-ser ebenfalls als Gravitationslinse und verstärkt das Licht des hinteren Gestirns zusätzlich. Weil ein Planet weniger Masse besitzt und kleiner als ein Stern ist, ist die Lichtverstärkung geringer und die Dauer kürzer.

Die erste Entdeckung eines Exoplaneten gelang mit dieser Methode im Juli 2003. Zwei Forschergruppen überwachten mit ihren automatisch arbeitenden Teleskopen ein Sternfeld in der Nähe des Zentrums der Milchstraße. Ende Juni wurde einer der Sterne langsam heller. Mitte Juli stieg die Helligkeit plötzlich stärker an und fiel nach einem Tag wieder ab, setzte sich anschließend fort und erreichte sieben Tage später ihr Maximum. Danach wurde der Stern wieder langsam dunkler und erreichte nach fünf Wochen seine ursprüngliche Helligkeit. Der gesamte Vorgang hatte etwa sechs Wochen gedauert, wobei eine Woche vor dem Maximum ein eintägiger Helligkeitsausbruch den langsameren Anstieg überlagerte. Ursache für die langsame Lichtverstärkung war ein Vordergrundstern. Das kurze Aufblitzen hatte ein Planet verursacht, der diesen umkreist.

Bis November 2014 wurden rund dreißig Exoplaneten mit Hilfe des Mikro-Gravitationslinseneffekts entdeckt. Diese Methode hat den Vorteil, dass sich mit ihr auch kleinere Planeten bis hinab zur Größe des Mars aufspüren lassen. Der Nachteil ist allerdings, dass der Mikro-Gravitationslinseneffekt zufällig auftritt und sich bei ein und demselben Stern nicht wiederholt. Außerdem lässt der Stern sich im Allgemeinen nicht identifizieren, so dass er anschließend nicht mit leistungsstärkeren Teleskopen untersucht werden kann. Das Mikro-Gravitationslinsenereignis ist ein einmaliger, zufälliger Vorgang.

Jahrzehnte nach Einsteins Arbeit über Gravitationslinsen hat sich dieser Effekt, den er als intellektuelle Spielerei ansah, zu einem wichtigen Werkzeug der modernen Astrophysik entwickelt.

Mit etwas Geschick kann man sich übrigens ein Modell für eine Gravitationslinse selbst anfertigen. Man nehme ein Weinglas und schneide den Stiel kurz oberhalb vom Fuß ab. Schiebt man diese Linse über eine Buchseite, so werden die Buchstaben optisch etwa so verzerrt wie in dem Gravitationsfeld eines Sterns oder einer Galaxie. Wer seine Gläser lieber unbeschadet lässt, kann den Effekt auch beobachten, indem er das Glas ganz lässt und seitlich auf den Boden schaut.

11: Die Suche nach der Weltformel
Einsteins Versuch, Gravitation und Elektrodynamik zu
vereinen, und heutige Ansätze zu einer Quantengravitation

Auf einen Blick
— Fast vier Jahrzehnte lang suchte Einstein nach einer Vereinigung der Allgemeinen Relativitätstheorie mit der Elektrodynamik.
— Alle Ansätze verliefen im Sand, aber ein von Hermann Weyl entwickeltes
mathematisches Verfahren sowie die Idee einer zusätzlichen Raumdimension
von Theodor Kaluza und Oskar Klein finden sich heute in der Superstringtheorie wieder.
— Ende der 1960er Jahre begannen Bryce DeWitt und John Archibald Wheeler mit der Suche nach einer Quantengravitation und stießen dabei auf eine
Wellenfunktion des Universums.
— Superstringtheorie und Schleifen-Quantengravitation verfolgen heute zwei
unterschiedliche Ansätze auf dem Weg zu einer Quantengravitation.

Als Einstein sich noch in der Endphase im Kampf um die
richtigen Feldgleichungen der Allgemeinen Relativitätstheorie befand, blickte er bereits weiter in die Zukunft. Was er dort
sah, war eine übergeordnete Theorie, die seine noch nicht
einmal vollendete Gravitationstheorie mit Maxwells Theorie
des Elektromagnetismus verschmolz und beide aus einem gemeinsamen Prinzip heraus erklärte. »Ich glaube, man müsste – um wirklich vorwärts zu kommen – wieder ein allgemeines, der Natur abgelauschtes Prinzip finden«,[1] schrieb er 1922
dem Mathematiker Hermann Weyl. Doch an dieser über-
mächtigen Aufgabe scheiterte das Genie. Vier Jahrzehnte lang
jagte Einstein der Vereinheitlichung nach. Vergebens! Heute
verzweifeln seine Nachfahren an dem Versuch, Allgemeine
Relativitätstheorie und Quantentheorie zusammenzuführen.
Eine solche zukünftige Quantengravitation könnte womöglich
die Vorgänge im Innern von Schwarzen Löchern und im Urknall erklären.
Die Vereinheitlichung von Naturbeschreibungen ist ein üb-

licher Vorgang in der Physik. Newton führte die im Sonnensystem wirkenden Kräfte und die mechanischen Kräfte im irdischen Geschehen in seiner Mechanik zusammen, James Clerk Maxwell erklärte 1873 im Rahmen seiner Theorie des Elektromagnetismus alle Phänomene, die man im Zusammenhang mit Elektrizität, Magnetismus und Licht gefunden hatte. Nun also Gravitation und Elektromagnetismus?

»Lang lebe die 5. Dimension«

Am 15. November 1915 schrieb Einstein an David Hilbert, er habe sich das Gehirn zermartert, wie man »eine Brücke zwischen Gravitation und Elektromagnetik schlagen«[2] könne. Auch andere Theoretiker dachten darüber nach. So schickte Hermann Weyl am 1. März 1918 an Einstein eine solche Arbeit mit der Bitte, diese der Akademie der Wissenschaften vorzulegen. Weyl glaubte, »Elektrizität und Gravitation aus einer gemeinsamen Quelle«[3] hergeleitet zu haben. Doch Einstein widerlegte Weyls Theorie mit stichhaltigen physikalischen Argumenten, was diesen jedoch nicht daran hinderte, sie in veränderter Form Ende der 1920er Jahre zu veröffentlichen. Weyls Ansatz brachte zwar nicht die erhoffte einheitliche Feldtheorie, fand aber später als mathematische Methode Eingang in die moderne Quantenfeldtheorie.

Einsteins erste Gehversuche verliefen im Sande, bis er im April 1919 einen Brief von Theodor Kaluza, einem Mathematiker an der Universität Königsberg, erhielt. Dieser unterbreitete ihm eine Arbeit, die das Vereinheitlichungsproblem mit einem aufregenden, radikal neuen Ansatz lösen sollte: der Erweiterung der Welt um eine Dimension.

Kaluza hatte den drei Raumdimensionen eine vierte hinzugefügt und so zusammen mit der Zeit eine fünfdimensionale Theorie entwickelt. Das Revolutionäre an dieser Erweiterung bestand darin, dass er zu Einsteins vierdimensionalen Gravitationsgleichungen eine elektromagnetische Größe aus Maxwells Theorie als fünfte Dimension hinzufügte. Damit hatte er beide Theorien in einer einzigen Form vereinigt. Was uns in unserer vierdimensionalen Welt als zwei unterschiedliche Felder oder Kräfte erscheint, ist in der »wirklichen« fünfdimensionalen Welt nur ein einziges Urfeld.

Zwar war Kaluza klar, dass unsere Erfahrung keinerlei Hinweise auf die Existenz einer vierten Raumdimension liefert, aber als Mathematiker fühlte er sich frei, diese einfach anzunehmen. Man kann sich das so ähnlich vorstellen wie die Projektion eines räumlichen, dreidimensionalen Körpers auf eine zweidimensionale Fläche, etwa in der Weise, wie es Schriftsteller in ihren »Flachlandgeschichten« erklärt haben (s. Kapitel 14).

Nehmen wir als Beispiel eine Pyramide. Wird diese von der Seite beleuchtet, so erscheint ihr Schatten als Dreieck, befindet sich die Lichtquelle über oder unter ihr, so ist der Schatten ein Quadrat. Zweidimensionale Wesen, die ausschließlich in dieser Projektionsfläche leben, würden zwei unterschiedliche Objekte wahrnehmen. Ein dreidimensionales Wesen wie wir erkennt jedoch, dass es sich nur um zwei unterschiedliche Ansichten (Projektionen) von ein und demselben Körper handelt. Auf die Physik übertragen bedeutete dies: Gravitation und Elektromagnetismus erscheinen uns nur wie zwei unterschiedliche Projektionen einer einzigen Urkraft. Blieb die Frage: Warum nehmen wir die zusätzliche Raumdimension nicht wahr?

Kaluza konstruierte seine Theorie so, dass diese fünfte Dimension auf kleinster räumlicher Skala zylinderförmig aufgerollt war. Man kann sich das ähnlich vorstellen wie einen Schlauch, den man aus großer Entfernung beobachtet. Der eigentlich zweidimensionale Querschnitt erscheint uns dann als eindimensionale Linie.

Einstein gefiel Kaluzas Arbeit außerordentlich, aber er fand einige Ungereimtheiten darin und schlug sie letztlich der Akademie nicht zur Veröffentlichung vor – zunächst jedenfalls. Zwei Jahre später meldete sich Einstein plötzlich mit einer Karte bei Kaluza und schlug ihm vor, dessen Arbeit nun doch der Akademie zu unterbreiten. Die genauen Beweggründe

sind nicht bekannt, jedenfalls schrieb er ihm: »Ihr Gedanke ist
wirklich bestrickend. Irgendetwas Wahres muss dran sein.«[4]
Einstein war indes in seinen Gedanken noch weiter gegangen.
Er fragte sich, auf welche Weise sich auch Teilchen, wie Elektronen, in eine reine Feldtheorie einfügen ließen. Schließlich war seit der Entdeckung der Formel $E = mc^2$ klar, dass
man Materie als ungeheure Verdichtung von Energie auffassen kann. War also ein materielles Teilchen nichts weiter als
eine Verdichtung des Gravitationsfeldes und die elektrische
Ladung des Elektrons eine »Verklumpung« des elektromagnetischen Feldes? Einstein sah hierin ein ganz neues philoso-
phisches Weltbild: »Ein durch die Luft geworfener Stein ist in
diesem Sinne ein veränderliches Feld, bei dem die Stelle mit
der größten Feldintensität sich mit der Fluggeschwindigkeit
des Steines durch den Raum bewegt. In einer solch neuen
Physik wäre kein Raum mehr für beides: Feld *und* Materie;
das Feld wäre als das einzig Reale anzusehen.«[5]

Einstein arbeitete Kaluzas Idee zusammen mit dem Mathematiker Jakob Grommer weiter aus und veröffentlichte in den kommenden Jahren insgesamt acht Abhandlungen
dazu. Gleichzeitig verfolgte er auch andere Fährten. So griff
er Hermann Weyls Ansatz auf, blieb aber stecken. Ernüchtert
schrieb er Weyl: »Aber darüber [der einheitlichen Feldtheo-
rie] steht das marmorne Lächeln der unerbittlichen Natur,
die uns mehr Sehnsucht als Geist verliehen hat.«[6]

Alle Wege führten in Sackgassen, als Einstein Mitte 1926
von einer Weiterentwicklung von Kaluzas Theorie erfuhr. Der
schwedische Physiker Oskar Klein, ein Schüler von Niels
Bohr, hatte sich mit ihr befasst und sie unter Aspekten der
Quantenphysik erweitert. Dies hatte zur Folge, dass die fünfte Dimension nicht mehr zylinderförmig, sondern in sich
aufgerollt zum Ring wurde. Klein war von Erwin Schrödingers Interpretation der Quantenphysik ausgegangen, wonach
man jedes Teilchen als Welle auffassen konnte. Klein glaubte, mit dieser Theorie nicht nur die Synthese von Gravitation
und Elektromagnetismus, sondern auch die Ursache für die
Quantennatur der Teilchen entdeckt zu haben.

Einstein sprang auf diesen Zug auf und veröffentlichte dazu zwei Arbeiten, schwankte aber im Wochentakt zwischen Begeisterung und Ernüchterung. Im September 1926 fand er die Theorie »zu unnatürlich«, fünf Monate später war er überzeugt, die Vereinigung sei »vollständig befriedigend gelöst«.[7] Noch im Januar 1928 schrieb er Paul Ehrenfest: »Lang lebe die 5. Dimension«,[8] aber schon ein halbes Jahr später tauchten neue Schwierigkeiten auf. Die fünfte Dimension blieb den meisten Physikern suspekt. Es gab keine Hinweise auf ihre Existenz, und die Theorie machte auch keine experimentell überprüfbaren Vorhersagen. Gerade das hatte Einstein aber immer gefordert.

Einstein hatte sich immer weiter von seinem physikalischen Denken entfernt und sich mehr und mehr auf rein mathematische Lösungswege begeben. Auf diese Weise gelangte er 1928 zu einer völlig neuen Theorie, dem Fernparallelismus. Darin kehrte er zur gewohnten vierdimensionalen Beschreibung zurück. Allerdings war die Raumzeit nun – anders als in der Allgemeinen Relativitätstheorie – nicht gekrümmt, sondern flach. Die Schwerkraft steckte in einer Verdrehung der Raumzeit. In dieser Darstellung waren zwei beliebige Verbindungen zwischen zwei Punkten absolut parallel zueinander. Daher der Name Fernparallelismus.

Wieder wähnte sich Einstein auf dem richtigen Weg, und dieses Mal eilte ihm der vermeintliche Durchbruch bereits voraus. Anfang November 1928 berichtete die ›New York Times‹, Einstein sei vor einer großen Entdeckung, wolle aber nicht ungelegte Eier begackern. Am 30. Januar legte er sie: In den Sitzungsberichten der Preußischen Akademie der Wissenschaften erschien die Arbeit ›Zur einheitlichen Feldtheorie‹.

Die Wirkung war phänomenal: Innerhalb von drei Tagen waren tausend Sonderdrucke ausverkauft, Eddington teilte ihm aus London mit, das Kaufhaus Selfridges habe die sechs Seiten in die Auslage gebracht, damit die Kunden sie lesen konnten: »Große Menschenmengen drängen sich dort!«[9] Ein gekonnter Marketinggag, denn verstanden hat mit Sicherheit niemand die Formeln. Einstein war von dem Rummel so genervt, dass er sich für einige Wochen auf den Landsitz eines Freundes zurückzog.

Und doch war er von den neuen Inhalten begeistert. In den Jahren 1929 und 1930 veröffentlichte er zusammen mit seinem neuen Assistenten, dem Mathematiker Walther Mayer, mindestens neun Arbeiten zu diesem Thema. Auch in populären Aufsätzen äußerte er sich dazu, ohne freilich den Versuch zu unternehmen, die komplizierte Mathematik des Fernparallelismus anschaulich zu erklären. Einsteins Kollegen waren indes sehr skeptisch bis ablehnend, sie reagierten »fast alle sauer auf die Theorie«, wie er Mayer am Neujahrstag 1930 schrieb. Absolut vernichtend äußerte sich der für seinen kritischen Geist berühmt-berüchtigte Quantenphysiker Wolfgang Pauli: »Einstein scheint der liebe Gott jetzt völlig verlassen zu haben«, schrieb er Paul Ehrenfest, und zu Pascual Jordan sagte er:»Mit einem solchen Kohl kann man nur amerikanischen Journalisten imponieren, nicht einmal amerikanischen Physikern, geschweige denn europäischen Physikern.« Außerdem klagte er, Einstein liefere »in letzter Zeit durchschnittlich etwa eine solche Theorie pro Jahr« ab, die er jedes Mal als definitive Lösung ansehen würde.»So könnte man […] ausrufen ›Die neue Feldtheorie Einsteins ist tot. Es lebe die neue Feldtheorie Einsteins!‹«[10] Pauli prophezeite Einstein, dieser werde den Fernparallelismus binnen eines Jahres aufgeben. Damit sollte er nicht ganz recht behalten. Einstein gab nach zwei Jahren auf. Im Januar 1832 schrieb er Pauli:»Sie haben also recht gehabt, Sie Spitzbube.«[11]

Doch Einstein ließ sich nicht entmutigen. Frohgemut griff er noch einmal die Kaluza-Klein-Theorie auf, reduzierte sie aber von fünf auf vier Dimensionen und vermeldete Paul Ehrenfest, das Problem sei – mal wieder – endgültig gelöst. Zusammen mit Mayer veröffentlichte er zwei Arbeiten. Diese lösten jedoch gar kein Problem und blieben folgenlos.

Unmittelbar nach der Machtergreifung Hitlers beschloss Einstein im Januar 1933 nicht mehr von einer Vortragsreise durch die USA nach Deutschland zurückzukehren. Er er-

hielt eine großzügig dotierte Stelle an dem neu gegründe-
ten Princeton Institute for Advanced Study. Auch in diesem
»drolligen zeremoniellen Krähwinkel winziger stelzbeiniger
Halbgötter«,[12] wie er das Institut später einmal bezeichnete,
verfolgte er das Problem der Vereinheitlichung weiter. Mit
Unterstützung der beiden deutschen Emigranten Peter Berg-
mann und Valentine Bargmann griff er erneut die Kaluza-
Klein-Theorie in der ursprünglichen fünfdimensionalen Version auf. Das Neue bestand darin, dass Einstein Erkenntnisse
der Quantenphysik, insbesondere die Heisenberg'sche Unschärferelation, mit einbringen wollte. Wieder schöpfte er
Hoffnung. Weihnachten 1938 schrieb er an Michele Besso,
er habe nach zwanzigjährigem Suchen eine aussichtsreiche
Feldtheorie gefunden. Doch auch diese Hoffnung wurde enttäuscht. 1942 gab er das fünfdimensionale Konzept auf. Dieses Mal für immer.

Es folgte ab 1945 noch ein letztes Aufbäumen – vergebens.
Dem größten Physiker des 20. Jahrhunderts war es nicht ver-
gönnt, eines der größten Rätsel der Natur zu lösen. Als Einstein am 18. April 1955 starb, verglich Pascual Jordan Einstein
in seiner Suche nach der einheitlichen Feldtheorie mit einem
»Bergsteiger, der nach Erreichung des höchsten Bergesgipfels
nun weiter in die leere Luft hinauf zu steigen versucht«.[13]

Wege zur Quantengravitation

Aus heutiger Sicht konnte Einstein gar nicht zum Ziel gelangen, weil noch nicht alle Naturkräfte bekannt waren. Andere
Physiker fanden heraus, dass neben der elektromagnetischen
und der Schwerkraft noch zwei weitere Kräfte walten: die
schwache und starke Kraft im Innern der Atomkerne. In den
1970er Jahren gelang es den Theoretikern Sheldon Glashow,
Abdus Salam und Steven Weinberg, den Elektromagnetismus
und die schwache Kraft auf eine gemeinsame Kraft zurück-
zuführen. Für diese Theorie der elektroschwachen Kraft wurden sie 1979 mit dem Physik-Nobelpreis geehrt.

Der nächste Schritt könnte die Vereinigung der elektro-schwachen mit der starken Kraft sein. Erste Ideen zu einer solchen Großen Vereinheitlichten Theorie (englisch Grand Unified Theory, GUT) kamen bereits Mitte der 1970er Jahre auf. Eine befriedigende Lösung ist bis heute nicht gefunden. Interessanterweise sagen die meisten Ansätze voraus, dass das Proton instabil ist. Da Protonen Kernbausteine sind, muss ihre Lebensdauer enorm groß sein. Andernfalls gäbe es gar keine stabile Materie. Bislang konnte kein einziges Experiment einen Protonzerfall nachweisen. Daraus berechnen Physiker eine Mindestlebensdauer von $8 \cdot 10^{33}$ Jahren – nahezu unendlich im Vergleich zum Weltalter von $1{,}4 \cdot 10^{10}$ Jahren. Damit konnten bereits einige GUT-Varianten ausgeschlossen werden. Dennoch sind die Theoretiker zuversichtlich, die drei atomaren Kräfte irgendwann vereinen zu können.

Doch die Grand Unified Theory ist der vorletzte Schritt. Der Heilige Gral der Physik ist erst mit der Vereinheitlichung mit der Gravitation zur Quantengravitation erreicht – manchmal auch einfach Weltformel genannt. Allem Anschein nach werden sich an dieser Herausforderung noch Generationen von Forschern die Zähne ausbeißen. Sie verfolgen unterschiedliche Ansätze, von denen niemand weiß, welcher zum Ziel führen wird oder ob ein völlig anderer Weg eingeschlagen werden muss.

Das Problem besteht vor allem in grundsätzlich unterschiedlichen Konzepten: Elektroschwache und starke Kraft gehorchen den Regeln der Quantenphysik, die Gravitation nicht. Beide unterscheiden sich in der Konzeption von Raum und Zeit. Die Quantenphysik beschreibt die Kräfte als Austausch von Teilchen. So vermittelt das Photon (Lichtteilchen) die elektromagnetische Kraft, sogenannte W- und Z-Bosonen sind die Austauschteilchen der schwachen Kraft, und Gluonen (»Klebeteilchen«) sorgen für den Zusammenhalt der Quarks. Alle Wechselwirkungen zwischen den Elementarteilchen und ihren Kräfteteilchen spielen sich in einer festen Raumzeit ab, wie sie Newton erdacht hat. Die Quantenphysik kennt weder einen gekrümmten Raum noch eine Zeitdilatation. Darin unterscheidet sie sich grundlegend von der Allgemeinen Relativitätstheorie, und das verhindert bislang eine einheitliche Behandlung dieser elementaren Beschreibungen der Natur: Die Quantenphysik agiert in Raum und Zeit, die Gravitation ist Raum und Zeit.

Wenn sich diese beiden Grundfesten der Physik so fundamental unterscheiden, dann – so könnte man meinen – lassen sie sich vielleicht gar nicht zu einer Superkraft verschmelzen. Doch es sprechen gute Argumente dafür. So haben Stephen Hawking, Roger Penrose und andere in den 1970er Jahren bewiesen, dass in der Allgemeinen Relativitätstheorie Singularitäten unvermeidbar sind. Wenn der Kernbereich eines Sterns kollabiert und er mehr als drei Sonnenmassen beinhaltet, muss er unweigerlich in einem Schwarzen Loch enden. Einsteins Formeln können diesen Endzustand aber nicht beschreiben, denn sie führen zu unendlich hoher Materiedichte und unendlicher großer Raumkrümmung – was physikalisch unmöglich ist. Dasselbe gilt für die Beschreibung des Urknalls: In diesem Moment besaß die Materie unendlich hohe Dichte und Temperatur. In diesen beiden Extremen bricht die Allgemeine Relativitätstheorie zusammen.

Doch auch die Quantenphysik hat mit solchen Problemen zu kämpfen. So muss nach ihren Regeln das Vakuum erfüllt sein von virtuellen Teilchenpaaren, die kurzzeitig entstehen und wieder vergehen. Virtuell deswegen, weil diese Teilchen nicht real werden und beispielsweise nie stabile Protonen oder gar Atome bilden können. Solche Vakuumfluktuationen könnten aber den Urknall ausgelöst haben, und sie spielen am Rande Schwarzer Löcher eine Rolle, wo sie zur Hawking-Strahlung führen (s. Kapitel 7). Die Quantentheorie gibt indes keine obere Grenze für die Energie der virtuellen Teilchen vor. Theoretisch kann diese unendlich groß werden – ebenfalls eine physikalische Unmöglichkeit, die Physiker »von Hand« in der Theorie beheben müssen. Man spricht hier von Renormierung. In der Quantenelektrodynamik beispielsweise sind Masse und Ladung des Elektrons die Renormierungsgrößen. Sie lassen sich nicht aus der Theorie herleiten, sondern müssen experimentell ermittelt werden. Eines der großen Probleme besteht heute darin, dass sich die Gravitation nicht renormieren lässt. Man wird die Unendlichkeiten einfach nicht los.

Die Wellenfunktion des Universums

Eine zukünftige Theorie der Quantengravitation sollte diese Unzulänglichkeiten beheben und eine in sich geschlossene, konsistente Beschreibung aller Phänomene liefern. Den ersten Versuch starteten Ende der 1960er Jahre die amerikanischen Physiker Bryce DeWitt und John Archibald Wheeler. DeWitt war dabei von der grundlegenden Arbeit des Quantenphysikers Erwin Schrödinger ausgegangen. Dieser hatte 1926 eine Gleichung aufgestellt, mit der sich ein Teilchen als Welle darstellen ließ. Die Schrödinger-Gleichung drückt damit den Welle-Teilchen-Dualismus aus und ist nach wie vor ein wichtiges mathematisches Handwerkszeug der Quantenphysik.

DeWitt wandte dieses Werkzeug in abgewandelter Form auf das gesamte Universum an und stieß dabei auf dessen Wellenfunktion. Diese macht jedoch zunächst keine Aussage über die Realität, dafür muss man sie mit notwendigen Randbedingungen füttern – was nicht gelang. DeWitt, der anfangs immer von der Schrödinger-Einstein-Gleichung sprach, verlor deshalb schon bald das Interesse an seiner Gleichung. Als er sie jedoch bei einem Treffen Wheeler zeigte, war dieser wie elektrisiert von der Idee und verfolgte sie weiter, wobei er stets von der DeWitt-Gleichung sprach. Erst Ende der 1980er Jahre einigten sich beide auf die bis heute übliche Bezeichnung Wheeler-DeWitt-Gleichung. Was besagt sie überhaupt, und was kann man sich unter der Wellenfunktion des Universums vorstellen?

Dafür müssen wir kurz auf die Schrödinger-Gleichung zurückkommen. Wenn man als Randbedingung den Fall eingibt, dass sich ein Elektron in dem elektrischen Feld eines Atomkerns befindet, so erhält man eine Wellengleichung, welche die Energieniveaus, die das Elektron einnehmen kann, beschreibt. Diese Niveaus entsprechen den »Bahnen« im Bohrschen Atommodell. Allerdings ist die Vorstellung, dass ein kugelförmiges Elektron den Kern umkreist wie ein Planet die Sonne, falsch. In der Quantenmechanik gibt es keine exakten Bahnen mehr, sondern es lässt sich nur noch eine Wahrscheinlichkeit für den Aufenthaltsort des Elektrons in einem jeweiligen Energieniveau angeben. Darin besteht der grundlegende Unterschied zwischen der klassischen und der Quantenphysik. Außerdem beschreibt diese Lösung der Schrödinger-Gleichung Wahrscheinlichkeiten dafür, dass ein Elektron von einem Energieniveau zum anderen wechseln kann.

Diese quantenphysikalischen Prinzipien finden sich in der Wheeler-DeWitt-Gleichung wieder. Auch sie liefert eine Wellengleichung, nun allerdings für das gesamte Universum. Stellen wir uns erneut den dreidimensionalen Raum um eine Dimension verringert vor, so dass er zur Fläche wird. Dann hätte das Universum die Form eines Tuches mit einer großräumigen Krümmung, und an vielen Stellen befänden sich unterschiedlich tiefe Mulden. Sie hätten ihre Ursache in der Gravitation, also Raumkrümmung, der Himmelskörper. Die Wellenfunktion des Universums wäre dann ein solches Tuch zu einem bestimmten Zeitpunkt. Ähnlich wie die Schrödinger-Gleichung die Übergangswahrscheinlichkeit eines Elektrons von einem Energieniveau zum anderen angibt, gibt die Wellenfunktion der Wheeler-DeWitt-Gleichung die Wahrscheinlichkeit dafür an, dass das Universum von einem Zeitpunkt zum nächsten in einen anderen Zustand wechselt. Die Evolution des Universums wird dadurch gewissermaßen in eine Abfolge von dreidimensionalen Räumen (in der Analogie: Tüchern) aufgefächert, und diese Räume verändern sich entlang der Zeit.

Das ist nur eine qualitative Beschreibung dessen, wohin die Wheeler-DeWitt-Gleichung führt. Für einen allgemeinen Fall ist sie aber nicht lösbar. Nur für extrem vereinfachte, unrealistische Fälle lassen sich Näherungslösungen finden. Insbesondere benötigt man eine Anfangsbedingung, von der aus sich der Raum entwickeln kann. Dieser Anfang ist der Urknall, also eine Singularität mit physikalisch unmöglicher, unendlich hoher Dichte, Temperatur und Raumkrümmung.

Stephen Hawking und sein Mitarbeiter James Hartle haben 1983 einen Ausweg aus diesem Dilemma vorgeschlagen. Demnach hört die Zeit im Urknall auf zu existieren und verwandelt sich in eine vierte Raumdimension. Damit umgehen die beiden Forscher die Anfangssingularität. Das wirkt eher wie ein mathematischer Trick und scheint mit der Realität nichts mehr zu tun zu haben. Vorstellbar ist dieser Identitätswechsel jedenfalls nicht.

Nach Hawkings und Hartles Analyse der Wheeler-DeWitt-Gleichung entstand die Zeit mit dem Urknall. Eine »Zeit davor« gab es nicht. Außerdem, so folgern Kosmologen, definiert die Expansion des Universums auch die Richtung der Zeit. »Das Universum expandiert nicht in der Zeit, sondern definiert die Zeit *und* ihre Richtung«,[14] schreibt der Theoretiker Claus Kiefer.

Wegen der bis heute hartnäckig bestehenden mathematischen Schwierigkeiten verfolgen viele Theoretiker den Ansatz von Wheeler und DeWitt nicht mehr länger. Stattdessen haben sich zwei andere Wege mit unterschiedlicher Herangehensweise herauskristallisiert: Im einen Fall geht man von der Quantentheorie aus und versucht, die gekrümmte Raumzeit darin zu integrieren. Diesen Ansatz verfolgt die Stringtheorie. Die zweite Möglichkeit geht von der Allgemeinen Relativitätstheorie aus, auf die dann Konzepte der Quantenphysik angewendet werden. Dies ist der Weg der Schleifen-Quantengravitation und verwandter Methoden.

Die Stringtheorie gezupfter Saiten

Viele Physiker sehen in der Stringtheorie den heißesten Kandidaten für die Weltformel. Sie geht von der Quantenphysik aus und sagt deshalb auch für die Gravitation ein Kraft- oder Austauschteilchen vorher: das Graviton. Ohne zu wissen, ob es existiert, lassen sich bereits einige Eigenschaften festlegen:

So weist es keine Masse auf (wie Photonen), und der Spin besitzt den Wert 2. Der Spin ist eine Eigenschaft, die sich am ehesten mit einer Rotation der Teilchen veranschaulichen lässt. Er charakterisiert bestimmte Klassen von Teilchen: Die Bausteine der Materie (die Fermionen: Elektron, Neutrino und Quark) besitzen den Spin ½, alle bislang bekannten Austauschteilchen (die Bosonen: Photon, Gluon sowie W- und Z-Boson) besitzen Spin 1.

Als die Stringtheorie 1970 aufkam, dachte allerdings noch niemand daran, auch Gravitonen mit ihr zu beschreiben. Sie wurde anfänglich erdacht, um die Kräfte zwischen Quarks im Innern von Protonen zu verstehen. In diesem Bild wurden die Teilchen mit Fäden (englisch Strings) aneinandergebunden. Die verschiedenen Teilchen ließen sich dann durch unterschiedliche Schwingungen dieser Fäden beschreiben. Das kann man sich ähnlich vorstellen wie die unterschiedlichen Schwingungsmodi einer Gitarrensaite, welche die Tonhöhe festlegen.

Der Versuch, das Innenleben von Protonen auf diese Weise zu erklären, wurde bald wieder aufgegeben und durch die Theorie der Quantenchromodynamik ersetzt. Doch 1974 kehrte die Stringtheorie wieder zurück, als Jack Schwarz vom California Institute of Technology entdeckte, dass bestimmte Schwingungsmodi von kreisförmig geschlossenen Strings (Gummibändern ähnlich) die Eigenschaften der vorhergesagten Gravitonen besitzen. Weitere Theoretiker suchten nun nach Möglichkeiten, alle Elementarteilchen – mit und ohne Masse sowie mit ganz- und halbzahligem Spin – mit diesen schwingenden Saiten zu beschreiben: Je stärker ein String schwingt, desto mehr Energie besitzt er und desto schwerer ist das Teilchen. Die Stringtheorie war geboren.

Die erste Euphorie war groß, offenbarte doch dieser neue Ansatz die Möglichkeit, alle vier Naturkräfte zusammenzufassen und mit dem Konzept schwingender Saiten einheitlich zu beschreiben. Doch dann tauchten zwei unausweichliche Aspekte auf, die den Theoretikern bis heute das Leben schwer machen.

Zum einen funktioniert die Stringtheorie nicht in den uns bekannten drei Raumdimensionen, sondern es sind neun oder zehn nötig. Wie schon bei der alten Idee von Kaluza, Klein und Einstein stellt sich natürlich die Frage: Wo sind die von uns nicht wahrnehmbaren sechs oder sieben weiteren Dimensionen? Der Lösungsansatz besteht wie auch schon damals in der Hypothese, dass diese Dimensionen nur auf extrem kleiner Skala existieren. Physiker sprechen von Kompaktifizierung. Auf welchen Größenskalen sich die zusätzlichen Raumdimensionen bemerkbar machen sollten, ist unklar. Die Theorie sagt aber vorher, dass auf dieser Größenskala das Newton'sche Gravitationsgesetz nicht mehr gelten sollte. Das hat weltweit Gruppen angeregt, nach solchen Abweichungen zu suchen – bislang ohne Erfolg.

Zum anderen erfordert die Stringtheorie eine drastische Erweiterung des Baukastens der Materie: Zu jedem Elementarteilchen (Bosonen und Fermionen) muss es ein Partnerteilchen geben: Zu jedem Boson (Spin 1) existiert ein Partner mit Spin $\frac{1}{2}$ und zu jedem Fermion (Spin $\frac{1}{2}$) existiert ein Boson mit Spin 1. Physiker sprechen von Supersymmetrie oder kurz Susy. Damit wurde die Stringtheorie zur Superstringtheorie. Das Problem: Bislang wurde kein einziges Supersymmetrie-Teilchen entdeckt. Dies ist eine der Hauptaufgaben des Large Hadron Collider (LHC) in Genf, mit dem 2012 die Entdeckung des Higgs-Teilchens gelang.

Bis Mitte der 1990er Jahre hatten sich von der ohnehin schon sehr komplexen Superstringtheorie fünf Varianten herausgebildet. In dieser Phase überraschte Edward Witten von der Universität Princeton mit der Entwicklung der M-Theorie. In ihr gibt es keine schwingenden Strings mehr, sondern vibrierende Membranen. Die M-Theorie soll alle Varianten der Superstringtheorie in sich vereinen, was manchmal als »zweite Superstringrevolution« bezeichnet wird. Die erste Superstringrevolution hatten 1984 Jack Schwarz und Michael Green, damals an der Queen-Mary-Universität London, ausgelöst, als sie zehn Dimensionen und bestimmte mathematische Symmetrien annahmen.

Doch auch nach zwei Revolutionen ist die Superstring-theorie nicht in der Lage, alle vier Naturkräfte einheitlich zu beschreiben. Neben den bislang unauffindbaren Super-symmetrie-Teilchen leidet sie an der Tatsache, dass sie keine konkreten Vorhersagen über die Natur und das Universum macht. Sie umfasst etwa 10^{500} mögliche Lösungen, und es gibt derzeit keine Möglichkeit zu entscheiden, welche unsere Welt beschreibt und ob es überhaupt eine von ihnen tut. Deshalb ist unter Stringtheoretikern eine gewisse Ernüchterung einge-kehrt. Eine dritte Revolution muss kommen.

Schleifen-Quantengravitation – Atome der Raumzeit

Der zweite Weg zur Weltformel ist die Schleifen-Quanten-gravitation. Sie hat gegenüber der Stringtheorie den Vor-teil, dass sie mit den bekannten drei Raumdimensionen und der Zeit als vierter Dimension auskommt. Sie nahm Mitte der 1980er Jahre an Fahrt auf, als es einigen Theoretikern mit neuen mathematischen Methoden gelang, die Raumzeit selbst zu quantisieren. Der Raum setzt sich nun auf kleinster Skala aus »Volumenquanten« zusammen, die man sich in ein-fachster Form als Tetraeder oder Würfel vorstellen kann.

Es erwies sich jedoch, dass die mathematische Beschrei-bung des granularen Raumes einfacher wird, wenn man nicht die Körper selbst betrachtet, sondern Linien, welche die Zen-tren der Körper verbinden. Diese Linien spannen ein Netz auf und weben gewissermaßen den Raum. Die vier Grundkräfte inklusive Gravitation und Elementarteilchen werden nun an verschiedenen Orten auf diesem Netzwerk lokalisiert. Ändern sich die Kräfte oder die Raumkrümmung, so wabert das ge-samte Netz. Interessanterweise ist dieses Netz nicht lücken-los, sondern es ist von Löchern durchsetzt, in denen buch-stäblich nichts existiert: weder Raum noch Zeit (s. Bild 13 im farbigen Mittelteil).

Diese Körnigkeit des Raumes – Physiker sprechen auch von Raumatomen oder Schleifenquanten – bleibt uns verborgen, weil die Elementarkörper extrem klein sind und sich erst auf der sogenannten Planck-Skala bemerkbar machen. Diese geht zurück auf den Quantenphysiker Max Planck, der 1899 vier fundamentale Naturkonstanten in unterschiedlicher Weise kombinierte. Dabei handelt es sich um die Gravitationskonstante, die Lichtgeschwindigkeit, das Planck'sche Wirkungsquantum und die Boltzmann-Konstante. Setzt man sie auf die richtige Weise zusammen, so erhält man die Planck-Länge von $1,6 \cdot 10^{-35}$ Meter, die Planck-Zeit von $5,4 \cdot 10^{-44}$ Sekunden und die Planck-Masse von $5,5 \cdot 10^{-5}$ Gramm. Das entspricht der Dauer, die ein Lichtstrahl benötigt, um die Planck-Länge zurückzulegen. In diesem Größenbereich ist die von Elementarteilchen erzeugte Raumzeitkrümmung nicht mehr vernachlässigbar. Wenn die Wellenlänge eines Teilchens kleiner ist als die Planck-Länge, kann es ein Schwarzes Loch bilden, das dann mindestens die Planck-Masse besäße.

Nach heutiger Vorstellung der Quantengravitation ist der Raum auf diesen Skalen quantisiert. Auch die Zeit vergeht nicht kontinuierlich, sondern in Schritten von $5,4 \cdot 10^{-44}$ Sekunden. Die kosmische Uhr tickt also wirklich.

Die häufig verwendete Veranschaulichung des gekrümmten Raumes mit einem Gummituch müsste man im Rahmen der Schleifen-Quantengravitation dahingehend erweitern, dass dieses Tuch mit einem Mikroskop betrachtet nicht perfekt glatt ist, sondern eher wie ein Gewebe erscheint. Allerdings besteht keinerlei Möglichkeit, mit noch so genauen Mikroskopen oder Teilchenbeschleunigern in diese winzige Skala vorzudringen. Zum Vergleich: Die Planck-Länge verhält sich zu einem Meter wie ein Tausendstel eines Atomdurchmessers zur Entfernung der Andromeda-Galaxie von der Erde (2,5 Mio. Lichtjahre). Die Planck-Zeit verhält sich zu einer Sekunde wie $2 \cdot 10^{-26}$ Sekunden zum Weltalter. Kein Instrument oder Experiment vermag dieses Ticken der Zeit aufzulösen.

Diese Art der Quantisierung der Raumzeit klingt reizvoll und einleuchtend, doch ob sie mit der Natur überhaupt etwas zu tun hat oder nur ein mathematisches Konstrukt ist, lässt sich nur entscheiden, wenn man sie auf bekannte Phänomene anwendet. Das ist jedoch extrem schwierig, weil sie höchst anspruchsvolle mathematische Methoden benötigt, die nur wenige Forscher beherrschen. Doch es gibt Fortschritte. Sie gelingen immer dann, wenn man die zu berechnende Situation stark vereinfacht, zum Beispiel durch Annahme von Symmetrien.

Für Aufsehen sorgte die Arbeit von dem an der Pennsylvania State University forschenden Theoretiker Martin Bojowald, der den Urknall berechnete und durch ihn hindurch in ein Vorgänger-Universum vorstieß. Praktisch geht dies stark vereinfacht gesagt so: Wenn man mit der Schleifen-Quantengravitation das expandierende Universum beschreiben möchte, vergrößert man den Raum, indem man Schritt für Schritt Raumatome hinzufügt. Umgekehrt wird das Universum immer kleiner, wenn man zum Urknall zurückrechnet. In diesem Fall muss man sukzessive Raumatome entfernen. Weil Materie und Energie im Universum erhalten bleiben, wächst deren Dichte pro Raumatom an. In der Allgemeinen Relativitätstheorie schnurrt der Raum im Urknall bis zu einem Punkt zusammen, und in dieser Singularität wird die Dichte unendlich groß. Nicht so in der Schleifen-Quantengravitation. Warum?

Martin Bojowald vergleicht die Raumzeit mit einem Schwamm. So wie dieser nur eine begrenzte Menge an Wasser aufnehmen kann und in vollgesogenem Zustand Überschusswasser ausstößt, so wirkt das Raumzeitgitter abstoßend, sobald es zu viel Energie aufzunehmen droht. Auf diese Weise steigt die Dichte zwar auch in diesem Szenario zum Urknall hin enorm an, wird aber nicht unendlich groß.[15] Damit endet die Zeit auch nicht im Urknall, sondern läuft durch ihn hindurch und mündet in ein mögliches Vorgänger-Universum. Wie dieses ausgesehen haben könnte, lässt sich ebenso wenig beantworten wie die Frage, ob vor diesem Universum eines oder mehrere weitere existierten.

Dieser Erfolg erweckt den Eindruck, als hätten die Theoretiker mit der Schleifen-Quantengravitation bereits die allumfassende Beschreibung des Universums sowie aller in ihr existierender Materie und Kräfte gefunden. Doch davon sind sie noch weit entfernt. »Es gibt viele Beispiele, wo die mathematische Vorhersage und Fantasie nicht mit der Beobachtung übereinstimmten, und die schnell vergessen wurden«, gab Bojowald im Jahr 2009 zu bedenken. »Das kann hier genauso kommen. Am Ende sind es nur die Beobachtungen, die sagen, ob eine Theorie wie diese stichhaltig ist oder nicht.«[16]

Die Schleifen-Quantengravitation macht noch weitere Probleme. Eines der schwerwiegendsten ist wohl, dass sich die Allgemeine Relativitätstheorie bislang nicht aus der Schleifen-Quantengravitation herleiten lässt. Sie muss aber ebenso als Grenzfall in ihr enthalten sein, wie Newtons Gravitationsgesetz als Grenzfall in der Allgemeinen Relativitätstheorie enthalten ist. Außerdem enthält die Schleifen-Quantengravitation nicht die schwache und starke Kraft. Sie tritt also nicht mit dem Ziel an, alle Grundkräfte zu vereinigen.

Jede Theorie muss sich an der Realität messen lassen. Aus heutiger Sicht erscheint es jedoch unmöglich, die Raumatome jemals sichtbar zu machen. Dafür sind sie viel zu klein. Doch es gibt Ideen, wie sie sich auf kosmischen Skalen bemerkbar machen. So wird Licht ähnlich wie bei dem Durchqueren eines Glasprismas in den Raumblasen gebrochen – wenn auch mit extrem kleiner Wirkung. Auf einer Strecke von Milliarden von Lichtjahren summiert sich der Effekt jedoch auf und könnte beobachtbar werden.

Im Jahr 2013 beobachteten amerikanische Astronomen den Gammastrahlen-Ausbruch eines sieben Milliarden Lichtjahre entfernten Himmelskörpers. Die Schleifen-Quantengravitation sagt voraus, dass Gammastrahlung abhängig von ihrer Energie (sprich Wellenlänge) unterschiedlich stark in den Raumblasen gebrochen wird. Das ist gleichbedeutend damit, dass die Ausbreitungsgeschwindigkeit der Strahlung von deren Energie abhängt. Physiker nennen diesen Effekt Dispersion. Wenn ein Himmelskörper zeitgleich Gammastrahlung mit unterschiedlicher Energie aussendet, sollten diese Strahlungsanteile nach ihrer sieben Milliarden Jahre dauernden Reise durchs All abhängig von ihrer Energie zu unterschiedlichen Zeiten bei uns eintreffen. Die Astronomen fanden jedoch, dass die Gammastrahlung der beiden Himmelskörper GRB 090510A und GRB 130427A unabhängig von der Energie jeweils innerhalb einer Tausendstel Sekunde auf der Erde ankam. Sie folgern daraus, dass der Raum nicht auf der Planck-Skala quantisiert sein kann. Wenn er überhaupt aus »Atomen« bestehen sollte, dann müssten diese kleiner als 1/500stel der Planck-Länge sein.

Die Folgerungen für die Schleifen-Quantengravitation sind im Moment noch nicht absehbar. Astrophysikalische Beobachtungen dieser Art sind schwierig und lassen sich möglicherweise auch anders interpretieren. Ob die Forscher jemals »ein allgemeines, der Natur abgelauschtes Prinzip« finden werden, wie Einstein hoffte, weiß niemand.

Interview mit Claus Kiefer

»Einstein konnte nicht zum Ziel gelangen.«

Claus Kiefer, geboren 1958 in Karlsruhe, verspürte schon als Kind den Wunsch, Astronom zu werden. Mit elf Jahren beobachtete er den Sternenhimmel mit einem Fernglas; acht Jahre später begann er in Heidelberg mit dem Physikstudium. Bald zog es ihn zur Theorie, wobei das Buch ›Weiße Zwerge, Schwarze Löcher‹ von Hannelore und Roman Sexl auf ihn wie eine Offenbarung wirkte und ihn in den Bann von Relativitätstheorie und Kosmologie zog. Nach einem Studienaufenthalt an der Universität Wien beschäftigte er sich in Heidelberg zunächst mit Quantenfeldtheorie und diplomierte darin. Im Rahmen seiner Dissertation bei Prof. Zeh an der Universität Heidelberg setzte er sich dann mit dem Zeitbegriff in der Quantengravitation auseinander. Nach Forschungsaufenthalten an mehreren Universitäten wurde er 2001 auf eine Professur für Theoretische Physik an der Universität zu Köln berufen, wo er sich mit den Grundlagen der Quantentheorie und Allgemeinen Relativitätstheorie und ihrer angestrebten Vereinigung in einer Theorie der Quantengravitation beschäftigt.

In gewisser Weise setzen Sie Einsteins Weg auf der Suche nach einer Vereinheitlichten Feldtheorie fort. Warum ist Einstein damals gescheitert?
Einstein konnte nicht zum Ziel gelangen, weil er die Quantentheorie ablehnte. Außerdem berücksichtigte er die starke und die schwache Kraft, die in Atomkernen wirken, nicht.

Einstein hat sich längere Zeit mit der von Theodor Kaluza eingeführten vierten Raumdimension auseinandergesetzt. Spielt diese Idee heute noch eine Rolle?
Nicht mehr in der ursprünglichen Form. Lisa Randall hat vor einigen Jahren mit einer Theorie für Aufsehen gesorgt, in der sie eine vierte Raumdimension einführte. Die sollte nicht winzig klein aufgerollt sein, wie bei Kaluza und Klein, sondern unendlich ausgedehnt. Das führte aber bisher nicht zum Erfolg und wird deshalb kaum weiterverfolgt. In der Stringtheorie lebt die Idee von zusätzlichen Raumdimensionen aber wieder auf. Allerdings sind es hier neun oder zehn.

Können wir überhaupt sicher sein, dass sich alle vier Grundkräfte vereinen lassen?
Letztendliche Gewissheit haben wir nicht. Mich würde aber das Nebeneinander von einer klassischen Feldtheorie und der Quantentheorie stören. Der Reduktionismus ist ja auch ein altes Prinzip, das sich in der Physik in den letzten Jahrhunderten immer wieder durchgesetzt hat. Außerdem gibt es Grenzbereiche, in denen beide Theorien für sich versagen, nämlich bei Schwarzen Löchern und im Urknall.

Wie schätzen Sie die Erfolgschancen der Stringtheorie und der Schleifen-Quantengravitation ein?

Ich bin bei beiden Ansätzen skeptisch. An der Stringtheorie beispielsweise wird seit vierzig Jahren gearbeitet, ohne dass sie konkrete Vorhersagen auch nur für ein Experiment macht. Das ist ein absolutes Novum in der Theoretischen Physik. Niemand weiß, wie man die 10^{500} möglichen Lösungen einschränken soll und ob eine davon unsere Welt wirklich beschreibt. Es gibt zwar immer wieder Versuche, aus der Stringtheorie die Gravitation zu verstehen, aber es bleiben noch offene Fragen.

Zumindest ist die Stringtheorie aber im Ansatz eine Theorie für alle Kräfte, aus der sich die Gravitation zusammen mit den anderen Wechselwirkungen ergibt. Diesen Ansatz der Vereinheitlichung hat die Schleifen-Quantengravitation nicht. In ihr wird die Gravitation quantisiert, ohne eine Vereinheitlichung anzustreben. Ich halte diesen Zugang für eine Sackgasse. Die Schleifen existieren nur in der Mathematik, und die Allgemeine Relativitätstheorie lässt sich aus ihr nicht offensichtlich ableiten. Außerdem lässt sich in ihr die Existenz von Materie nicht erklären. Den vermeintlichen Erfolg, dass man mit ihr die Singularität des Urknalls umgehen könne, hat Martin Bojowald jüngst selbst zurückgenommen.

Es gibt noch weitere Zugänge, wie die Quantengeometrodynamik (Wheeler-DeWitt-Gleichung), die Methode der Pfadintegrale, insbesondere die der dynamischen Triangulation, asymptotische Sicherheit und quantisierte Supergravitation. Aber alle haben noch Probleme.

Das klingt nicht gerade zuversichtlich. Woran arbeiten Sie denn selbst?

Ich denke, dass wir mit den Ansätzen Schleifen-Quantengravitation und Stringtheorie nicht auf dem richtigen Weg sind. Ich bin deswegen auf einen eher konservativen Weg zurückgekehrt und beschäftige mich intensiv mit der Wheeler-De-Witt-Gleichung.

Auch hier tauchen natürlich Probleme auf. Aber immerhin

kommt man auf natürliche Weise zu dieser Gleichung, wenn man eine Wellengleichung sucht, aus der sich die Einstein-Gleichungen im klassischen Grenzfall ergeben, ganz ähnlich wie es Schrödinger für die Quantenmechanik getan hat. Das hat sich schließlich bewährt. Allerdings ist es dann so, dass es keinen äußeren Zeitparameter mehr gibt, im Unterschied zur Quantenmechanik. Das liegt daran, dass die Zeit in der Relativitätstheorie nicht absolut, sondern dynamisch ist. In der Quantenphysik ist sie absolut, wie bei Newton, und kann deswegen nicht entfallen. Wir sehen also auch hier fundamentale Unterschiede in Quantenmechanik und Gravitation.

Lassen sich aus der Wheeler-DeWitt-Gleichung experimentell überprüfbare Vorhersagen ableiten?
Wir haben die Wheeler-DeWitt-Gleichung bis heute nicht richtig verstanden, zumindest nicht auf der fundamentalen Ebene. Allerdings kann man in geeigneten Grenzfällen eindeutige Vorhersagen aus dieser Gleichung bekommen. So beschäftige ich mich seit einigen Jahren gemeinsam mit Kollegen und Studenten damit, aus dieser Gleichung Effekte zu berechnen, die man in der kosmischen Hintergrundstrahlung sehen könnte, wenn sie groß genug wären. Leider sind sie in den bisher untersuchten Fällen zu klein, aber wir geben nicht auf.

Es gab durchaus schon Ansätze, die heutigen Regeln der Quantenphysik auf die Gravitation anzuwenden. Ein früher Versuch von Stephen Hawking führte zu der Vorhersage, dass Schwarze Löcher über lange Zeiträume schrumpfen und schließlich explodieren. Dabei soll die berühmte Hawking-Strahlung entstehen. Wie sicher ist es eigentlich, dass es sie gibt?
Kaum einer meiner Kollegen zweifelt an der Richtigkeit von Hawkings Vorhersage. Man kommt auch auf verschiedenen Wegen zu der Aussage, dass es die Hawking-Strahlung geben muss.

Noch zu einem aktuellen Ergebnis, das eventuell Auswirkungen auf Theorien der Quantengravitation haben könnte. Im Frühjahr 2014 haben Astronomen mit einem Teleskop namens »BICEP2« am Südpol in der kosmischen Hintergrundstrahlung Anzeichen für Gravitationswellen im Urknall entdeckt. Was bedeutet das, sollte sich das Ergebnis bewahrheiten?

Wenn das Messergebnis stimmt, dann ist das wirklich eine Sensation. Ich würde das von der Bedeutung her mindestens mit der Entdeckung des Higgs-Teilchens vergleichen.

Was macht diese Entdeckung so aufregend?

Zwei Gründe. Zum einen kennen wir im Wesentlichen nur einen Mechanismus, der im frühen Universum Gravitationswellen erzeugen konnte, und das ist die inflationäre Expansion. Bislang hatten wir aber nicht so starke Hinweise darauf, dass die Inflation wirklich stattgefunden hat.

Das hat sich mit dieser Entdeckung geändert. Zum anderen handelt es sich hier um einen Quanteneffekt der Gravitation, also um den ersten empirischen Hinweis auf eine Quantengravitation.

Was bedeutet inflationäre Expansion?

Dieses Modell besagt, dass sich der beobachtbare Teil des Universums in der Geburtsphase für den Bruchteil einer Sekunde mit formaler Überlichtgeschwindigkeit ausdehnte, bis es etwa die Größe einer Pampelmuse erreicht hatte. Das widerspricht nicht der Relativitätstheorie, weil sich nicht Körper im Raum mit Überlichtgeschwindigkeit bewegen, sondern der Raum selbst expandiert. Dann endete diese Phase, und das Universum dehnte sich zunächst mit Unterlichtgeschwindigkeit, dann später wegen der Dunklen Energie wieder mit Überlichtgeschwindigkeit bis zur heutigen Größe aus. Die Inflationshypothese war nötig geworden, weil sich nur mit ihr eine befriedigende Erklärung der Strukturentstehung ergibt.

Und was ist der zweite spannende Aspekt?
Wie bereits angedeutet: Die Erzeugung der Gravitationswellen war ein quantenphysikalischer Vorgang. Die Theorie sagt nämlich voraus, dass während der inflationären Phase Gravitonen entstanden sind. Das sind die Teilchen des Gravitationsfeldes.

Können Sie den Zusammenhang zwischen einem Feld und einem Teilchen kurz erläutern?
In der Quantenmechanik gehört zu jedem Feld ein Teilchen. Beispielsweise ist der Vertreter des elektromagnetischen Feldes das Photon und zum Higgs-Feld gehört das Higgs-Teilchen. Genauso sollte zu einem Gravitationsfeld ein Graviton gehören.

Womit eine Verbindung zwischen Gravitation und Quantenmechanik und damit ein Hinweis auf die Existenz einer Quantengravitation hergestellt wäre.
Genau. Vielleicht können wir über die Erzeugung der Gravitonen noch mehr erfahren, wenn wir bessere Daten bekommen. Der Planck-Satellit sollte diese Signatur eigentlich auch nachgewiesen haben. [Die Planck-Ergebnisse waren bei Drucklegung dieses Buches noch nicht veröffentlicht.]

Könnte man sagen, dass diese Entdeckung – immer vorausgesetzt, sie bewahrheitet sich – der Beweis dafür ist, dass es eine vereinheitlichte Theorie von Quantentheorie und Gravitation geben muss?
Ja.

12: Himmlische Navigation
Kein Global Positioning System (GPS) ohne Einstein

Auf einen Blick
- Das Global Positioning System (GPS), mit dem Navigationsgeräte arbeiten, würde ohne Kenntnis der Speziellen und Allgemeinen Relativitätstheorie nicht funktionieren.
- Die in den Satelliten arbeitenden Atomuhren werden absichtlich im Labor zu langsam eingestellt, damit sie in der Umlaufbahn synchron zu den Uhren auf der Erde laufen.
- Für eine extreme Ortungsgenauigkeit im Zentimeterbereich sind zahlreiche weitere Korrekturen nötig.

Es ist für uns heute selbstverständlich, dass uns ein Navigationsgerät im Auto den Weg weist und wir mit Smartphones unseren Aufenthaltsort bis auf wenige Meter genau bestimmen können. Das ermöglicht das amerikanische satellitengestützte Ortungs- und Navigationssystem Global Positioning System, kurz GPS. Weniger bekannt ist hingegen, dass dieses System ohne Kenntnis der Speziellen und Allgemeinen Relativitätstheorie nicht funktionieren würde.

Das GPS basiert auf einer Armada von 24 Satelliten, welche die Erde in einer Höhe von 20 000 Kilometern umkreisen. Die Satelliten sind mit Atomuhren ausgestattet und senden unablässig die Parameter ihrer Bahn sowie Zeitsignale zur Erde. Ein GPS-Empfänger registriert die Signale von mindestens vier fliegenden Atomuhren gleichzeitig und errechnet deren Laufzeit. Daraus bestimmt er die Entfernung der Satelliten. Die Umlaufbahnen sind genau bekannt, so dass der Empfänger nun seine eigene Position relativ zu den Satelliten berechnen kann. Dieses Verfahren entspricht demjenigen eines Geodäten, der durch Triangulation das Land vermisst. Lediglich in den Polarregionen funktioniert das System nur eingeschränkt.

Eigentlich wären hierfür die Signale von drei Satelliten ausreichend, um die drei Raumkoordinaten geografische Länge und Breite sowie Höhe über dem Meeresspiegel zu bestimmen. Aber das Verfahren beruht auf dem Vergleich der Zeitsignale im Sender und Empfänger. Da die meisten GPS-Empfänger aber nicht mit einer Atomuhr ausgestattet sind, benötigt man die Information eines vierten Satelliten.

Die Basis dieses Ortungssystems bildet also ein Uhrenensemble in der Erdumlaufbahn. Eine Situation, die an das Experiment von Hafele und Keating aus dem Jahre 1971 erinnert (s. Kapitel 6). Die GPS-Konstrukteure mussten bei Bau und Planung der Satellitenuhren zwei Effekte der Relativitätstheorie berücksichtigen. Einerseits laufen die Uhren in 20 000 Kilometer Höhe wegen der geringeren Gravitation schneller als auf der Erde (Gravitationsrotverschiebung der Allgemeinen Relativitätstheorie). Andererseits verlangsamt sich ihr Gang, weil sich die Satelliten gegenüber einem Empfänger schneller bewegen (Zeitdilatation der Speziellen Relativitätstheorie).

Wie stark diese Effekte die Genauigkeit der Positionsbestimmung beeinflussen, macht man sich schnell klar. Da sich die Satellitensignale mit Lichtgeschwindigkeit, also 300 000 km/s, ausbreiten, bewirkt eine Abweichung der Satelliten-Atomuhren von drei Milliardstel Sekunden eine Ungenauigkeit in der Positionsbestimmung von einem Meter. In dieser kurzen Zeitspanne legt nämlich das Signal diese Distanz zurück.

Wegen der geringeren Gravitation laufen die Satellitenuhren pro Tag um 46 Millionstel Sekunden schneller als am Boden. Die größere Relativgeschwindigkeit wirkt sich entgegengesetzt mit nur sieben Millionstel Sekunden pro Tag aus. Es überwiegt also der Effekt der Gravitation, und die Uhren an Bord laufen unter dem Strich um 39 Millionstel Sekunden pro Tag schneller als eine Uhr am Boden. Würde man diese beiden Effekte nicht berücksichtigen, erhielte man mit GPS einen täglichen Fehler von etwa zehn Kilometern – und dieser Fehler würde von Tag zu Tag um denselben Betrag anwachsen. Schon nach drei Tagen Betrieb wüsste ein Navi im Auto also schon nicht mehr, ob es sich in Köln oder Düsseldorf befindet.

Diese Kenntnisse werden bereits bei der Konstruktion der Atomuhren genutzt. Sie werden so eingestellt, dass sie am Boden um 39 Millionstel Sekunden pro Tag zu langsam laufen. Sind sie in ihrer Umlaufbahn, gehen sie synchron mit den Uhren auf der Erde.

Die beiden relativistischen Effekte, die den Lauf der Atomuhren in den GPS-Satelliten beeinflussen, gehorchen unterschiedlichen Gesetzen. Aufgrund der Speziellen Relativitätstheorie verlangsamt sich der Lauf der Zeit proportional zu $\sqrt{1 - v^2 / c^2}$, während er sich etwa proportional mit dem Abstand von der Erde erhöht. Gleichzeitig verringert sich die Geschwindigkeit eines Satelliten mit wachsendem Abstand von der Erde. Berücksichtigt man diese physikalischen Gesetze, so findet man, dass in geringem Abstand von der Erde die Zeitdilatation gegenüber dem Gravitationseffekt überwiegt. An Bord der in etwa 400 Kilometer Höhe kreisenden Internationalen Raumstation verläuft die Zeit also langsamer als am Boden. In einer Höhe von 3186 Kilometern heben sich beide Effekte genau auf, so dass hier die Zeit genauso schnell läuft wie auf der Erde. In größeren Abständen überwiegt die Gravitationsrotverschiebung.

Um mit dem GPS eine Genauigkeit im Zentimeterbereich zu erzielen, müssen aber noch weitere Einflüsse bedacht werden. So handelt es sich bei den Signalen um Radiowellen, die in der oberen Atmosphärenschicht, der sogenannten Ionosphäre, gebrochen werden. Dadurch ändert sich die Weglänge der Signale, was der Empfänger dann in eine falsche Position umrechnet. Diese Fehlerquelle wird weitgehend ausgeschaltet, indem die Signale stets auf zwei verschiedenen Frequenzen (bei 1575,4 und 1227,6 MHz) gesendet werden. Da die Brechung in der Ionosphäre für unterschiedliche Frequenzen unterschiedlich stark ist, lässt sich dieser Störeffekt weitgehend herausrechnen. Außerdem muss man eine geringe Abweichung der Satellitenbahnen von der idealen Kreisform und die Abweichung der Erdform von einer vollkommenen Kugel berücksichtigen. Das hieraus resultierende, nicht exakt symmetrische Gravitationsfeld führt beispielsweise zu Positionskorrekturen von bis zu zwei Zentimetern. Auch die Tatsache, dass sich der Empfänger zwischen dem Aussenden und dem Empfang eines Signals auf der rotierenden Erde relativ zum Satelliten dreht, wirkt sich aus. Dieser sogenannte Sagnac-Effekt führt zu einem Fehler von einigen zehn Zentimetern bis drei Metern.

Nach Korrektur all dieser Effekte lässt sich mit einem normalen Navigationsgerät die Position bis auf etwa zehn Meter genau bestimmen. Mit technischen Tricks ist es jedoch möglich, Genauigkeiten im Bereich von einigen Millimetern zu erzielen. Hierfür nutzt man zum Beispiel Zusatzinformationen von einem fest installierten Empfänger, dessen Position sehr genau bekannt ist. Dieses Verfahren nennt man Differential-GPS. Diese außergewöhnliche Präzision nutzen beispielsweise Geologen, um die Verschiebung der Kontinente zu messen. Ein Team von Erdbebenforschern hat entlang des San-Andreas-Grabens bei San Francisco ein Netz von GPS-Empfängern installiert, das es ihnen ermöglicht, geringste Bodenverschiebungen zu messen. Ziel dieses Projektes ist es, nach Charakteristika zu suchen, die es vielleicht später ermöglichen, schwere Erdbeben vorherzusagen. Es ist auch geplant, GPS an Flughäfen zu nutzen und die Positionen von landenden Flugzeugen exakt zu messen. Dies wird ebenfalls nur mit Differential-GPS möglich sein.

Das GPS wird vom amerikanischen Militär betrieben und untersteht auch dessen Kontrolle. Es kann in Krisenzeiten das System so verschlüsseln, dass es für andere Nutzer nur sehr eingeschränkt oder gar nicht nutzbar ist. Um sich von dieser Abhängigkeit zu befreien, baut Europa derzeit ein eigenes System namens »Galileo« auf. Es wird aus dreißig Satelliten bestehen, die die Erde in 23 000 Kilometern Höhe auf drei Bahnebenen umkreisen. Nach jahrelangen Verzögerungen soll Galileo bis 2019 vollständig aufgebaut und einsatzbereit sein.

Wenn Ihr Navi Sie bei der nächsten Autofahrt sicher ans

Ziel führt, ist dies ein eindrucksvolles Beispiel für die Gültigkeit der Relativitätstheorie. Sollte Sie das Gerät einmal in die Irre führen, ist Einstein nicht schuld.

13: Keine Alternative in Sicht
Konkurrenten der Allgemeinen Relativitätstheorie

Auf einen Blick
- Robert Dicke und Carl Brans entwickelten 1961 die erste ernst zu nehmende Alternative zur Allgemeinen Relativitätstheorie.
- Die Modifizierte Newton'sche Dynamik (MOND) von Mordechai Milgrom und deren relativistische Formulierung TeVeS von Jacob Bekenstein wollen die Existenz von Dunkler Materie vermeiden.
- Bislang bestätigen alle Beobachtungen und Messungen die Allgemeine Relativitätstheorie.

In den vergangenen hundert Jahren hat es immer wieder Versuche gegeben, eine alternative Theorie der Gravitation zu finden. Schon vor der Vollendung der Allgemeinen Relativitätstheorie hatten sich Theoretiker damit beschäftigt, vor allem Gustav Mie, Gunnar Nordström, Max Abraham und David Hilbert (s. Kapitel 3). Eine wichtige Motivation bestand häufig darin, den ihnen unnatürlich erscheinenden gekrümmten Raum zu vermeiden. Heute steht vor allem der Wunsch im Vordergrund, die Allgemeine Relativitätstheorie so zu ändern oder anzupassen, dass sie sich mit der Quantentheorie vereinen lässt. Fakt ist jedoch, dass alle Experimente und astronomischen Beobachtungen Einsteins Theorie teilweise mit beeindruckender Genauigkeit bestätigen. Eine echte Alternative ist nicht in Sicht.

Einsteins Theorie wurde auch aus politischen Gründen attackiert. Insbesondere die beiden Physik-Nobelpreisträger Philipp Lenard und Johannes Stark versuchten unter dem Stichwort »deutsche« oder »arische Physik« die Allgemeine Relativitätstheorie als jüdisches Machwerk zu diskreditieren. Die beiden Physiker wetterten gegen die nach ihrer Ansicht zu stark mathematisierte und dem vernünftigen Menschenverstand angeblich zuwiderlaufende Naturforschung. Die Physik solle einzig auf dem Experiment aufbauen und anschauliche, klassische Lösungen liefern, propagierten sie. Ähnliche antisemitische Vorstöße gab es im Übrigen ebenso in der Mathematik und Chemie. Diese nationalsozialistische Hetzkampagne verebbte erst während des Zweiten Weltkrieges.

Aufstieg und Fall der Brans-Dicke-Theorie

Im Jahr 1961 tauchte dann jedoch eine wissenschaftlich motivierte Theorie auf. Ihr Aufstieg und Fall ist ein gutes Beispiel dafür, wie Theorie und Experiment zusammenspielen.

Der an der Universität Princeton forschende Physiker Robert Dicke war auf eine interessante Zahlenkoinzidenz gestoßen: Er multiplizierte den Radius des sichtbaren Universums R mit dem Quadrat der Lichtgeschwindigkeit c und teilte dies durch den Wert der insgesamt im sichtbaren Universum vorhandenen Masse M ($R \cdot c^2/M$). Diese Kombination von Naturgrößen erscheint willkürlich gewählt, doch die hierbei herauskommende Zahl besitzt dieselbe physikalische Einheit wie die Newton'sche Gravitationskonstante G. Interessanterweise waren auch die beiden Zahlenwerte ähnlich – zumindest mit den damals bekannten, sehr ungenauen Werten für den Radius des Universums und dessen Gesamtmasse.

Dicke fragte sich nun, ob diese Übereinstimmung ein Zufall war oder ob mehr dahintersteckte. Könnte es vielleicht sein, dass der Wert der Gravitationskonstante von der Verteilung und der Gesamtmasse aller im Universum vorhandenen Materie abhängt? Das würde dem Mach'schen Prinzip, auf das Einstein immer wieder verwiesen hatte, sehr nahe kommen. Da das Universum expandiert, müsste dann aber auch der Wert der Gravitationskonstante mit der Zeit größer werden, denn der Radius R wächst, während die Werte der Lichtgeschwindigkeit c und der Gesamtmasse M konstant bleiben.

In der Allgemeinen Relativitätstheorie war eine zeitlich veränderliche Gravitationskonstante nicht vorgesehen, und sie ließ sich auch nicht einfach einfügen. Hierfür musste man die Feldgleichungen um ein sogenanntes Skalarfeld ergänzen. So nennt man eine räumliche Verteilung einer physikalischen Größe (Skalar). Ein Beispiel für ein Skalarfeld ist die Temperaturverteilung in der Atmosphäre, wobei jedem Punkt ein Temperaturwert zugeordnet wird. Die Allgemeine Relativitätstheorie wird hingegen mit einem Vektorfeld beschrieben, weil hier für jeden Punkt im Raum nicht nur ein bestimmter Krümmungswert der Raumzeit auftritt, sondern auch eine Richtung (beispielsweise zum Mittelpunkt der Erde).

Dicke fügte also, unterstützt von seinem Doktoranden Carl Brans, in Einsteins Feldgleichungen ein zusätzliches Skalarfeld ein, das zeitlich und räumlich veränderliche Werte der Gravitationskonstante ermöglichte. Die Brans-Dicke-Theorie wurde damit der erste und einfachste Versuch einer Skalar-Tensor-Beschreibung der Gravitation. Glücklicherweise machte sie konkrete Vorhersagen. So sollten die Stärke der Lichtablenkung im Schwerefeld eines Himmelskörpers, die Verlängerung der Lichtlaufzeit durch den Shapiro-Effekt und auch die Periheldrehung des Merkur kleiner sein als in der Einstein'schen Theorie. Je stärker die Gravitationskonstante mit der Zeit variierte, desto stärker müssten die Vorhersagen beider Theorien sich voneinander unterscheiden. Für eine »konstante Gravitationskonstante« sind beide Theorien identisch.

In den 1960er und 70er Jahren versuchten Physiker und Astronomen diese Effekte immer genauer zu messen, um zwischen beiden Theorien eine Entscheidung fällen zu können. Lange Zeit blieb die Frage offen, so dass von dem Relativitätsphysiker Kip Thorne der Ausspruch überliefert ist: Montags, mittwochs und freitags glauben wir an die Allgemeine Relativitätstheorie; dienstags, donnerstags und samstags an die Brans-Dicke-Theorie – und sonntags gehen wir an den Strand.[1]

Gegen Ende der 1970er Jahre zeichnete sich jedoch ab, dass alle Ergebnisse mit steigender Genauigkeit die Allgemeine Relativitätstheorie bestätigten und der mögliche Bereich für die Konkurrenz immer kleiner wurde. Die Messung des Shapiro-Effekts mit der Raumsonde Cassini im Jahre 2003 lieferte die bislang genaueste Bestätigung der Allgemeinen Relativitätstheorie und damit gleichzeitig die stärkste Einschränkung für ein mögliches zusätzliches Skalarfeld. Außerdem ließ sich bislang keine zeitliche Variation der Gravitationskonstante nachweisen. Die genauesten Ergebnisse beruhen hierbei auf Messungen des Abstands Erde–Mond, der sich bei einer Veränderung der Gravitationskonstante ebenfalls ändern müsste. Insgesamt lässt sich heute sagen, dass sich die Gravitationskonstante seit der Entstehung des Universums nicht um mehr als ein Tausendstel ihres heutigen Wertes verändert haben kann. Aller Wahrscheinlichkeit nach ist die Newton'sche Konstante also zeitlich und räumlich wirklich konstant – und damit die Brans-Dicke-Theorie hinfällig.

Angeregt durch die Brans-Dicke-Theorie äußerte der amerikanische Physiker Kenneth Nordtvedt die Vermutung, dass das Äquivalenzprinzip verletzt sein könne und Körper mit unterschiedlichen Massen in einem Gravitationsfeld unterschiedlich schnell fallen würden. Auch diese Hypothese konnte bis auf ein Millionstel Promille ausgeschlossen werden.

MOND und TeVeS

Heutige Alternativen zur Allgemeinen Relativitätstheorie stehen meist im Zusammenhang mit den Versuchen, die Gravitation mit der Quantenphysik zu vereinen oder die Existenz von Dunkler Materie zu vermeiden. Wie in Kapitel 10 ausgeführt, gibt es eine Reihe astrophysikalischer und kosmologischer Argumente dafür, dass im Universum eine Form von Materie existiert, die sich ausschließlich über ihre Schwerkraftwirkung bemerkbar macht. Es sind vor allem drei Beobachtungsergebnisse, welche die Existenz von Dunkler Materie nahelegen:

- In Spiralgalaxien rotieren die Sterne so schnell um das Zentrum, dass die gemeinsame Schwerkraft aller sichtbaren Materie nicht ausreicht, um sie in der Galaxie zu

halten. Dies betrifft vor allem die Außenbereiche dieser
Sternsysteme.

- In Galaxienhaufen bewegen sich die Galaxien mit so
hohen Geschwindigkeiten, dass auch hier erheblich mehr
Materie für den Zusammenhalt nötig ist, als in Form von
Galaxien und intergalaktischem Gas vorhanden ist.
- In der kosmischen Hintergrundstrahlung sind die ersten
Verdichtungen im Urgas erkennbar, aus denen sich später
die Galaxien bildeten. Theoretiker haben aber herausgefunden, dass die Dichte dieser Urwolken viel zu gering
war, als dass sich aus ihnen in so kurzer Zeit die Sternsysteme hätten formieren können. Weil zwischen den Teilchen der Dunklen Materie keine elektrischen Abstoßungskräfte wirken, konnten sie sich rascher verdichten als die
normale Materie. Sie verklumpte zu einem riesigen kosmischen Netz, das die umgebende normale Materie mit
ihrer Schwerkraft anzog (s. Bild 14 im farbigen Mittelteil).
Kosmologen sprechen von der großräumigen Struktur des
Universums. Die Dunkle Materie agierte gewissermaßen
als Kondensationskeim für die normale Materie, die sich
auf diese Weise schneller zu Galaxien verdichten konnte,
als es ohne Dunkle Materie möglich gewesen wäre.

Zu Beginn der 1980er Jahre schlug der israelische Physiker Mordechai Milgrom hingegen vor, man solle besser das
Newton'sche Gravitationsgesetz so ändern, dass die astronomischen Beobachtungen ohne diese seltsame Substanz erklärbar würden. So sollte die Stärke der Schwerkraft mit zunehmender Entfernung vom Zentrum einer Galaxie langsamer
abnehmen, als es das Newton'sche Gesetz vorhersagt. Damit
wäre sie in den Außenbereichen stärker. Diese Theorie namens MOND (Modifizierte Newton'sche Dynamik) sagt also
Abweichungen bei sehr schwacher Gravitation (unterhalb einer Beschleunigung von etwa 10^{-8} cm/s^2) voraus.

MOND hatte von Beginn an wenige Anhänger. So kann
sie nicht gleichzeitig die Rotationsgeschwindigkeiten der Spiralgalaxien und die Geschwindigkeiten der Galaxien in den

Haufen beschreiben. Außerdem liefert sie keine Erklärung für das Phänomen der Gravitationslinsen, die Expansion des Universums oder die beschriebene großräumige Struktur im Universum. Als mindestens genauso störend empfinden es Physiker, dass MOND nicht auf einem einfachen physikalischen Fundament gründet. Die Allgemeine Relativitätstheorie geht von dem Äquivalenzprinzip aus, das grundlegender kaum sein kann. MOND hingegen wurde *ad hoc* zusammengebastelt, um bestimmte astronomische Beobachtungen erklären zu können.

Weil das Newton'sche Gravitationsgesetz in der Allgemeinen Relativitätstheorie enthalten ist, muss MOND auch diese ändern. Eine solche relativistische Form von MOND entwickelte im Jahr 2004 der Theoretiker Jacob Bekenstein. Hierfür musste er zusätzlich zur Raumkrümmung zwei weitere Hilfsfelder einführen. Seine Tensor-Vektor-Skalar-Gravitationstheorie (TeVeS) weicht von der Einstein'schen Theorie in der Vorhersage der abgestrahlten Gravitationswellen ab. Bisherige Messungen insbesondere von Doppelpulsaren konnten TeVeS nicht bestätigen, sondern sprechen eindeutig für die Allgemeine Relativitätstheorie (s. Kapitel 9).

In den vergangenen hundert Jahren haben Physiker und Astronomen die Allgemeine Relativitätstheorie auf Herz und Nieren getestet, ihre Methoden dabei immer mehr verfeinert. Keine einzige Messung und keine Beobachtung konnte ihr bislang etwas anhaben. Einsteins Jahrhundertwerk bleibt unangefochten bestehen.

14: Geschichten aus dem flachen Land
Die vierte Dimension in der Literatur

Auf einen Blick
- Der Physiker Hermann von Helmholtz versuchte 1870 die Wirkung eines gekrümmten Raumes auf unsere Wahrnehmung zu veranschaulichen.
- Ab 1880 verfassten Mathematiker Erzählungen, die in gekrümmten Räumen spielten. Dabei vereinfachten sie das Geschehen auf eine Fläche.
- Die bedeutendsten Erzähler waren Charles H. Hinton, Edwin A. Abbott, Dionys Burger, Alexander K. Dewdney und Ian Stewart.

Die Mathematik gekrümmter Räume beflügelte ab dem 19. Jahrhundert auch die Phantasie einiger Literaten. Sie faszinierte die Frage, ob ein vierdimensionaler Raum nur ein mathematisches Konstrukt sei oder wirklich existiere. Um ihren Lesern diese Idee nahezubringen, reduzierten sie die dreidimensionale Welt um eine Dimension und verlegten ihre Erzählungen und Romane in zweidimensionale Welten, in »Flächenländer«.

Welch überraschende Effekte ein gekrümmtes Flächenland für seine Bewohner bereithält, schilderte schon 1870 der Physiker Hermann von Helmholtz: »Denken wir uns ... verstandbegabte Wesen von nur zwei Dimensionen, die an der Oberfläche irgendeines unserer festen Körper leben und sich bewegen.«[1] Lebten solche Wesen beispielsweise auf einer Kugeloberfläche, so würden sie ihre eigene nicht-euklidische Geometrie haben: »Parallele Linien würden die Bewohner der Kugel gar nicht kennen. Sie würden behaupten, dass beliebige zwei gerädeste Linien, gehörig verlängert, sich schließlich nicht nur in einem, sondern in zwei Punkten schneiden müssen. Die Summe der Winkel in einem Dreieck würde immer größer sein als zwei Rechte, und um so größer, je größer die Fläche des Dreiecks ist.«[2] (Abbildung nächste Seite). Von Helmholtz bezeichnet hier die kürzeste Verbindung zwischen zwei Punkten als »geradeste« Linie. »Den seltsamsten Theil des Anblicks der sphärischen Welt würde aber unser eigener Hinterkopf bilden, in dem alle unsere Gesichtslinien wieder zusammenlaufen würden, so weit sie zwischen anderen Gegenständen frei durchgehen können, und welcher den äußersten Hintergrund des ganzen perspectivischen Bildes ausfülle.« In einer sphärischen Welt – auf der Oberfläche einer Kugel – würden also die Bewohner vor sich den eigenen Hinterkopf sehen.

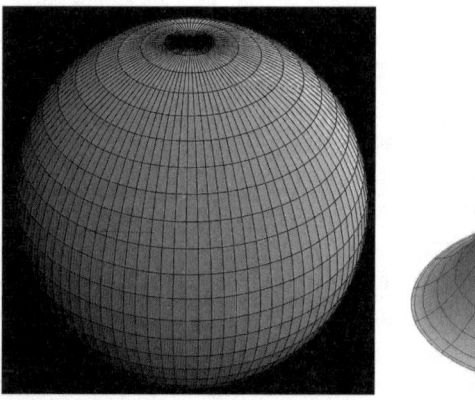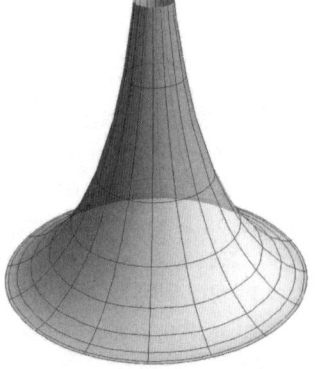

Auf einer Kugel mit positiver oder einer Beltrami-Sphäre mit negativer Krümmung gilt nicht die euklidische Geometrie. Die Linien veranschaulichen, wie das Licht und damit auch Sichtlinien in einer solchen Ebene laufen.

Das Inverse zu einer Kugel bildet die 1868 von dem italienischen Mathematiker Eugenio Beltrami gefundene Pseudosphäre. Ihren Namen erhielt sie, weil sie ein konstantes negatives Krümmungsmaß besitzt, im Gegensatz zur Sphäre, deren Krümmungsmaß überall konstant positiv ist. In ihr gilt das euklidische Parallelenpostulat ebenfalls nicht: Wie in einer Ebene, so gibt es auch hier zwischen zwei Punkten nur *eine* kürzeste Linie, aber durch einen Punkt außerhalb von ihr lässt sich ein ganzes Bündel von Linien legen, die die kürzeste Linie bei Verlängerung ins Unendliche nicht schneiden.

Wie ein »euklidischer« Beobachter die pseudosphärische Welt wahrnehmen würde, beschreibt von Helmholtz so: »Er würde die entferntesten Gegenstände dieses Raumes in endlicher Entfernung rings um sich zu erblicken glauben … Ginge er aber auf diese entfernten Gegenstände zu, so würden sie sich vor ihm dehnen; hinter ihm aber würden sie sich zusammenziehen.«[3]

Charles H. Hinton (1853–1907)

Schriftstellerisch verarbeitet hat wohl als Erster Charles Howard Hinton die neuen Ideen gekrümmter Räume. Der 1853 in London geborene Hinton studierte an der Universität Oxford Mathematik. Nach seinem Master of Arts im Jahr 1886 wechselte er die Arbeitsstellen wie seine Hemden: Lehrer in Japan, Mathematikdozent an der Universität Princeton, Aufenthalte an der Universität von Minnesota, am Naval Observatorium in Washington und schließlich am dortigen Patentamt. Hinton fühlte sich in der Tradition von Bolyai, Lobatschewski und deren Nachfolgern und zog die Möglichkeit in Betracht, dass es nicht nur drei, sondern vier Raumdimensionen gäbe. Er sagte, dass Bolyai und Lobatschewski zwar nicht das Konzept höherdimensionaler Räume zum Ziel hatten, dass ihre Geometrien aber auf solche anwendbar seien. Er selbst war offenbar von der Existenz dieser höherdimensionalen Welt überzeugt. In seiner ersten Abhandlung aus dem Jahr 1880 ›What is the Fourth Dimension?‹ fragt er: »Warum sollte es drei und nur drei Dimensionen geben?«[4]

Um einige Eigenschaften des vierdimensionalen Raumes zu verdeutlichen, führt er den Leser in Gedanken in bewohnte zwei- und eindimensionale Welten, die Flach- und Linienländer. Eine dieser Eigenschaften taucht immer wieder in späteren Romanen und Erzählungen, auch anderer Autoren, auf: Höherdimensionale Wesen können ihren Kollegen in niederen Dimensionen Streiche spielen.

Hierzu stelle man sich Wesen vor, die in einer Ebene leben. Sie besitzen keine Ausdehnung in der Höhe, und auch alle ihre Sinnesempfindungen sind auf zwei Dimensionen beschränkt; für sie existiert die dritte Dimension nicht. Diese »Flachländler« würden in Häusern wohnen, die für uns, schauten wir auf ihre Welt hinab, völlig offen, wie Grundrisse, aussähen. Befände sich ein solches Wesen beispielsweise in einem geschlossenen Rechteck, so wäre es eingesperrt und könnte erst heraus, wenn man eine Seite öffnen würde. Wir aber könnten es einfach aus der Ebene in die dritte Dimension herausheben und außerhalb des Gefängnisses wieder absetzen. Ein Mitgefangener hätte seinen Kumpanen plötzlich und wie durch Zauberhand verschwinden sehen.

Hinton will uns klarmachen, dass wir Menschen für vierdimensionale Wesen, so sie existieren sollten, Flachländler wären. Sie könnten uns jederzeit beobachten, auch wenn wir uns in einem Haus befänden, und könnten uns dort herausholen, ohne es öffnen zu müssen. Könnten wir ein solches vierdimensionales Wesen wahrnehmen?

Ja, und zwar als dreidimensionales Wesen, aber nur dann, wenn es unsere drei Dimensionen »schneidet«. Hinton begibt sich wieder ins Flachland: Wie würde ein Flachländler ein dreidimensionales Wesen wahrnehmen? Nehmen wir eine dreidimensionale Hohlkugel und lassen sie durch eine Ebene gleiten. Wir dreidimensionalen Wesen würden beim Blick auf Flachland den Kugelschnitt mit der Ebene beobachten. Bei der ersten Berührung der Kugel mit dem Flachland entstünde ein Punkt, der sich zu einem Kreis aufweitet, während die Kugel die Ebene durchquert. Nachdem der Kreis seinen Äquatordurchmesser erreicht hat, nimmt der Durchmesser ab, bis die Kugel die Ebene verlässt. Die Flachländler aber leben in der Ebene und würden den Kreis auch nur in ihrer Ebene von der Seite sehen. Er erscheint ihnen zunächst als Punkt, der zu einer wachsenden Linie wird, die sich bald wieder verkürzt und schließlich verschwindet.

Folgerung für uns: Schneidet eine vierdimensionale Kugel unseren Raum, so ist sie zunächst ein Punkt, bläht sich zu einer Kugel auf, nimmt wieder ab und verschwindet schließlich.

Vierdimensionale Wesen erscheinen uns also beim Schnitt der beiden Welten als dreidimensional. Könnte dann nicht, fragt Hinton, unsere Welt, einschließlich uns Menschen, lediglich der Schnitt existierender vierdimensionaler Wesen mit unserem Raum sein? Unsere Welt wäre dann nur eine Art Projektion einer höherdimensionalen Welt.

Diese Vorstellung erinnert an Platons Höhlengleichnis. In einer Höhle blicken gefesselte Menschen auf eine Wand, auf die die Schatten von Gegenständen fallen. Da die Menschen sich nicht umdrehen können, sehen sie die realen Gegenstände hinter sich nicht und halten die Schatten für die Realität. Hinton selbst verweist darauf in ›The Fourth Dimension‹.[5]

Um diese Idee zu verdeutlichen, entführt er den Leser wieder ins zweidimensionale Flachland. Dort wären beispielsweise Atome kleine Scheiben. In Hintons Vorstellung sind diese eigentlich dreidimensionale Fäden, die die Flachwelt schneiden; ganze Faserbündel könnten dann Moleküle und zweidimensionale Körper bilden. Sind diese Bündel im dreidimensionalen Raum gewunden und bewegt sich die Ebene relativ zu ihnen, so bewegen sich auch die zweidimensionalen Körper in der Ebene. Die zeitliche Entwicklung der zweidimensionalen Welt könnte somit einfach darauf beruhen, dass sich die Ebene im dreidimensionalen Raum bewegt, die »eigentlichen« Körper (also die Faserbündel) aber darin unbeweglich sind. »Alles was [in der zweidimensionalen Welt] je geschehen ist und in Zukunft noch geschehen wird, existiert [in der dreidimensionalen Welt] nebeneinander.«[6]

Eine faszinierende Vorstellung, die jeder weiterspinnen kann: Sind die Elementarteilchen unserer Welt in Wirklichkeit vierdimensionale Fäden? Wäre die Zukunft vorherbestimmt? Gibt es unendlich viele Räume, die die Fäden schneiden und in denen sich die Geschichte unserer Welt ständig wiederholt oder schon abgelaufen ist?

Neben diesen wissenschaftlichen Essays schrieb Hinton auch Geschichten über zweidimensionale Wesen und deren Leben im Flachland. Sie waren die Vorläufer einer ganzen Reihe von Romanen, die bis in unsere Zeit entstanden. Hinton verfolgte darin das Ziel, dem Leser zu verdeutlichen, wie sich die mögliche Existenz eines vierdimensionalen Raumes auf uns auswirken könnte.

In der Erzählung ›Eine flache Welt‹ lässt Hinton auf der Oberfläche einer Kugel Planetensysteme entstehen. Die Planeten sind natürlich Scheiben, und diese sind »im Vergleich zu der riesigen Oberfläche der alles tragenden Kugel so unermeßlich klein, daß sie sich auf einer ebenen Fläche zu bewegen scheinen«.[7] Interessanterweise nimmt Hinton hier bereits die Vorstellung eines sphärisch gekrümmten Universums vorweg, greift diese Idee jedoch nie wieder auf.

Eine dieser Planetenscheiben ist von Flachländlern bewohnt. So wie wir Menschen uns auf der Erdoberfläche bewegen, können die Flachländler lediglich auf dem Rand ihrer Scheibe entlangspazieren, sind also gar zu einer eindimensionalen Bewegung verurteilt. Das führt schon zu Problemen, wenn zwei Wesen aneinander vorbeigehen wollen. Hierzu sind in die Scheibe (also den Erdboden) Kammern eingelassen, die mit verschiebbaren Balken geöffnet und geschlossen werden können. In sie muss eines der Wesen hinabsteigen, damit das andere über es hinwegsteigen kann.

Die Flachländler sind Dreiecke, wobei Frauen und Männer – von Geburt an spiegelverkehrt zueinander – dies auch nicht ändern können, da sie nicht aus der Ebene herauskönnen. In dieser Welt lebte ein Paar glücklich miteinander, bis sich eines Tages das Äußere der Frau in das eines Mannes verwandelt hatte. Die Frau »weigerte sich, ihre Verwandlung zu erklären, doch sie sagte, sie habe in großer Gefahr geschwebt. Sie wusste seltsame Dinge über die Anatomie ihrer Mitbewohner … Man nahm an, sie habe sich die Kenntnisse der Magie angeeignet«, heißt es in der Erzählung. Als sie starb, verschwand sie vor den Augen ihrer Freunde. Niemand wusste, was geschehen war. Wir wissen es: Sie wurde von einem höherdimensionalen Wesen aus der Ebene herausgehoben, umgedreht und wieder abgesetzt. Dabei konnte sie auch in die Körper ihrer Mitbewohner hineinsehen.

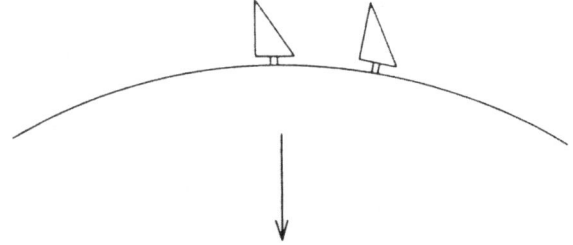

Zwei Wesen, die sich auf dem Rand bewegen

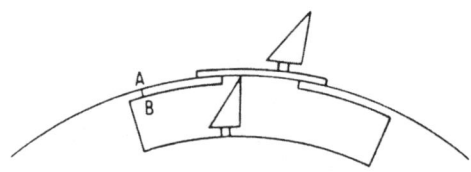

Zwei Bewohner, die aneinander vorbeigehen

Zweidimensionale Wesen aus Howard Hintons Erzählung ›Eine flache Welt‹.

Edwin A. Abbott (1838–1926)

Den Faden aufgenommen und weitergesponnen hat der 1838 in London geborene Edwin A. Abbott – ein Geistlicher, der für seine philologischen und theologischen Abhandlungen bekannt war. 1884 veröffentlichte er unter einem Pseudonym den Roman ›Flächenland‹.[8] Erzählt wird dieser »mehrdimensionale Roman« von einem »alten Quadrat«. Anders als bei Hinton leben hier die zweidimensionalen Wesen in einer Ebene und können sich also auch in zwei Dimensionen bewegen.

Die Flachländler sind geometrische Figuren, deren Gesellschaftsform genau beschrieben wird und in der sich die damalige soziale Ordnung aus humorvoller Sicht des Autors widerspiegelt. Man erkennt den sozialen Rang eines Flachwesens an dessen Geometrie: Soldaten und Arbeiter der untersten Klassen sind gleichschenklige Dreiecke mit einem sehr spitzen Scheitelwinkel. Die Mittelklasse besteht aus gleichseitigen Dreiecken, Freiberufler und Gentlemen sind Quadrate und Fünfecke, Mitglieder des Adels sind Polygone mit mindestens sechs Seiten. Die oberste Schicht, die Priester, sind Kreise.»Es ist ein Naturgesetz, dass ein männliches Kind eine Seite mehr hat als sein Vater«, so dass jede Generation (in der Regel) in der Rangordnung um eine Stufe steigt.

Man erfährt einiges über das Leben in Flächenland, beispielsweise die Methoden, einander zu erkennen. Da die Wesen aus ihrer Ebene nicht herauskönnen, sehen sie sich selbst (wie überhaupt alle Gegenstände) ausschließlich von der Seite, also als Linien. Die Flächenwesen haben aber die Fähigkeit entwickelt, trotzdem die geometrische Form ihres Gegenübers zu erkennen. In Flächenland schwebt nämlich ständig ein feiner Nebel. Der bewirkt, dass die Gegenstände mit wachsender Entfernung immer schwächer sichtbar werden. Steht einem ein spitzwinkliges Dreieck gegenüber, so laufen dessen Schenkel weiter nach hinten weg als die eines Polygons und werden stärker abgeschwächt. Dass es dabei hin und wieder zu Missverständnissen kommen kann, versteht sich von selbst.

In der Nacht des vorletzten Tages des Jahres 1999 träumt das als Erzähler auftretende Quadrat von einem Königreich in einer eindimensionalen Welt. Erstaunliche Dinge sieht es dort, doch noch erstaunlicher wird die folgende Silvesternacht. Im Zimmer taucht plötzlich ein Kreis auf. Dieser stellt sich jedoch nicht als Priester vor, sondern behauptet, eine Kugel aus dem dreidimensionalen Raum zu sein. Mit vielen Argumenten und Kunststückchen versucht die Kugel, das Quadrat von dieser ungeheuerlichen Behauptung zu überzeugen. Doch dieses bleibt ungläubig, bis die Kugel es aus seiner Ebene heraus in die dritte Dimension hebt. Von hier aus sieht das Quadrat unter sich die Stadt, kann in das Innere aller Häuser und der Lebewesen sehen.

Nun ist das Quadrat überzeugt und bringt die Sache vor den Rat. Dieser steckt es aber lebenslänglich ins Gefängnis, mit der Begründung, es würde die Gedanken des Volkes durch Täuschungen vergiften. Auch die Versuche, seinem mathematisch begabten sechseckigen Enkel die Dinge klarzumachen, scheitern.

Dionys Burger (1892–1987)

Der holländische Mathematiker und Schriftsteller Dionys Burger veröffentlichte 1957 einen Roman, der direkt an Abbotts Flächenland anknüpft. Die ›Silvestergespräche eines Sechsecks‹ spielen siebzig Jahre nach der Berichterstattung des Quadrats. Jetzt hat dessen Enkel, das Sechseck, zur Feder gegriffen und erzählt.

Der Großvater ist mittlerweile rehabilitiert, Forschungsreisende entdecken ihre Welt. Sie stellen fest, dass ihre Erde eine Scheibe mit verschiedenen Zonen ist; sie bauen Raumstationen und entdecken weitere Scheibenwelten im Universum. Plötzlich, es ist wieder die Silvesternacht, erscheint erneut Abbotts Kugel aus dem dreidimensionalen Raum. Auch sie hat ihre Erfahrungen gemacht: Eine Kugel aus dem vierdimensionalen Raum hatte sie besucht. Nun erscheint die dreidimensionale Kugel jedes Jahr zu dieser Zeit, und es kommt zu interessanten Unterhaltungen mit dem Sechseck.

Eine dramatische Wendung erhält die Geschichte, als Puncto, der Direktor des Vermessungsamtes, entlassen wird. Bei Winkelmessungen in großen Dreiecken hatte der für seine Genauigkeit bekannte Geometer stets eine Winkelsumme von mehr als 180 Grad erhalten. Die Lösung findet der begabte Enkel des Sechsecks: Die Dreiecke müssen gebogene Seiten haben. Das Sechseck ist natürlich zunächst ungläubig, denn man hatte doch schließlich Lichtstrahlen gemessen, und »wenn das Licht nicht geradlinig verläuft, dann hört doch alles auf«.[9] Schließlich kommt es aber auf den Gedanken, dass ihre zweidimensionale Welt sphärisch in die dritte Dimension hinein gekrümmt sein könnte. Und tatsächlich bestätigt die dreidimensionale Kugel diese Hypothese in der nächsten Silvesternacht.

Von zwei Raumstationen aus messen Astronomen nun die Entfernung der anderen Scheibenwelten. Der inzwischen rehabilitierte Puncto leitet die Messungen und stellt fest, dass die Abstände der Himmelskörper ständig zunehmen und deren Fluchtgeschwindigkeit mit der Entfernung wächst. Hieraus zieht er den Schluss, dass sich das sphärisch gekrümmte Flächenuniversum ausdehnt. Das kostet Puncto erneut seine Stelle.

Obwohl die dreidimensionale Kugel auch diese Hypothese bestätigt, kämpfen Puncto und das Sechseck nicht mehr länger für ihre Idee. Puncto wird als Steuerinspektor in ein kleines Amt verbannt.

Alexander K. Dewdney (geb. 1941)

Der kanadische Computerwissenschaftler Alexander Dewdney war von der Idee fasziniert, eine zweidimensionale Physik und mechanische Geräte zu entwickeln. Ende der siebziger Jahre veröffentlichte er einen Aufsatz, in dem er eine zweidimensionale Welt mit ihren eigenen Naturgesetzen konstruierte. Martin Gardner hat einige von Dewdneys Ergebnissen in einem Artikel beschrieben.[10]

1984 verpackte Dewdney viele seiner Ergebnisse in dem Roman ›Das Planiversum‹.[11] Hierin entdecken Studenten eine zweidimensionale Welt, genannt Arde, in der die Lebewesen, wie in Hintons Büchern, auf dem Rande ihrer Planetenscheibe leben. Allerdings existiert diese Welt nur in einem Computer. Sie stoßen auf sie, als sie Programme entwickeln, mit denen man Lebenssysteme in zweidimensionalen Welten simulieren kann.

Auf Arde wohnt das liebenswerte Geschöpf Yendred, mit dem die Studenten reden können und eine Reise um den Planeten erleben. Im Laufe des Romans werden Arde und deren Bewohner genauestens beschrieben. So haben die Wesen beispielsweise kein durchgehendes Verdauungssystem, da sie sonst in zwei Hälften zerfallen würden. Schiffe sind sym-

metrisch, da sie nicht wenden können, es gibt spezielle zweidimensionale Windsysteme, Magnetfelder und vieles mehr.
Auch Yendred begegnet am Schluss der Erzählung einem Wesen aus der dritten Dimension. Anders als in den Geschichten von Abbott und Burger konkretisiert sich dieses langsam
als Schatten – vielleicht ebenfalls eine Anspielung auf Platons
Höhlengleichnis.

Hinton und Abbott scheinen auch H. G. Wells bei dessen
Romanen ›Die Zeitmaschine‹ und ›Der Unsichtbare‹ inspiriert zu haben. Insofern waren sie also auch die Vorläufer der
modernen Science-Fiction-Stories.

Ian Stewart (geb. 1945)

Eine moderne Fortsetzung dieses Themas schrieb der englische Mathematiker Ian Stewart mit dem Buch ›Flacherland – Die unglaubliche Reise der Vikki Line durch Raum
und Zeit‹.[12] Hauptperson ist Vikki Line, vom Autor nach der
Londoner U-Bahn-Strecke Victoria Line benannt. Sie ist »eine
ganz normale, moderne junge Frau in einer Gesellschaft wie
in England oder den USA«, so Stewart. Vikki findet eines Tages das Tagebuch ihres Ururgroßvaters Albert Square. Dieser
hatte, so liest Vikki erstaunt, Besuch eines seltsamen Wesens
bekommen, einer Art Kugel, genauer gesagt, eines Hüpfballs
mit zwei Hörnern. Natürlich glaubte niemand die Geschichte, und als der alte Querulant auch noch behauptete, es gäbe
mehr als zwei Dimensionen, warf man ihn kurzerhand ins Gefängnis.

Vikki glaubt ihrem Urahn und tatsächlich taucht plötzlich der Ball auf. Dieser Space Hopper entführt Vikki in die
Welt der höheren Dimensionen und spinnt damit die alte Geschichte von Abbott auf modernem Niveau weiter. Da geht es
von Schrödingers Katze über Fraktale und das Möbius-Band
zu dem Schwerkrafttechnologen Hawk King (Stephen Hawking lässt grüßen) bis zu Strings und Wurmlöchern. Am Ende
dieser unwahrscheinlichen Reise durch die Hyperräume ist

Vikki klar: »Niemals wieder würde sie sich vorstellen, Flacherland *sei* eine Ebene, nur weil es wie eine Ebene *aussieht*.« Und was glauben wir? Ist unsere Welt dreidimensional, bloß weil sie uns so erscheint?

15: Picasso und die vierte Dimension
Der Einfluss der Physik auf die moderne Malerei

Auf einen Blick
— Der an Mathematik interessierte Versicherungsagent Maurice Princet verkehrte in Picassos Künstlerzirkel und erzählte dort von neuen Strömungen in der Geometrie.
— Einen großen Einfluss hatte das 1902 erschienene Werk ›Wissenschaft und Hypothese‹ von Henri Poincaré. Ausführungen darin sollen Picasso zum Malen des Jahrhundertwerkes ›Les Demoiselles d'Avignon‹ inspiriert haben.

Nur zwei Jahre nach der Veröffentlichung von Einsteins Spezieller Relativitätstheorie schuf Pablo Picasso das heute als Initialzündung für den Kubismus geltende Gemälde ›Les Demoiselles d'Avignon‹ (s. Bild 15 im farbigen Mittelteil). Hierin gab der 26-jährige Maler die Zentralperspektive auf, die bis dahin als eine der bedeutendsten Errungenschaften der Renaissance nahezu unantastbar gewesen war. Möglicherweise hatten die damals schon kursierenden Vorstellungen gekrümmter Räume einen Einfluss auf diese revolutionäre Kunstrichtung.

Ähnlich wie Einstein in der Physik befasste sich Picasso in der Malerei mit der Frage der Gleichzeitigkeit. War es purer Zufall, dass Naturwissenschaften und Kunst nahezu parallel in unbekannte Bereiche vordrangen? War die Zeit einfach reif für den großen Umschwung? Oder beeinflussten Mathematik und Physik die Malerei in größerem Maße als bislang angenommen?

Dieser Frage ging der Physiker und Historiker Arthur I. Miller in seinem Buch ›Einstein, Picasso: Space, time and the beauty that causes havoc‹[1] nach. Darin stellt er zwar keine direkte Ursache-Wirkung-Kette zwischen Einsteins Relativitätstheorie von 1905 und Picassos ›Demoiselles‹ von 1907 her, aber seiner Meinung nach wurden beide ganz wesentlich von ein und demselben Mann beeinflusst, dem Mathematiker und Physiker Henri Poincaré.

Picasso hatte sicher keine Neigung zur Mathematik, und ganz gewiss wusste er um 1907 von Einstein ebenso wenig wie alle anderen Künstler auch. Das Verbindungsglied war nach Millers Forschungen ein Mann namens Maurice Princet, ein an Mathematik interessierter Versicherungsagent, der sich in Picassos Zirkel, der »Bande à Picasso«, aufhielt. Er versorgte die damaligen Avantgardekünstler mit den neuesten Entwicklungen in Naturwissenschaft, Technik und Mathematik. »Für gewöhnlich saß Princet an der Ecke eines Bistro-Tisches, hielt ein Notizheft in der Hand und erzählte etwas über elementare Prinzipien der Geometrie im Raum«,[2] erzählte später der Poet Francis Carco.

Picasso führte ein exzessives Leben: Wenn er nicht gerade malte, traf er sich mit Freunden in einem der zahllosen Cafés. Hier diskutierten sie aufgeregt, vornehmlich natürlich über Malerei, Literatur, Musik und Philosophie, aber auch über neue Entwicklungen in Technik und Naturwissenschaft. Die Informationen holten sie sich aus populärwissenschaftlichen Magazinen, wie dem ›Mercure de France‹, den nachweislich zumindest der ebenfalls in Picassos Zirkel verkehrende Schriftsteller Guillaume Apollinaire las. Hier erfuhren sie beispielsweise von den Röntgenstrahlen, einer Entdeckung mit nicht zu unterschätzender Wirkung auf die Kunst. Zur damaligen Zeit stürmten die Menschen öffentliche Ausstellungen, in denen Röntgenaufnahmen von Händen, Köpfen, Füßen und anderen Körperteilen zu sehen waren.

Die Schockwellen der neuen Physik waren bis in die Künstlerzirkel eingedrungen und bereiteten dort den Boden für eine weitere Revolution: die Entdeckung vierdimensionaler Räume und nicht-euklidischer Geometrie.

In Frankreich setzte sich insbesondere Henri Poincaré in dem 1902 erschienenen Werk ›Wissenschaft und Hypothese‹ ausführlich mit der Frage des Raumes und der Geometrie auseinander. So schrieb er: »So wie man auf einer Leinwand die Perspektive einer dreidimensionalen Figur zeichnen kann, so kann man auch die Perspektive einer vierdimensionalen Figur auf eine drei- (oder zwei-)dimensionale Leinwand zeichnen. ... Man kann sogar von derselben Figur verschiedene Perspektiven von verschiedenen Gesichtspunkten aus entwerfen.«[3]

Für Picasso könnte dies einer der Kernsätze gewesen sein, vermittelt durch Princet. Begierig sogen die Künstler damals alles Neue auf. Sicher fassten so emotionale Persönlichkeiten wie Picasso Princets Ausführungen eher intuitiv auf und vermischten wissenschaftliche Erkenntnisse und Hypothesen mit vagen, bildhaften Vorstellungen. Möglicherweise tendierten sie auch zu weniger wissenschaftlichen Werken, die sich mit dem Thema vierte Dimension befassten. So tauchten um 1903 in den populären Magazinen obskure Artikel über Astraleinsichten auf. Darunter verstanden die Autoren eine Vision, wonach ein in der Astralebene befindlicher Mensch einen Gegenstand gleichzeitig von allen Seiten sieht.

»Picasso sah mit seinem visuellen Genie, dass die verschiedenen Perspektiven in räumlicher Gleichzeitigkeit gezeigt werden sollten«, schließt Miller in seinem Indizienprozess. Und unter diesem Einfluss entstand seiner Meinung nach das Gemälde ›Les Demoiselles d'Avignon‹.

Fast ein Jahr lang zog sich Picasso in sein Holzverschlag-Atelier im Bateau Lavoir zurück. Mehr als 800 Skizzen und kleinere Gemälde fertigte er an, in denen er immer wieder die Positionen der fünf Frauen und die künstlerische Gestaltung insbesondere der Gesichter veränderte. Interessantes Detail: Auf einer der Skizzen notierte Picasso sogar Princets Namen. Es war Picasso schnell klar geworden, dass er Körper nur dann aus verschiedenen Perspektiven gleichzeitig malen konnte, wenn er sie prismatisch in geometrische Formen zerlegte und in anderer Form wieder zusammensetzte. Ohne Frage war hier nicht nur der Einfluss Princets zu spüren. Kunsthistoriker sind sich darüber einig, dass Picasso damit auch Formen der primitiven afrikanischen Kunst aufgriff, die damals gerade in Paris ausgestellt wurde.

Als das Gemälde im Sommer 1907 endlich fertig war, kamen auch schon die Freunde, um das neue Werk zu begutachten. Doch zu Picassos großem Entsetzen zeigten alle Unverständnis: Künstlerkollegen und der Kunstkritiker Félix Fénéon brachen in schallendes Gelächter aus und erklärten den Maler für verrückt. Daraufhin versteckte Picasso das Bild. Erst 1916 wagte er sich damit an die Öffentlichkeit und stellte es aus. Der wahre Wert als Ursprung des Kubismus wurde indes erst Mitte der 1920er Jahre erkannt.

›Les Demoiselles d'Avignon‹ zeigt fünf Frauen in stark geometrisierten Formen. Die Sichtweise aus mehreren Perspektiven äußert sich am stärksten im Gesicht der ganz rechts sitzenden Frau. Wir sehen ihren Körper von hinten und ihre beiden Gesichtshälften sowohl von links als auch von rechts vorne.

Unbeirrt setzte Picasso seinen Weg fort, bald schon unterstützt von Georges Braque. Beide entwickelten den Kubismus mit unbändigem Eifer weiter. Innerhalb von sieben Jahren entstand eine Fülle von Werken, in denen sie das Thema Geometrisierung und Perspektivwechsel durchexerzierten.

Picasso hat nie eine Beziehung zwischen Mathematik und Kubismus zugegeben, ganz im Gegenteil:»Mathematik, Trigonometrie, Chemie, Psychoanalyse, Musik und was weiß ich nicht alles hat man mit dem Kubismus in Verbindung bringen wollen, um ihn einfacher interpretieren zu können. All das war reine Literatur, um nicht zu sagen Unsinn«,[4] schrieb er 1924. Aber Picasso hat auch nie den Einfluss der afrikanischen Kunst zugegeben, obwohl er nachweislich vorhanden war.

Seine Mitstreiter sprachen überdies eine andere Sprache: Braque meinte, die frühe kubistische Malerei sei die Erforschung des Raumes gewesen. Guillaume Apollinaire schrieb 1913 über die Maler des Kubismus:»Heutzutage beschränken sich Wissenschaftler nicht auf die drei Dimensionen Euklids. Die Maler haben sich auf ganz natürliche Weise, man könnte sagen durch Intuition, mit den neuen Möglichkeiten räumlicher Vermessung auseinandergesetzt, die in der Sprache der modernen Studios mit einem Wort umschrieben werden: vierte Dimension.«[5] Was den Schriftstellern die Grammatik ist, ist die Geometrie den Malern, sagte er. Manche Kubisten,

wie Jean Metzinger und Juan Gris, nahmen regelrechten Geo-
metrie-Unterricht bei Princet. So wundert es nicht, wenn Picassos Freund, der Schriftsteller André Salmon, Princet als
Mathematiker des Kubismus bezeichnete.

ANHANG

Literaturnachweis

Viele Zitate stammen aus ›Einstein Gesammelte Schriften (A. Einstein, Collected Papers)‹, die seit 1987 von der Princeton University Press herausgegeben werden. Sie werden im Folgenden mit AECP abgekürzt.

1: Einstein und sein Jahrhundertwerk
1 AECP, Bd. 8A, S. 205.
2 A. Einstein, ›Mein Weltbild‹, Ullstein Verlag, Frankfurt 1974, S. 115.
3 M. v. Laue, ›Erkenntnistheorie und Relativitätstheorie‹, Phys. Bl., 1961, Bd. 17, S. 153.
4 C. P. Snow, in: A. P. French (Hrsg.), Albert Einstein – Wirkung und Nachwirkung, Vieweg, Braunschweig 1985.
5 A. Einstein, Nieuwe Rotterdamsche Courant, 4. 7. 1921.

2: Eine kurze Geschichte von Raum und Zeit
1 M. Planck, ›Selbstdarstellung‹ (1942), Sitzungsberichte der Akademie der Wissenschaften der DDR, Akademie Verlag, Berlin 1982, S. 6.
2 A. Einstein, »Autobiographical Notes«, in: P. A. Schilpp, ›Albert Einstein als Philosoph und Naturforscher‹, Vieweg Verlag, Braunschweig 1979, S. 48.
3 C. Seelig, ›Albert Einstein‹, Bertelsmann Lesering, S. 119.
4 ebenda, S. 130.
5 AECP, Bd. 2, S. 476.

3: Der gekrümmte Raum vor Einstein
1 H. v. Helmholtz, ›Vorträge und Reden‹, Verlag Vieweg & Sohn, Braunschweig 1896, S. 15.
2 Euklid, ›Die Elemente‹, S. 3. Wissenschaftliche Buchgesellschaft, Darmstadt 1980, S. 20.
3 P. Stäckel, F. Engel, ›Gauss, die beiden Bolyai und die nichteuklidische Geometrie‹, Mathematische Annalen, 1869, S. 151.

4 P. Stäckel, ›Urkunden zur Geschichte der nichteuklidischen Geometrie‹, Band 2, Teubner Verlag, Leipzig 1913, S. 44.

5 ebenda, S. 76.

6 P. Stäckel, F. Engel, ›Gauss, die beiden Bolyai und die nichteuklidische Geometrie‹, Mathematische Annalen, 1869, S. 151.

7 B. Riemann, ›Gesammelte mathematische Werke und wissenschaftlicher Nachlaß‹, Teubner Verlag, Leipzig 1876, S. 255.

8 Zitiert nach: E. Harrison, ›Kosmologie‹, S. 244, Verlag Darmstädter Blätter, Darmstadt 1990, S. 267.

9 ebenda, S. 244.

10 C. F. Gauß, ›Werke‹, Bd. VIII, Göttingen 1900, S. 186.

11 H. Poincaré, ›Wissenschaft und Hypothese‹, Teubner Verlag, 2. Aufl., Leipzig 1906.

12 J. C. F. Zöllner, ›Über die Natur der Cometen. Beiträge zur Geschichte und Theorie der Erkenntnis‹, Leipzig 1872, S. 305.

13 ebenda, S. 308.

14 ebenda, S. 337.

15 ebenda, S. 338.

16 ebenda, S. 312.

17 K. Schwarzschild, ›Ueber das zulässige Krümmungsmaass des Raumes‹, Ges. Werke, Bd. 1, S. 327; s. a.: M. Schemmel, »Karl Schwarzschilds kosmologische Spekulationen«, in: H. W. Duerbeck, W. R. Dick (Hrsg.), ›Einsteins Kosmos‹, Harri Deutsch, Frankfurt/M. 2005.

18 H. V. Seeliger, ›Bemerkungen über die sogenannte absolute Bewegung, Raum und Zeit‹, Vierteljahrsschrift der Astron. Ges. 1913, Bd. 48, S. 195.

19 A. Einstein, ›Mein Weltbild‹, Ullstein Verlag, 1974, S. 121.

4: Ein Mann fällt vom Dach

1 A. Augustinus, ›Confessiones‹ XI, 14.

2 E. Mach, ›Die Mechanik in ihrer Entwicklung‹, Akademie Verlag, 1988.

3 ebenda, S. 246.

4 ebenda, S. 259.

5 K. Schwarzschild, ›Ges. Werke‹, Springer Verlag, Berlin 1992, Bd. 3, S. 520.

6 ebenda, S. 521.

7 A. Pais, ›Raffiniert ist der Herrgott …‹, Spektrum Akademischer Verlag, Heidelberg 2000, S. 292.

8 A. Einstein, L. Infeld, ›Die Evolution der Physik‹, Rowohlt Verlag, 1968, S. 143.

9 A. Einstein, ›How I created the theory of relativity‹, Physics Today, 1982, S. 47; AECP, Bd. 13, S. 638.
10 J. Renn, ›Einstein's Annalen Papers‹, Wiley VCH, Weinheim 2005, S. 435.
11 AECP, Bd. 5, S. 317.
12 ebenda, S. 436.
13 ebenda, S. 418.
14 ebenda, S. 429.
15 ebenda, S. 436.
16 J. Renn, T. Sauer, ›Einsteins Züricher Notizbuch‹, Phys. Bl., 1996, S. 865; siehe auch: www.mpiwg-berlin.mpg.de/Preprints/28/Preprint_28.html.
17 A. Pais, ›Raffiniert ist der Herrgott ...‹, Spektrum Akademischer Verlag, Heidelberg 2000, S. 213.
18 AECP, Bd. 5, S. 504.
19 ebenda, S. 505.
20 ebenda, S. 506.
21 ebenda, S. 523.
22 ebenda, S. 545.
23 ebenda, S. 559.
24 ebenda, S. 588 f.
25 ebenda, S. 595.
26 ebenda, S. 538.
27 AECP, Bd. 6, S. 215.
28 ebenda, S. 210.
29 ebenda, S. 248.
30 ebenda, S. 205.
31 ebenda, S. 218.
32 ebenda, S. 208 und 216.
33 A. Einstein, ›Mein Weltbild‹, Ullstein Verlag, Frankfurt 1974, S. 138.
34 AECP, Bd. 8A, S. 205.
35 ebenda, S. 222.
36 L. Corry, J. Renn, J. Stachel, ›Science‹, 1997, Bd. 278, S. 1270.
37 D. Wuensch, ›Zwei wirkliche Kerle‹, Termessos Verlag, Göttingen 2005.
38 ebenda, S. 110.
39 AECP, Bd. 8A, S. 366.

5: Die Jahrhundertarbeit
1 AECP, Bd. 6, S. 248.
2 ebenda, S. 284.

3 ebenda, S. 292.
4 ebenda, S. 290.
5 ebenda, S. 294.
6 ebenda, S. 319.
7 ebenda, S. 335.
8 ebenda, S. 335.
9 ebenda, S. 337.
10 C.W. Misner, K.S.Thorne, J.A.Wheeler, ›Gravitation‹, W.H. Freeman Comp, NewYork 1973, S. 42.

6: »Lichter am Himmel alle schief«

1 Zitiert aus: A. Fölsing, ›Albert Einstein‹, Suhrkamp, Frankfurt 1993, S. 502.
2 J. Renn, ›Einstein's Annalen Papers‹, Wiley-VCH, Weinheim 2005, S. 435.
3 AECP, Bd. 9, S. 167.
4 AECP, Bd. 7, S. 201.
5 zitiert aus A. Hermann, ›Einstein – der Weltweise und sein Jahrhundert‹, Piper, München 1994, S. 237.
6 AECP, Bd. 9, S. 280.
7 AECP, Bd. 10, S. 428.
8 AECP, Bd. 7, S. 213.
9 zitiert aus A. Hermann, ›Einstein – der Weltweise und sein Jahrhundert‹, Piper, München 1994, S. 245.

7: Licht wird röter, die Zeit beginnt zu schleichen

1 Beide Zitate in: A. Einstein, ›Über das Relativitätsprinzip‹, Jahrbuch der Radioaktivität und Elektronik, Bd. 4, S. 459 (1907); auch in: K. v. Meyenn, ›Albert Einsteins Relativitätstheorie‹, Vieweg Verlag, Braunschweig 1990, S. 209.
2 AECP, Bd. 5, S. 312.
3 AECP, Bd. 5, S. 386.
4 K. Schwarzschild, ›Gesammelte Werke‹, Bd. 1, S. 267.
5 A. Einstein, ›Über die spezielle und die allgemeine Relativitätstheorie‹, 10. Aufl., Vieweg, Braunschweig 1920.
6 H. Müller, A. Peters, ›Physik in unserer Zeit‹, Bd. 41, S. 164 (2010).
7 http://leapsecond.com/great2005

8: Im Strudel von Raum und Zeit

1 AECP, Bd. 8A, S. 225.
2 AECP, Bd. 8A, S. 259.

3 J. Michell, Phil. Trans. Roy. Soc. London 1784, Bd. 74, S. 35.

4 J. Soldner, ›Berliner Astronomisches Jahrbuch für das Jahr 1804‹, S. 161.

5 G. Greenstein, ›Der gefrorene Stern‹, Deutscher Taschenbuch Verlag, München 1988, S. 216.

6 U. Kraus, ›Sterne und Weltraum‹, 2005, Heft 11, S. 46; www.tempolimit-lichtgeschwindigkeit.de

7 AECP, Bd. 5, S. 532.

8 AECP, Bd. 8A, S. 482 f.

9 H. Thirring, Phys. Bl., 1958, Bd. 14, S. 212.

9: Und es expandiert doch

1 AECP, Bd. 8A, S. 240 f.

2 AECP, Bd. 8A, S. 357.

3 AECP, Bd 8A, S. 386.

4 AECP, Bd. 6, S. 551.

5 AECP, Bd. 8A, S. 411.

6 AECP, Bd. 8A, S. 413.

7 AECP, Bd. 8A, S. 467.

8 AECP, Bd. 8A, S. 434.

9 AECP, Bd. 8B, S. 809.

10 A. Friedmann, ›Zeitschrift für Physik‹, 1922, Bd. 10, S. 377.

11 AECP, Bd. 13, S. 490.

12 H. W. Duerbeck, W. R. Dick, ›Einsteins Kosmos‹, Verlag Harri Deutsch, Frankfurt/M. 2005.

13 A. Einstein, ›Zeitschrift für Physik‹, 1923, Bd. 16, S. 228.

14 H. Weyl, ›Raum – Zeit – Materie‹, Springer Verlag, 8. Aufl., 1993.

15 N. Straumann, ›Can Wormholes explain the smallness of the Cosmological Constant?‹, 1990, Spring School on Prospects of Hadronic Physics at Low Energy, Zuoz, Switzerland, 17–25 Apr 1990; http://cds.cern.ch/record/208466

16 G. Lemaître, ›Nature‹, 1931, Bd. 127, S. 706.

17 http://arxiv.org/abs/1402.4099v2, http://arxiv.org/abs/1402.0132v2, http:// alberteinstein.info/vufind1/Record/EAR000034354

18 G. Gamow, ›My World Line‹, The Viking Press, 1970, S. 44.

19 H. W. Duerbeck, W. R. Dick, ›Einsteins Kosmos‹, Verlag Harri Deutsch, Frankfurt/M. 2005, S. 175.

20 ebenda, S. 179.

21 www.astro.ucla.edu/~wright/CosmoCalc.html

10: Wellen kräuseln die Raumzeit

1 AECP, Bd. 8A, S. 265.
2 A. Pais, ›Raffiniert ist der Herrgott …‹, Spektrum Akademischer Verlag, Heidelberg 2000, S. 499.
3 R. A. Hulse, ›Nobel Lecture, The Discovery of the Binary Pulsar‹, 8.12.1993, S. 59. www.nobelprize.org/nobel_prizes/physics/laureates/1993/hulse-lecture.html

II: Linsen aus Raum und Zeit

1 J. Renn, T. Sauer, »Im Rampenlicht der Sterne. Einstein, Mandl und die Ursprünge der Gravitationslinsenforschung«, in: H. W. Duerbeck, W. R. Dick (Hrsg.), ›Einsteins Kosmos‹, Verlag Harri Deutsch, Frankfurt/M. 2005, S. 222.
2 A. Einstein, Science, 1936, Bd. 84, S. 506.
3 AECP, Bd. 5, S. 317.
4 O. Chwolson, ›Astron. Nachr.‹, 1924, Bd. 221, S. 329.

12: Die Suche nach der Weltformel

1 A. Pais, ›Raffiniert ist der Herrgott …‹, Spektrum Akademischer Verlag, Heidelberg 2000, S. 331.
2 AECP, Bd. 8A, S. 199.
3 ebenda, Bd. 8B, S. 663.
4 ebenda, Bd. 12, S. 373.
5 A. Einstein, L. Infeld, ›Die Evolution der Physik‹, Rowohlt 1968, S. 162.
6 A. Pais, ›Raffiniert ist der Herrgott …‹, S. 348.
7 ebenda, S. 337.
8 ebenda, S. 350.
9 ebenda, S. 352.
10 H. Gönner, ›On the History of Unified Field Theories‹, Living Rev. Relativity, 2004, 7, 2, S. 88 ff.; www.livingreviews.org/lrr-2004-2.
11 A. Pais, ›Raffiniert ist der Herrgott …‹, S. 353.
12 A. Fölsing, ›Albert Einstein‹, Suhrkamp, Frankfurt/M. 1994, S. 779.
13 P. Jordan, ›Physik. Blätter‹, 1955, Heft 7, S. 95.
14 C. Kiefer, ›Der Quantenkosmos‹, S. Fischer, Frankfurt/M. 2008, S. 294.
15 M. Bojowald, ›Zurück vor den Urknall‹, S. Fischer, Frankfurt/M. 2009, S. 128.
16 M. Bojowald, R. Wengenmayr, ›Physik in unserer Zeit‹, 2009, Heft 5, S. 229.

13: Keine Alternative in Sicht
1 C.W.Will, ›Was Einstein Right?‹, Basic Books, NewYork 1993, S. 156.

14: Geschichten aus dem flachen Land
1 H.v.Helmholtz, ›Vorträge und Reden‹, Vieweg & Sohn, Braunschweig 1896, S.7.
2 ebenda, S.9.
3 ebenda, S.26.
4 R.B.Rucker, ›Speculations on the fourth dimension, Selected writings of Charles H. Hinton‹, Dover Public., NewYork 1980, S. 3.
5 ebenda, S 127.
6 ebenda, S.16.
7 C.H.Hinton, ›Wissenschaftliche Erzählungen‹, Edition Weitbrecht, Stuttgart 1983, S.23.
8 E.A.Abbott, ›Flächenland‹, Deutscher Taschenbuch Verlag, München 1989.
9 D.Burger, ›Silvestergespräche eines Sechsecks‹, Aulis Verlag Deubner, Köln 1990, S.159.
10 M.Gardner, ›Mathematical Games‹, Scientific American 241, 14 (7), (1980).
11 A.K.Dewdney, ›Das Planiversum‹, Paul Zsolnay Verlag, Wien 1985.
12 I.Stewart, ›Flacherland – Die unglaubliche Reise der Vikki Line durch Raum und Zeit‹, C.H.Beck, München 2003.

15: Picasso und die vierte Dimension
1 A.I.Miller, ›Einstein, Picasso: Space, time and the beauty that causes havoc‹, Basic Books, NewYork, 2001.
2 ebenda, S.102.
3 H.Poincaré, ›Wissenschaft und Hypothese‹, Xenomos Verlag, Berlin 2003, S.71.
4 zitiert nach: A.Schmitt, ›Der kunstübergreifende Vergleich‹, Königshausen & Neumann,Würzbug 2001, S.9.
5 zitiert nach: A.J.Friedman, C.C.Donley, ›Einstein as myth and muse‹, Cambridge University Press, Cambridge 1990, S.21.

Bildnachweis (Farbteil)

Bild 1: C. Zahn, Univ. Hildesheim, www.tempolimit-lichtgeschwindigkeit.de
Bild 2: Wikimedia Commons
Bild 3: L. Calçada, ESO
Bild 4: U. Kraus, Univ. Hildesheim, www.tempolimit-lichtgeschwindigkeit.de
Bild 5: E. Hubble, Das Reich der Nebel, Vieweg, Braunschweig 1938
Bild 6: M. Koppitz (AEI/ZIB), C. Reisswig (AEI), L. Rezzolla (AEI/ITP)
Bild 7: NASA
Bild 8: D. Champion, MPI für Radioastronomie
Bild 9: N. Schnyder
Bild 10: SDSS, NASA, ESA
Bild 11: NASA, ESA
Bild 12: NASA, CXC, CfA, STScI, ESO, Univ. Arizona
Bild 13: Milde Science Communication, Exozet, MPI für Gravitationsphysik
Bild 14: V. Springel
Bild 15: Museum of Modern Art, New York City

Register